河南省高校科技创新人才支持计划(15HASTIT046)资助出版

北方灌区水资源节水高效智能管理关键技术研究

马建琴　郝秀平　刘　蕾　著

黄河水利出版社
·郑州·

内 容 提 要

本书综合运用农田水利学、水资源系统分析、运筹学、工程模糊集控制理论、计算机科学、信息科学等多学科理论方法，采用理论分析、灌溉试验、系统模拟、调度仿真、优化计算、数据挖掘等多手段相结合的方法，对北方灌区水资源的节水高效智能管理关键技术展开研究及应用。主要内容包括：农业干旱评估与预报、典型区气象要素特征分析、作物非充分在线实时灌溉预报、非充分灌溉试验、基于旱情动态的作物适应性智能节水灌溉预报、多作物灌溉预报模型关键参数率定、水肥一体化灌溉模式、多水源实时配置模式、农业水资源智能管理系统框架等。

本书可供农业水土工程、水文水资源、管理科学等专业的研究生、科研人员及大中专院校师生参考，也可为灌区、农田水利等管理部门的领导和技术人员提供决策依据和参考。

图书在版编目(CIP)数据

北方灌区水资源节水高效智能管理关键技术研究/马建琴，郝秀平，刘蕾著.—郑州：黄河水利出版社，2018.9
ISBN 978-7-5509-2140-5

Ⅰ.①北… Ⅱ.①马…②郝…③刘… Ⅲ.①灌区-节约用水-水资源管理-研究-北方地区 Ⅳ.①S275

中国版本图书馆CIP数据核字(2018)第218424号

出 版 社：黄河水利出版社　　网址：www.yrcp.com
地址：河南省郑州市顺河路黄委会综合楼14层　　邮政编码：450003
发行单位：黄河水利出版社
发行部电话：0371-66026940、66020550、66028024、66022620(传真)
E-mail：hhslcbs@126.com
承印单位：虎彩印艺股份有限公司
开本：787 mm×1 092 mm　1/16
印张：11
字数：255千字　　印数：1—1 000
版次：2018年9月第1版　　印次：2018年9月第1次印刷

定价：48.00元

前　言

我国灌溉水资源严重紧缺，同时又存在着灌溉水利用效率较低等问题，灌溉水资源的智能高效利用一直是农业水管理中的热点与难点问题。随着计算机智能技术的发展，农业水资源高效智能管理技术必将成为农业节水、水资源高效利用的必要手段。

本书是作者近几年来在农业水资源，特别是针对北方灌区开展的实时高效利用理论与关键技术方面研究与实践的基础上，结合河南省高校科技创新人才支持计划(15HASTIT046)项目研究成果完成的。本书针对农业水资源高效利用的核心问题，围绕北方灌区水资源的节约、高效、实时、智能利用，重点开展了农业干旱动态评估与预报技术、作物适应性智能节水灌溉预报技术、多作物灌溉预报模型关键参数率定、多水源实时配置模式等方面的研究，是对近年来研究内容的全面总结与提升。全书共分 11 章，主要研究内容和研究成果概括如下：

第 1 章绪论。基于目前农业干旱、农业水资源高效利用、节水农业技术发展等方面的研究现状及研究中存在的问题，提出了本书的研究内容、技术路线与研究意义。

第 2 章以典型区为例，介绍了气象要素分析的研究方法，从年、季和月等不同时间尺度对研究区的降水变化特征、潜在蒸散发变化特征分别进行了分析。

第 3 章论述了农业干旱评估与预报技术，对常用的农业干旱指标进行了介绍。通过查阅已有国内外文献，综述了目前农业干旱评估和预报常用的方法，并介绍了常用的多种农业干旱指标，对比分析了各种方法和指标的优缺点，提出了基于 SWAT 模型的土壤含水量动态模拟方法，用于北方农业干旱动态评估与预报。

第 4 章介绍了作物实时在线灌溉试验方案与数据获取方法。为对理论研究、模型构建和参数率定提供基础实测数据，研究设计了实时灌溉试验方案，选取了所需测定指标，介绍了灌溉试验所需的设备和仪器、各指标数据的测取方法以及网络环境下监测数据的传输和获取技术，为研究开展提供基础数据支撑。

第 5 章对灌溉预报研究现状进行了综述，对作物需水量研究的理论与方法进行了评述，对作物的非充分灌溉理论与非充分灌溉研究中的问题进行了论述与剖析，针对现有研究中的不足，提出了作物的非充分灌溉在线实时预报理论和方法。基于实时土壤水分监测数据及降雨信息，利用田间水量平衡原理，提出了充分利用降雨的作物非充分在线实时灌溉制度模型及关键参数修正技术。包括作物非充分在线实时灌溉模型以及模型各要素的确定和修正。以冬小麦为例进行研究，把冬小麦按生长特点进行了生育期的划分，结合作物的非充分在线实时灌溉制度模型和试验测取数据，对本研究中非充分灌溉不同水分处理的冬小麦灌溉制度和生育期需水规律进行了逐日模拟分析，实现了冬小麦的非充分实时灌溉制度的制定和作物系数的逐日修正，对作物系数的修正情况进行了分析。

第 6 章为对北方灌区农业干旱进行评估，以郑州市为北方灌区典型区域，利用 SWAT 模型动态模拟研究区域多年来的逐日土壤含水量，基于土壤相对湿度干旱指数计算方法，应用水文模型输出结果，结合北方灌区的典型作物——冬小麦和夏玉米，开展了不同作物生长季内农业干旱评价。通过对两种作物不同生长阶段不同等级干旱发生频率变化特征进行分析，为适应性灌溉中土壤含水率上下限的厘定提供科学理论依据。

第7章选择河南省典型代表作物作为研究对象，为提高灌溉预报对干旱的适应性和水资源的有效利用性，考虑面临阶段的动态干旱等级，提出适应性灌溉的概念、预报原理和步骤，建立基于不同干旱等级的作物实时适应性智能节水灌溉预报模型，提出模型的模拟与校验技术，并对适应性灌溉预报条件下冬小麦产量进行分析，为灌区水资源实时高效配置与管理决策提供核心技术支持。

第8章为实现灌区水资源的多水源、多用户、多目标优化配置，研究耦合SWAT模型和水资源配置模型，建立灌区多水源实时优化配水模型，开展灌区实时用水配置模式研究，对SWAT模型进行了二次开发，增加了渠系模块，用于模拟渠系的输水和蓄水功能，并将SWAT模型的灌溉模块内的单水源灌溉改写为多水源灌溉。通过多情景模拟，提出灌区多水源优化配置方案，对灌溉水资源从空间配置、时间配置等多个方面进行多水源配置模式研究。

第9章在现有水肥一体化模拟技术基础上，利用验证后的SWAT模型对研究区不同的灌溉与施肥一体化模式下农田地表径流流失特征以及对作物水分生产力的影响进行模拟研究，评价不同的灌溉与施肥一体化模式对研究区水体污染的扰动程度以及作物水分生产力的影响，提出最优的农业灌溉与施肥一体化管理模式。

第10章提出了适合北方灌区的水肥一体化农田智能灌溉管理系统框架，介绍了现代农田智能管理系统建设的主要内容，包括田间节水工程、土壤墒情监测系统、气象监测系统、实时在线水肥灌溉智能预报与发布系统、信息中心软硬件系统，重点介绍了实时在线水肥灌溉智能预报与发布系统设计模块与实现功能。实现了作物的在线实时灌溉，以及土壤水分、降雨、灌溉信息的可视化管理，为现代农田建设及智能化管理提供技术支撑。

第11章总结了本书的主要研究成果，并对有待进一步研究的问题进行了展望。

本书由马建琴、郝秀平、刘蕾共同撰写，其中第1、5章由马建琴撰写，第2、4、7、9、10、11章由郝秀平撰写，第3、6、8章由刘蕾撰写。全书由马建琴通稿，郝秀平、刘蕾校稿。

本书能够得以问世，还要特别感谢彭高辉副教授、丁泽霖副教授、杨学颖讲师等的参与和帮助，同时也要感谢宋智睿、崔琬峰、何胜、何鹏飞、毕静静、温婷婷、李鹏飞、郑柏杨、陈哲、郭金萍、何沁雪、郭薇等研究生为本书相关研究所做出的基础工作。在本书正式出版之际，特向有关领导、专家以及为本书付出劳动的各位同仁表示衷心的感谢！

由于作者水平有限，且部分成果有待进一步深入研究，书中不当之处在所难免，恳请读者批评指正。

作　者

2018年7月

目　录

第1章　绪　论

1.1　我国北方农业水资源利用现状

1.1.1　我国水资源现状及存在问题

水是生命之源，生产之要，是人类生存的重要物质基础。水资源禀赋条件一定程度上影响着经济社会发展的速度和格局。我国是世界上严重缺水的国家之一，我国年平均降水总量约为 6×10^4 亿 m^3，平均降水深 648 mm，小于世界平均降水深（798 mm）和亚洲平均降水深（741 mm）。我国降水中约有 45% 的降水转为地表和地下水资源量，其余 55% 的水量为植物蒸腾或地表水分蒸发所消耗。以河川径流量为代表的地表水资源量约为 2.7 万亿 m^3，地下水资源量约为 0.83 万亿 m^3，扣除地表和地下水重复计算量，水资源总量为 2.8 万亿 m^3，居世界第六位。但我国人口众多，人均水资源量只有 2 251 m^3，不足世界平均水平的 1/4，居世界 149 个国家的第 110 位；我国耕地每公顷占有水量平均约为 26 250 m^3，只占世界平均值的 1/2。按照现行国际标准，我国水资源量已经达到严重缺水边缘，是世界上 13 个贫水国家之一。

我国不仅水资源量短缺，而且时空分布不均匀。淮河流域及其以北地区的国土面积占全国的 63.5%，但水资源量仅占全国总量的 19%。我国南方地区，特别是广东、福建、浙江、湖南、广西、云南和西藏东南部等地区水系发达，水量丰沛，其水资源量占全国水资源总量的 80% 以上，人均水资源占有量为 4 000 m^3 左右。而我国北方地区，如内蒙古、甘肃、宁夏、新疆西部和北部、东北西部等地区干旱少水，水资源严重缺乏，其水资源量仅占全国水资源总量的 14% 左右，人均水资源占有量仅为 900 m^3 左右，已低于国际水资源紧缺限度 1 000 m^3 的标准。

此外，水资源的年内、年际分配严重不均。对于我国绝大部分河流来说，径流的年内分配主要取决于降水的季节分配。我国大部分地区冬季少雨雪，各河流均为枯水季，全国降雨多集中在 6～9 月，夏季汛期 4 个月的径流量占全年的 60%～70%。我国北方河流的汛期径流更为集中，部分河流的最大 4 个月径流占全年径流的 80% 以上。我国水资源时空分配上的不均匀，极易造成频繁的大面积洪灾或旱灾，尤其是造成了北方大部分地区水资源匮乏，工农业用水短缺。

据统计，我国可利用的淡水资源多年平均为 1.1 万亿 m^3，按目前的正常需要和不超采地下水，年缺水总量在 300 亿～400 亿 m^3。目前干旱缺水地区涉及全国 20 多个省（市、区），其中 18 个省（市、区）接近或处于严重缺水边缘，干旱缺水地区面积约 500 万 km^2。在全国 600 多座城市中，有近 400 座城市缺水，其中严重缺水的城市有 108 座，有 40 个城市被列为水荒城市。全国城市每年缺水量为 60 亿 m^3，日缺水量 1 600 万 m^3。全国用水量低于日均 10 L 或 15 L 的严重缺水人口已达 4 700 万人。

缺水给城市工业产值造成的损失在 2 000 亿元以上，且呈增长趋势。农业的缺水问题也很突出，按现状用水统计，农业正常年用水缺水量为 300 多亿 m^3，受旱面积达 3 亿 ~ 4 亿亩[1]，每年因干旱减产粮食几百亿千克；全国农村约有 5 000 万人、4 亿头牲畜饮水困难。根据水利部门调查分析，我国北方缺水地区总面积约 58 万 km^2，包括北京、天津、河北、山西、河南和山东等地，在干旱少雨的年份，常使河道干涸断流，水库储水锐减。

中华人民共和国成立以来，我国进行了大规模的防治水害和开发利用水资源的工作，取得了巨大成就，但同时在水资源利用和管理方面也存在着许多问题。

在水资源匮乏的同时，水污染问题也十分严重。由于经济的快速发展，工业废水和城市生活废污水排放量的急剧增加，以及农药、化肥施用量的不断增加，致使我国水体污染及水环境问题日益严重。水利部门对全国约 700 条大中河流近 10 万 km 河长的检测表明，我国现有河流约 1/2 的河段受到污染，1/10 的河长污染严重，已失去了使用价值。水污染问题无疑加重了水资源危机，因河流水质恶化导致供水困难的情况已日趋增加，使水资源短缺状况更为严重。

缺水还导致过量引用地表水和超采地下水，造成了西北内陆河流域下游湖泊干涸，荒漠化、盐碱化不断发展，华北等许多地区出现大规模的地下水降落漏斗，青岛、烟台等地大规模的海水入侵，黄河干流的高频率、长时间断流且不断加剧等十分严重的生态环境问题，也造成了地区之间、工农业之间、城乡之间用水矛盾等十分尖锐的社会问题，威胁到人类的生存环境和农业的可持续发展。

使用管理不当导致水资源的浪费。人们在用水方面还存在很大的浪费，一些水利设施在设计管理使用上不合理，存在用水制度粗放等管理弊端，造成了大量的水资源浪费。

水资源紧张严重阻碍了国民经济的发展，给人民的生活带来很大的不便。我国的可利用水资源量极其有限，随着我国人口的增加和经济的快速发展，人们对水的需求将会进一步增加，从而导致水资源供需矛盾的加剧。预计到 2030 年左右人口达到高峰时，也将出现用水高峰。如果不能妥善处理水资源短缺问题，水资源短缺问题将会成为制约我国社会经济进一步发展和人民生活不断改善的重要因素。因此，必须加强水资源管理，合理调配和充分利用水资源。

1.1.2　我国农业水资源现状

我国是一个农业大国，社会经济的持续发展很大程度上依赖于农业生产的稳定发展。农业为我国第一用水大户，农业用水量为 3 870 亿 m^3，占总用水量的 63.5%，其中灌溉用水占农业总水量的 90% 以上，因此水资源高效利用的核心是农业水资源的高效利用，特别是灌溉用水的高效利用。

为满足人口持续增长和生活水平改善的需要，农业生产的规模和强度在过去几十年中迅速扩大，干旱缺水和水污染已成为我国农业可持续发展和粮食安全保障的重要制约因素。当前我国农业用水普遍存在灌溉方式落后、效率低、浪费严重等问题，进一步加剧

---

[1] 1 亩 = 1/15 hm^2，全书同。

了农业水资源短缺程度，由于缺水严重，农业发展、环境保护与经济效益的矛盾日益突出。

中华人民共和国成立以来，我国始终把增加农田灌溉面积作为农田水利基本建设的中心任务，农田灌溉面积已从1949年的1 600万 hm^2 增加到2001年的6 000万 hm^2。水利灌溉的发展对促进我国粮食增长及整个农业的快速持续发展起到了关键性作用，整个农业用水量已占到全国总用水量的63.5%，而一些发达国家农业用水比例多在50%以下。据预测，到2030年左右我国人口将达到16亿高峰，到时候，人们为了满足粮食增长的需求，农业用水量将增长到6 650亿 m^3。与此同时，社会发展对水资源的需求也在逐渐增加，水资源的供需矛盾将会更加突出。在水资源总量有限的条件下，农业用水受不断增加的工业和生活用水的挤占，势必会大幅减少。这意味着：在21世纪，我国农业用水量将面临零增长甚至负增长，农业水资源短缺的形势将更为严峻。

我国农业灌溉水资源一方面严重紧缺，另一方面又存在严重的用水浪费，目前我国农业的管理水平与生产力发展水平、社会需求已不相适应，灌溉水利用效率偏低、农业水资源紧缺等问题极为突出。我国农田对自然降水的利用率只有56%，一些土质较差的渠道输水渗漏损失占引水量的50%～60%，我国每年因渠道输水渗漏造成的损失高达1 500亿 m^3；我国灌溉有效水利用系数只有0.51左右，渠灌区水的有效利用系数只有0.4左右，井灌区也仅为0.6左右，单方水粮食生产率不足1 kg；而一些发达国家用水的有效水利用率可达80%以上，单方水粮食生产率大体都在2 kg以上。

目前灌溉水的现状导致了灌区灌溉用水尤为紧张，不少地方靠超采地下水、挤占生态环境用水维持用水现状，对农业可持续发展和水资源的可持续利用非常不利。传统的灌溉技术已无法适应客观现实的需要，急需采取措施，加强灌区水资源管理，完善灌溉水资源配置制度和技术，提高灌溉水利用效率等手段来缓解水资源危机。

水利是农业的命脉，是国民经济和社会发展的基础产业，而灌溉是农业生产发展的基本条件。农业发展的关键是节水，节水的关键在管理。因此，在有限的水资源条件下，农业要发展，必须加强农业水资源管理，提高农业灌溉水资源的利用率，加强灌溉水资源高效利用关键技术研究，发展并大力推广节水型农业。

1.1.3 北方灌区水资源利用现状

我国水资源分布状况与国民经济布局和发展分布严重不匹配，北方地区水资源形势尤为严峻。长江流域及以南，人口占全国的54%，国土面积占全国的36.5%，水资源却占全国的81%；长江淮河沿线以北地区，国土面积占全国面积的63.5%，耕地面积占全国的51%，人口占全国的46%，而水资源仅占全国的19%。

北方地区作为我国主要粮食产区，粮食产量占全国的52.3%，在保障我国粮食安全与水安全中的地位比南方地区更为重要。水资源的天然条件和水土资源的不相匹配是我国农业用水紧张的客观因素，因此保障北方地区水安全对保障我国粮食安全具有重要意义。

随着社会经济的快速发展和人民生活水平的提高，干旱、缺水已经成为制约北方农业发展和经济社会发展的两大瓶颈，成为影响社会稳定的一个重要因素，特别是21世纪以来呈迅速发展的态势。据预测，中国北方地区人均水量到2030年为712 m^3，远低于国际公认的人均 1 700 m^3 的缺水警戒线,用水尤其紧张。水土资源格局的不匹配决定了农田灌溉在我国农业生产特别是粮食生产中占有极其重要的地位。因此,在北方地区开展农业节水灌溉对保障国家水安全、粮食安全、生态安全和社会安定,推动农业和农村经济可持续发展,具有重要的战略意义。

作为我国北方农业区的重要组成部分,黄河流域的农业发展对中国农业乃至整个国民经济发展具有举足轻重的作用。黄河流域位于我国北部干旱、半干旱地区,河川径流量较少,水资源比较匮乏,流域内 1/3 地区年降水量不足 400 mm,2/3 地区的年降水量在 400 ~ 800 mm,全流域年平均降水量为 471 mm,而年平均蒸发量达 1 100 mm。黄河流域以占全国 2% 的径流量,供给全国 15% 的耕地和 12% 的人口用水;流域内人均占有水量和每公顷耕地占有水量分别为 593 m^3 和 4 860 m^3,是全国平均水平的 25% 和 17%。在黄河流域,灌溉农业是用水大户,其用水占全流域河川径流量的 92%。

黄河下游引黄灌区是新中国成立后在黄河流域兴建的最大引黄灌区,经过几十年的发展,引黄灌溉模式已由最初的单一自流灌溉发展到了目前的自流、提水、抗旱补源相结合的多种灌溉模式。自 1980 年以来,黄河断流、支流干枯,灌区来水量明显减少,引起地下水超采,给灌溉农业带来极为不利的影响;加之人口增加,城市化率不断提高,工业快速增长,工业及城镇农村生活用水挤占农业灌溉用水的趋势加剧,农业用水占总用水量的比例已由 1949 年的 94% 下降至 1998 年的 78%。由于工程、灌溉技术、灌区管理等方面的原因,农业灌溉水的利用率还较低,灌溉水利用系数仅为 0.30 ~ 0.45,其中渠系水利用系数为 0.45 ~ 0.50,田间水利用系数为 0.80 ~ 0.90。为缓解黄河流域水资源短缺及供需矛盾,必须搞好有限的农业水资源配置决策,制定合理的灌溉制度,充分发挥现有水资源的生产潜力。

河南省地处黄河下游地区,是北方严重缺水的省份之一,人均水资源量仅为 420 m^3,不足全国人均水资源量的 1/5,每公顷耕地平均占有水资源量为 5 250 m^3,全省正常年份缺水 40 亿 ~ 50 亿 m^3。由于农业是用水大户,水资源短缺问题的日益剧烈,已严重影响到河南省农业的进一步发展。特殊的地理条件和气候特征决定了河南省是一个干旱及旱灾频繁发生的地区。干旱具有影响范围大、后果严重等特点,给农业造成了极大的损失和影响。

20 世纪以来,全球气候变暖导致的干旱等极端气候事件的频率和强度均呈显著增加的趋势。农业关乎国家粮食安全和社会稳定,同时农业又是受气候和天气制约最大的领域,因此农业干旱研究成为各国政府和学者共同关注的焦点问题。在干旱缺水背景下,维持农作物高产量,增强农业抗旱能力,减缓旱灾损失势必要求对干旱规律、趋势及其管理政策进行深入研究,在此基础上加强农业水资源的适应性综合管理措施研究,提高农业用水效率,改进灌溉技术,制定节水灌溉机制,实施灌区水资源优化配置,促进农业经济的可持续发展。

为此,选取河南省的典型灌区进行研究,对区域农业水资源进行系统调控,采取节水措施,进行合理的配置和调度,提高有限资源的利用率,对维持农业水资源的可持续利用具有重要意义。

1.2　我国农业旱灾情况

干旱是指由水分的收与支或供与求不平衡形成的水分短缺现象。干旱灾害是我国最严重的自然灾害,其出现频率高,持续时间长,影响范围广,对农业造成了巨大的影响与冲击,导致粮食减产、土地资源退化、水资源耗竭,制约了农业乃至整个国民经济的可持续发展。干旱作为严重的自然灾害,一直备受科学研究和社会公众的广泛关注。伴随着经济的发展, 由干旱以及水资源的匮乏所造成的生命财产损失不断增长,已经成为制约区域经济发展的瓶颈。

全球有一半以上的陆地生态系统面临着干旱的威胁,干旱半干旱地区遍及50多个国家和地区,总面积约占陆地面积的34.9%。全球每年因干旱造成的经济损失高达60亿~80亿美元,远超过其他气象灾害。

我国是一个干旱灾害频发的国家,由于幅员辽阔,地形复杂,局域性或区域性的干旱灾害几乎每年都会出现。如在1979~1991年的13年间,华北、华南及东北地区干旱出现8年,全国性干旱出现2年,长江以南的广大地区干旱出现2年,长江流域干旱出现1年。据统计,1949~2010年我国有22年发生了重大旱灾,发生频率为35%,其中20世纪90年代以来共有13年发生了重大旱灾,发生频率高达65%。重大旱灾涉及范围广,影响面积大,其中1994年华北、西北、华中、华东大部分地区因降水时空分布差异大,都发生了较为严重的干旱,1997年、1999年、2007年和2009年的旱灾受灾地区涉及东北、华北和西北在内的整个北方地区,1992年和2000年的重大旱灾更是波及全国。

我国农业干旱具有显著的区域性,北方旱灾严重程度高于南方。华北、西北东部地区和东北地区发生频率较高。从受旱率、成灾率来看,北方地区也一般高于南方地区,华北地区平均受旱率、成灾率最高。主要是受气象干旱的影响,我国北方地区是气象干旱较为严重的地区。农业与气候紧密联系, 除设施农业外, 自然降水是地区农业生产的主要水源。据统计研究,东北区、内蒙古区、西北区和西南区的农业干旱存在显著的加重趋势,其中东北区和内蒙古区的趋势为极显著增加,意味着我国北方干旱化正在加剧。干旱化的加剧一定程度上加剧了北方地区生态环境的恶化,如内蒙古东部沙漠化加剧。而在华北地区,由于灌溉设施和技术的不断提升,农业干旱化的趋势并不显著。

我国干旱灾害的发生具有明显的季节性,一般多见于春季和夏季,即春旱和夏旱,有时是连季的干旱,如春夏连旱、夏秋连旱。由于我国大部分处于亚洲季风气候区,降水在区域、季节和多年间分布不均衡,旱灾发生的时期和程度有明显的地区分布特点。秦岭淮河以北地区春旱突出,有“十年九春旱”之说;黄淮海地区经常出现春夏连旱,甚至春夏秋连旱,是全国受旱面积最大的区域;长江中下游地区主要是伏旱和伏秋连旱,有的年份会因梅雨期缩短或少雨而形成干旱;西北大部分地区、东北地区西部常年受旱;西南地区春夏旱对农业生产影响较大,四川东部则经常出现伏秋旱;华南地区旱灾也时有发生。

我国干旱具有出现频率高、持续时间长、波及范围广的特点,给人类社会带来了巨大的损失。据统计,1950~2010年全国农作物因旱年均受灾面积接近2 160万hm^2,因旱年均损失粮食161.17亿kg。其中,1950~1999年期间,我国平均每年受旱面积约为2 159.3

万 hm^2，约占各种气象灾害面积的60%，每年因旱灾损失粮食100亿kg；2000～2010年全国作物平均每年有28.6个省发生干旱灾害，平均年受灾面积2 400万 hm^2，其中成灾面积1 393万 hm^2。我国因干旱造成的经济损失也呈上升趋势。据统计，20世纪90年代以来，我国因干旱灾害所造成的经济损失在一般干旱年约占GDP的1.1%，严重干旱灾害年约占GDP的2.5%～3.5%，因干旱年均粮食损失高达278亿kg。2000年我国因旱灾造成的经济作物损失达500亿元以上。2001年全国因干旱造成的损失占气象灾害总和的72%，受旱面积、成灾面积和粮食损失分别达到了3 850万 hm^2、2 370万 hm^2和5 480万 hm^2，经济作物损失538亿元。2006～2007年，东北、华北、西北地区连续两年都发生重大旱灾，全国因旱受灾面积多于近10年平均值，因干旱造成直接经济损失785.2亿元；2009年10月至2010年3月，我国西南五省遭受了秋冬春3季连旱，旱情极为严重，耕地受旱面积达到636.87万 hm^2，其中重旱164.27万 hm^2，受灾人口有2 019.9万人，占全国同期的80%。重大旱灾的这种延续性可使灾害产生持续破坏，并发生质变，带来相应的后续连锁影响。如由于持续干旱少雨，土壤缺水严重，2000年以来沙尘暴频发，尤其是2002年春季在西北和华北发生了10多年来最严重的沙尘暴。因干旱灾害也导致了我国部分河道断流、湖泊萎缩以及土壤沙化等，给经济社会的发展带来了巨大的影响。

华北作为中国经济发展快速增长的地区之一，20世纪70年代中后期以来华北地区出现了较严重的持续性干旱，90年代初干旱状况略有缓解，但90年代中期以来干旱又有所回升，呈加剧的趋势。自20世纪后期到21世纪初，华北地区有半数以上的年份出现干旱，甚至严重干旱。据统计，华北地区在1951～1980年的30年间，出现较大范围干旱的年份有12年，中等范围干旱的年份有11年，且干旱的持续时间较长，一般在1～2个月或4～5个月。世纪之交，干旱从1997年一直持续到2002年，政府不得不从黄河引水济京津，以解缺水之急。1997年全年四季都有干旱发生，以夏、秋两季干旱的范围广、持续时间长，受灾面积大；1998年春季和初夏降水量较正常年份略偏多，但是夏末之后干旱再次袭击华北地区，造成华北冬小麦区受灾面积巨大。

华北地区是我国小麦的主产区，社会经济持续发展很大程度上依赖于农业的安全稳定生产。农业的发展、粮食的产量很大程度上受控于气象状况和水资源条件。华北地区人口的急剧增加，工业化、城市化的快速发展，气候变化的影响及干旱事件的频发，水资源短缺问题越来越严重，农业灌溉用水形势日趋严峻。在干旱缺水背景下，解决华北地区农业用水的根本途径是发展节水农业，节水农业的核心是提高水资源利用效率。

20世纪以来，全球气候变暖导致的干旱等极端气候事件的频率和强度均呈显著增加趋势。与气候平均态相比，极端事件的发生更具反常性、突发性和不可预见性，其对气候变化响应也更为敏感，成为陆地生态系统波动的主要风险源，并已对生态系统和人类社会经济可持续发展造成了巨大而深远的影响。资料显示，全球气象灾害造成的经济损失约占所有自然灾害损失的85%，其中干旱所造成的损失占气象灾害的50%以上。21世纪全球干旱风险将进一步增加，因而如何应对和减缓干旱及其影响已成为亟待解决的重大科学问题。

干旱对农业系统的影响最为明显也最为直接。农业关乎国家粮食安全和社会稳定，同时农业又是受气候和天气制约最大的领域，农业干旱研究成为各国政府和学者共同关注的焦点问题。因此，在干旱缺水背景下，维持农作物高产量，增强农业抗旱能力，减缓旱灾损失势必要求对干旱规律、趋势及其管理政策进行深入研究，在此基础上加强农业水资源的适应性综合管理措施，提高农业用水效率，改进灌溉技术，制定节水灌溉机制，实施灌区水资源优化配置，促进农业经济可持续发展。

1.3 我国节水农业技术发展现状及趋势

1.3.1 节水农业技术发展现状

新中国成立初期，我国大部分农田灌溉沿用旱田大水漫灌、水田串畦淹灌的方法。针对水资源供需矛盾日益尖锐，农业用水浪费严重且节水潜力巨大的现状，20 世纪 50 年代我国开始大力开发水资源，发展农田灌溉，并取得了显著成就。20 世纪 50 ~ 60 年代，水利部开始实施节水农业技术和以提高灌溉水有效性为目标的农业灌溉工程。到 70 年代初，某些技术已在生产中推广应用，如在自流灌区大力推广衬砌渠道工程、平整土地、划小畦块，并开始发展喷灌技术，并于 1974 年引进滴灌技术。“七五”期间，国家科学技术委员会把低压管道输水灌溉技术列入重点科技攻关项目。20 世纪 70 年代后期至 80 年代初在丘陵区推广抗旱灌溉，主要推广喷、微灌等先进灌水技术，并于 70 ~ 80 年代提出了地膜覆盖栽培、节水栽培等有效技术措施，在玉米等大田作物上取得显著增产效果。20 世纪 80 年代中期至 90 年代初，在全国范围内推广低压管道输水技术，80 年代中期也开展了涌流灌溉技术的试验研究工作，取得了一批成果，但未能推广应用。80 年代末，开展了雨水汇集利用技术的研究，在汇流表面处理技术、窖窑构建及布局、汇流面与种植面积比例方面取得了成果。20 世纪 90 年代开始，国家和地方政府高度重视节水灌溉工作，研究节水工程技术同农业节水技术一水肥耦合、耕作措施、作物结构与布局、地表覆盖、优化灌溉、水稻浅湿灌溉、膜上灌、坐水种等的组合，积极引进国外先进灌溉技术，研究、推广和应用了多种适合中国国情的农业措施，节水农业技术发展进入了一个新时期。

在“九五”期间，科技部会同水利部、农业部等行业主管部门，组织全国百余家科研院所、大专院校和生产企业的近千人队伍，联合开展科技攻关，实施了“节水农业技术研究与示范”“黄土高原水土流失区农业综合发展技术研究”“北方旱区农业综合研究开发与示范工程”等一系列国家重大科技项目，组建了 3 个与节水农业相关的国家级工程技术研究中心，以加强农业节水科技成果向生产力转化的中间环节，促进科技产业化发展。经过 5 年的连续攻关，在节水灌溉新技术、水资源合理利用、主要农作物节水灌溉制度与节水灌溉设备等方面取得了一系列研究成果，研发出一批节水农业技术与产品，在生产实际中得到推广应用，取得了明显的节水增产、增效和环境生态效益。“十五”期间，科技部、水利部、农业部于 2002 年联合启动实施了“现代节水农业技术体系及新产品研究与开发”重大科技专项，并将其列入“863”高新技术研究发展计划，以重点突破制约我国节水农业技术发展的“瓶颈”问题。上述项目的开展和完成对于提高我国节水农业应用基础理论研究水平、开发节水农业新产品与新材料并实现农业产业化起到了重要作用，推动了节水农业领域的科技进步，促进了国家节水目标与农民增收的有机融合，为创建具有自主知识产权的现代节水农业技术体系和解决我国水资源短缺问题做出了巨大贡献。

"十一五"期间，国家发展和改革委员会、水利部和建设部组织编制了节水型社会建设"十一五"规划，确定了节水型社会建设的重点和对策措施。提出在农业领域以提高灌溉水利用效率为核心，结合新农村建设，调整农业种植结构，优化配置水资源，加快建设高效输配水工程等农业节水基础设施，对现有大中型灌区进行续建配套和节水改造，推广和普及节水技术，优先在粮食主产区、严重缺水地区以及生态脆弱地区发展节水灌溉和开展旱作物节水农业示范试点。

"十二五"期间，在节水型社会建设"十一五"规划的基础上，在农业节水方面，仍然以提高灌溉水利用效率和发展高效节水农业为核心。在提倡农业节水的同时，提出逐步实现水肥一体化技术。2012 年，国务院印发《国家农业节水纲要（2012 ~ 2020）》，强调积极发展水肥一体化；2013 年，农业部发布《水肥一体化技术指导意见》，提出到 2015 年水肥一体化推广总面积达到 8 000 万亩以上；2015 年 2 月，农业部提出《到 2020 年化肥使用量零增长行动方案》，要求控制用水总量，到 2020 年实现化肥零增长；2016 年，《国家"十三五"规划纲要》提出，大力发展生态友好型农业，在重点灌区全面开展规模化高效节水灌溉行动；2016 年，农业部发布《推进水肥一体化实施方案（2016 ~ 2020 年）》要求，到 2020 年水肥一体化技术推广面积达到 1.5 亿亩，节水 150 亿 m^3，节肥 30 万 t，增效 500 亿元；2017 年中央一号文件提出大力普及喷灌、滴灌等节水灌溉技术，加大水肥一体化等农业节水推广力度。

目前，我国已在旱地农业水分调控和农作物增产技术、节水农业综合技术体系、低压管道输水、喷灌和微灌及其他新灌水技术，包括渠道衬砌、管道输水、喷灌、滴灌、渗灌、畦灌、沟灌、抗旱保墒的栽培耕作制度、集雨灌溉、抗旱育种、水肥耦合、非充分灌溉、灌溉制度优化、合理的轮作和间混套作、污水回灌等方面形成了自己的特色。

在节水农业应用基础及前沿与关键技术创新方面，较为系统地揭示了土壤 - 植物 - 大气连续体水分、养分迁移规律和调控理论，以及作物非充分灌溉理论与模式，特别在农田水分转化规律、根冠信息传递与信号振荡、水分养分传输动态模拟、作物需水规律与计算模型及抗旱节水机理等方面取得了重大突破，为我国节水农业技术发展提供了强有力的技术储备与支撑；取得的非传统水资源开发与高效利用技术、非充分灌溉与精细地面灌溉技术、节水产品激光快速成型技术等一系列成果，产生了明显的节水增产效益；首次在国际上建立的节水产品激光快速研发平台，使微灌产品单循环周期由 90 ~ 150 d 缩短为 3 ~ 5 d，成本由 3 万 ~ 5 万元降低为 0.2 万元，工效提高了 30 倍，成本仅为原来的 1/20。筛选出的抗旱节水新品种在中等干旱条件下较对照产量提高 10%，作物水分利用效率提高 20% ~ 40%；建立的激光控制平地自动作业技术，使土地平整精度达到 2 ~ 3 cm，灌溉水利用率提高 20% ~ 30%；提出的基于作物生命需水信号的控制性分根交替灌溉技术，作物水分利用效率达 2 kg/m^3；研制的新型土壤固化剂集雨新材料比水泥土强度高出 68%，集流效率达 85% ~ 91%，投资仅 3 ~ 4 元/m^2；研制的植物生长营养调理剂可使生物集雨面郁蔽时间由 3 a 缩短为 30 d，0.5 cm 厚水层停留 6 h 不渗漏，径流量较对照提高 30%。

在节水农业技术体系集成与示范方面，初步建立了适合我国国情和不同区域特点的现代节水农业技术发展模式，提出适合我国北方干旱内陆河灌区、半干旱平原井灌区、半干旱平原渠灌区、半干旱平原抗旱灌溉区、集雨补灌旱作区、半湿润井渠结合灌溉区、半干旱生态植被建设区、半干旱都市绿地灌溉区、南方季节性缺水地区等9个现代节水农业区域发展模式，并以此模式在我国西北、华北、东北，以及华东与南方季节性缺水地区建立了17个示范区，面积达1.67万hm^2，技术辐射24.5万hm^2，推广0.13亿hm^2，节水约24亿m^3，增产粮食25亿kg，增加经济产值48亿元。另外，我国大田棉花膜下滴灌技术应用面积已达33.33万hm^2，雨水集蓄利用技术应用面积200万hm^2，均为世界之最。

1.3.2 节水农业技术发展存在的问题

我国是农业大国，农业用水效率决定着水资源利用总体水平。一直以来，党中央高度重视农业节水及灌溉技术，并取得了显著的成绩。

我国节水农业技术虽具备一定的基础积累，取得了一些在生产实际中发挥重要作用的创新科技成果，但是，我国农业节水还面临一系列制约因素，重投入轻管理、重建设轻使用、重设备轻技术等问题普遍存在，阻碍了节水农业功能和效率的发挥，亟待进一步解决完善。我国农业用水上存在很多薄弱环节，投巨资建起了各种水利工程设施，田间施水方法却落后粗放，在技术上仍广泛沿用原始方法，水分利用率低，水资源浪费严重，科研成果转化率低，没有市场约束，没有现代意义上的管理，缺乏有效的组织来维护合理的管理制度，节水农业功能和效率无法有效发挥，亟待进一步完善和解决。

在节水新技术方面，仍存在诸多重要的技术瓶颈，尚不具备为建设现代节水高效农业提供强有力的技术支撑，主要表现为：

(1)我国现代化农业起步较晚，目前大多数仍局限于节水灌溉工程措施的推广和应用，缺乏旱区半旱区农业水土资源高效利用发展所需要的基础数据积累和对农业用水状况的有效监测与控制。

(2)农业高效用水应用基础研究薄弱，特别是对农业高效用水发展起关键作用的从纯基础到应用层面的应用基础研究还很欠缺，在农田水分高效利用、区域高效用水和环境友好的农业用水优化模式等方面的研究还比较欠缺。

(3)根据不同地区特点的单项农业用水技术研究较多，但缺乏适合不同地区的标准化、模式化、集成化的北方旱区半旱区农业水资源高效节水利用综合技术体系。

(4)从整体上讲，多以理论性、探索性或专家咨询性研究成果为主，且多数研究成果都尚不完善，真正能在生产中应用、通用性较强、实用灵活且应用方便的程序软件尚未研制；尤其缺乏基于Web的在线实时灌溉调度工具，缺乏可用于生产实践的旱区半旱区农业水资源高效节水利用综合管理的系统研究成果。

到目前为止，我国农业灌溉管理决策支持系统方面的研究还处于探索研究阶段，与节水发达国家相比，我国灌溉管理存在着水平低、方法落后等问题。目前已有的灌溉管理系统，如中科院水土保持所开发的旱作物需水量预报决策辅助系统、扬州大学的周明耀开发的农田水分管理决策支持系统等，大部分是C/S(Client客户端/Server服务器)模式系统，要求有专门的客户端程序，常被称为胖客户端系统，存在难以适应大范围跨平台、跨系统的信息访问和共享需要、系统维护工作量大、升级困难和可移植性差等问题。

就国内的灌溉管理系统而言，现在的农业现代化和信息化水平还比较落后，总的来讲，主要有以下三个方面：

(1)农业基础设施不完善，田间数据特别是实时数据的采集与传输受到设备与技术方面的制约还很多；

(2)在管理软环境方面投入较少；

(3)缺少水资源管理软件的行业准则和规范，造成了管理软件的重复开发和资源的浪费。

总的来讲，我国农田水利灌溉技术的现代化水平与国际的先进水平还存在着一定程度的差距，成果的数据共享性较差、成果的规模化还有待提高、成果的技术水平还有待提高。

因此，根据国内实际情况，研制出符合国情的、系统相对简单、操作相对简易、维护费用相对较低的节水灌溉管理系统是很有必要的。

1.3.3 节水农业技术发展趋势

进入21世纪后，随着干旱缺水态势不断加剧，人口增长、城镇化和社会经济快速发展，我国用水矛盾日益尖锐。农业是我国节水潜力最大的行业，发展现代节水农业是确保我国粮食安全、水安全和生态安全的重大战略举措已经成为共识。我国现代节水农业发展正处在一个传统技术升级与高新技术发展相互交织的关键时期，如何在这一关键时期确定我国现代节水农业技术研发重点和发展方向，对于我国节水农业的发展，以及对确保我国战略水安全、生态安全与粮食安全均具有十分重要的意义。

纵观国内外农业水资源利用管理的发展历程，可见我国农业水资源利用管理方面存在以下三个发展趋势或方向。

1.3.3.1 农业管理措施一体化技术

在工程节水技术的基础上，发展综合一体化农业管理节水技术，发挥各项农业节水技术的综合优势，达到节水、高产、高效是当前世界各国研究的一个热点。美国和以色列开发的“水—肥预测预报”技术服务体系，能较准确地预报墒情及施肥水平，其氮素利用率达到60%以上，单方水生产率达2.32 kg。今后，在作物对土壤干旱逆境信号感知及其传递，作物水分利用效率和抗旱性的改善与调控，不同农业措施条件下的水、热、肥运动、吸收和转化利用规律，不同作物水分、养分状况分析与土壤水分有效性的自动判别，作物水分—养分—环境—生产力形成的综合模拟模型等方面都需要进行深入、系统的研究。

1.3.3.2 农业高效用水智能决策系统

近十年来，随着信息、通信技术的发展及软硬件价格的不断下降，信息技术已广泛应用于生产、生活的各个领域。

在发达国家，信息技术已成为提高农业生产的最有效手段，世界各国学者相继开发了节水灌溉专家系统，如滴灌系统中过滤设备选择专家系统、灌溉水质与作物产量间关系的决策支持系统、渗灌技术要素与氮素间关系的决策系统等。国内在农业高效用水专家系统方面也进行了一些尝试，但这类系统都是针对灌溉中某一具体技术开发的，对指导环境条件复杂的农业生产尚有一定差距，特别是基于作物生长发育模型、土壤水肥模型、作物灌溉生产函数等模型的农业专家系统还较少见。今后将专家系统、模拟模型、资源数据库、控制技术、计算机网络等技术有机结合起来,形成适合不同水资源状况的水资源开发调配、农田输水与灌溉方式、农田水分与养分管理的农业高效用水决策支持系统将会是一个发展方向。

1.3.3.3 农业高效用水网络管理技术

在当今数字化、信息化、网络化时代,随着网络技术的进步及应用的发展,基于网络技术的应用软件系统已渗透到各个行业,给人们的工作和生活带来了巨大的便利,但基于网络技术的农业水资源高效节水利用综合管理系统还不多见,因此需要研究开发基于信息化和网络化的农业高效水资源管理系统,使用户不需安装其他客户端程序,只需通过浏览器即可轻松访问网络资源,实现资源共享和资源的最有效利用。

1.4 本书研究的主要内容和技术路线

1.4.1 研究的主要内容

提高灌溉区域农业水资源管理水平和利用效率,保障水资源的供给已经成为关系到我国农业是否能够可持续发展的重大课题。2012 年1 月和2013 年1 月,国务院相继出台了《关于实行最严格水资源管理制度的意见》和《关于实行最严格水资源管理制度考核办法》,这都体现出提高水资源可利用量和水资源优化配置的重要意义。实施可持续发展的灌区水资源优化配置,通过关注各需水单位间的合理分配,可以缓解灌区水资源的供需矛盾,减少灌区地下水的开采,最后达到灌区环境 - 社会 - 经济的协调发展,促进当地社会经济可持续发展,有力地保障区域内农产品的丰收。

本书以北方半干旱地区灌区水资源高效利用为研究对象,面向农业水资源高效利用核心问题,围绕北方灌区水资源的节水、高效、实时、智能利用,针对北方灌区水资源的高效利用理论及实践等一系列问题展开研究,在对北方农业区的干旱综合评价基础上,结合我国具体情况对灌区水资源的高效利用和优化配置进行了深入研究。重点进行农业干旱动态评估与预报技术、作物适应性智能节水灌溉预报技术、多作物灌溉预报模型关键参数率定、多水源实时配置模式等方面的研究。全书共分 11 章,主要研究内容和研究成果概括如下:

第 1 章绪论。基于目前农业干旱、农业水资源高效利用、节水农业技术发展等方面的研究现状及研究中存在的问题,提出了本书的研究内容、技术路线与研究意义。

第 2 章以典型区为例,介绍了气象要素分析的研究方法,从年、季和月等不同时间尺度对研究区的降水变化特征、潜在蒸散发变化特征分别进行了分析。

第 3 章论述了农业干旱评估与预报技术,对常用的农业干旱指标进行了介绍。通过查阅已有国内外文献,综述了目前农业干旱评估和预报常用的方法,并介绍了常用的多种农业干旱指标,对比分析了各种方法和指标的优缺点,提出了基于 SWAT 模型的土壤含水量动态模拟方法,用于北方农业干旱动态评估与预报。

第 4 章介绍了作物实时在线灌溉试验方案与数据获取方法。为对理论研究、模型构建和关键参数率定提供基础实测数据，研究设计了实时灌溉试验方案，选取了所需测定指标，介绍了灌溉试验所需的设备和仪器、各指标数据的测取方法以及网络环境下监测数据的传输和获取技术，为研究开展提供基础数据支撑。

第5章对灌溉预报研究现状进行了综述，对作物需水量研究的理论与方法进行了评述，对作物的非充分灌溉理论与非充分灌溉研究中的问题进行了论述与剖析，针对现有研究中的不足，提出了作物的非充分灌溉在线实时预报理论和方法。基于实时土壤水分监测数据及降雨信息，利用田间水量平衡原理，提出了充分利用降雨的作物非充分在线实时灌溉制度模型及关键参数修正技术。包括作物非充分在线实时灌溉模型以及模型各要素的确定和修正。以冬小麦为例进行研究，把冬小麦按生长特点进行了生育期的划分，结合作物的非充分在线实时灌溉制度模型和试验测取数据，对本研究中非充分灌溉不同水分处理的冬小麦灌溉制度和生育期需水规律进行了逐日模拟分析，实现了冬小麦的非充分实时灌溉制度的制定和作物系数的逐日修正，对作物系数的修正情况进行了分析。

第6章为对北方灌区农业干旱进行评估，以郑州市为北方灌区典型区域，利用SWAT模型动态模拟研究区域多年来的逐日土壤含水量，基于土壤相对湿度干旱指数计算方法，应用水文模型输出结果，结合北方灌区的典型作物——冬小麦和夏玉米，开展了不同作物生长季内农业干旱评价。通过对两种作物不同生长阶段、不同等级干旱发生频率变化特征进行分析，为适应性灌溉中土壤含水率上下限的厘定提供科学理论依据。

第7章选择河南省典型代表作物作为研究对象，为提高灌溉预报对干旱的适应性和水资源的有效利用性，考虑面临阶段的动态干旱等级，提出适应性灌溉的概念、预报原理和步骤，建立基于不同干旱等级的作物实时适应性智能节水灌溉预报模型，提出模型的模拟与校验技术，并对适应性灌溉预报条件下冬小麦产量进行分析，为灌区水资源实时高效配置与管理决策提供核心技术支持。

第8章为实现灌区水资源的多水源、多用户、多目标优化配置，研究耦合SWAT模型和水资源配置模型，建立灌区多水源实时优化配水模型，开展灌区实时用水配置模式研究，对SWAT模型进行了二次开发，增加了渠系模块，用于模拟渠系的输水和蓄水功能，并将SWAT模型的灌溉模块内的单水源灌溉改写为多水源灌溉。通过多情景模拟，提出灌区多水源优化配置方案，对灌溉水资源从空间配置、时间配置等多个方面进行多水源配置模式研究。

第9章在现有水肥一体化模拟技术基础上，利用验证后的SWAT模型对研究区不同的灌溉与施肥一体化模式下农田地表径流流失特征以及对作物水分生产力的影响进行模拟研究，评价不同的灌溉与施肥一体化模式对研究区水体污染的扰动程度以及作物水分生产力的影响，提出最优的农业灌溉与施肥一体化管理模式。

第10章提出了适合北方灌区的水肥一体化农田智能灌溉管理系统框架，介绍了现代农田智能管理系统建设的主要内容，包括田间节水工程、土壤墒情监测系统、气象监测系统、实时在线水肥灌溉智能预报与发布系统、信息中心软硬件系统，重点介绍了实时在线水肥灌溉智能预报与发布系统设计模块与实现功能。实现了作物的在线实时灌溉，以及土壤水分、降雨、灌溉信息的可视化管理，为现代农田建设及智能化管理提供技术支撑。

第11章总结了本书的主要研究成果，并对有待进一步研究的问题进行了展望。

1.4.2 研究的技术路线

通过文献阅读、实地试验、科技创新与研发等途径综合开展研究，研究综合运用农田水利学、水资源系统分析、运筹学、工程模糊集控制理论、计算机科学、信息科学等多学科理论方法，采用理论分析、灌溉试验、系统模拟、调度仿真、优化计算、数据挖掘等多手段相结合的方法，对北方灌区水资源的节水高效智能管理关键技术展开研究及应用。研究内容和结果对提高农业用水效率，缓解农业用水矛盾，解决半干旱地区农业粮食安全生产问题具有重要的现实意义和社会、经济效益，能够为全面建设节水型社会、缓解水资源短缺、高效配置农业水资源提供重要的技术支撑。具体技术路线如图 1-1 所示。

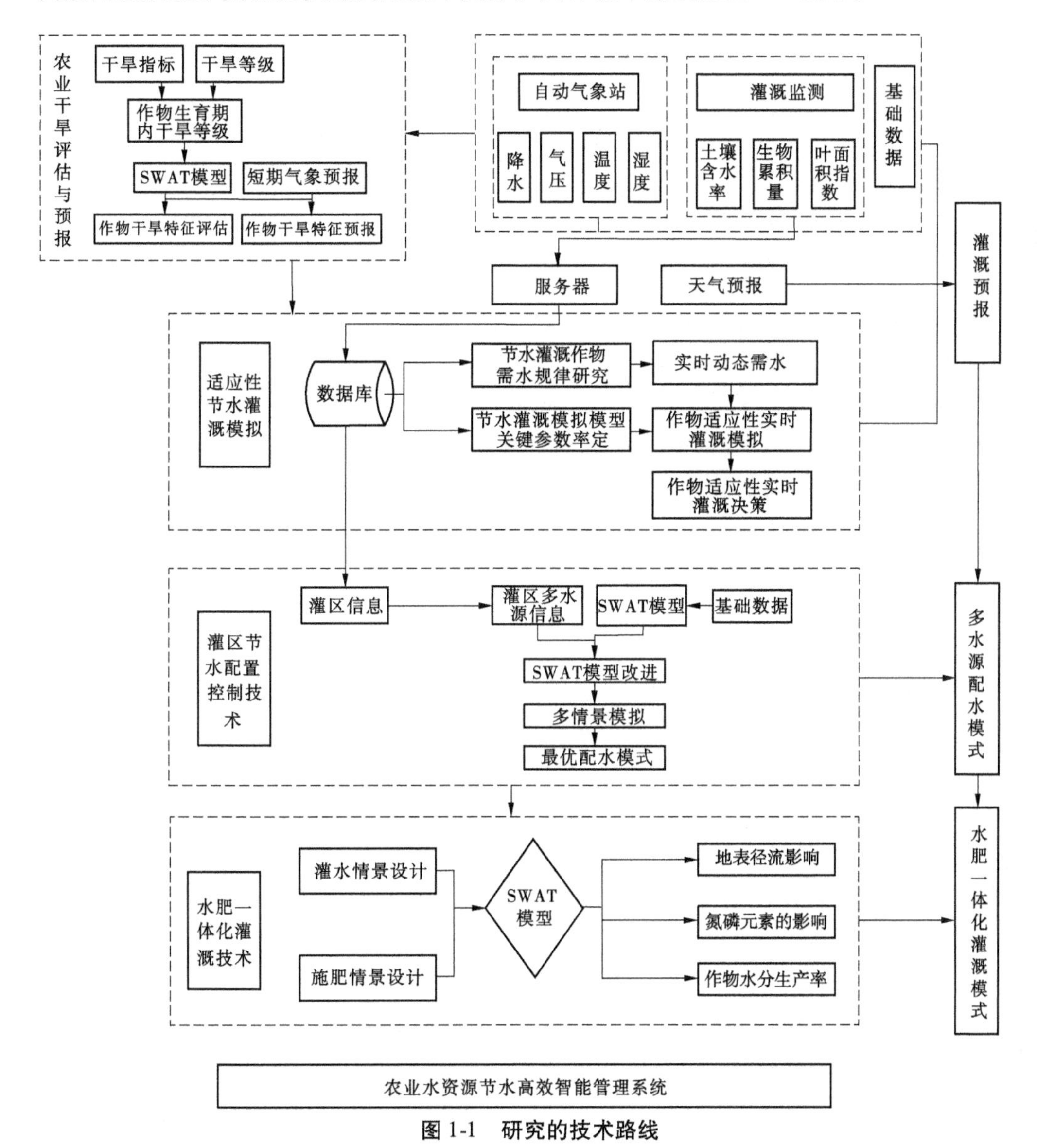

图 1-1　研究的技术路线

第2章 典型区气象特征分析

在灌溉农业区,不同作物生育期内的降水、蒸散发等变化特征对作物的灌溉制度的制定具有直接的影响作用。研究选取郑州地区作为典型区,根据1961~2015年郑州气象站的气象资料,统计郑州地区降水以及潜在蒸散发的年际、年内变化规律,为后面研究区干旱特征的模拟与分析,以及适应性灌溉预报模型的建立奠定基础。

2.1 研究方法

本研究采用Mann-Kendall(简称为M-K)趋势检验方法和Theil-Sen斜率估计法对研究区1961~2015年的降水和潜在蒸散发的年内、年际变化趋势进行分析。

2.1.1 Mann-Kendall趋势检验

Mann-Kendall趋势检验是一种非参数检验方法,其优点是不需要样本遵循一定的分布,同时不受少数异常值的干扰,因此适用于水文变量的分析。

在Mann-Kendall检验中,原假设H_0为时间序列数据($x_1, x_2, x_3, \cdots, x_n$),是$n$个独立的、随机变量同分布的样本;备择假设$H_1$是双边检验,对于所有的$k, j \leqslant n$,且$k \neq j$,$x_k$和$x_j$的分布是不相同的,检验的统计变量$S$计算如下式:

$$S = \sum_{k=1}^{n-1} \sum_{j=k+1}^{n} Sgn(x_j - x_k) \tag{2-1}$$

其中,

$$Sgn(x_j - x_k) = \begin{cases} 1 & x_j - x_k > 0 \\ 0 & x_j - x_k = 0 \\ -1 & x_j - x_k < 0 \end{cases}$$

S为正态分布,其均值为0,方差$Var(S) = n(n-1)(2n+5)/18$。当$n > 10$时,标准的正态统计变量通过下式计算:

$$Z = \begin{cases} \dfrac{S-1}{\sqrt{Var(S)}} & S > 0 \\ 0 & S = 0 \\ \dfrac{S+1}{\sqrt{Var(S)}} & S < 0 \end{cases} \tag{2-2}$$

这样,在双边的趋势检验中,在给定α的置信水平上,如果$|Z| \geqslant Z_{1-\alpha/2}$,则原假设是不可

接受的，即在 α 置信水平上，时间序列数据存在明显的上升或下降趋势。对于统计变量 $Z>0$ 时，是上升趋势；$Z<0$ 时，则是下降趋势。当 $|Z|\geqslant 1.28$、$|Z|\geqslant 1.64$、$|Z|\geqslant 2.32$ 时，分别表示通过了信度 90%、95% 和 99% 的显著性检验。

2.1.2 Sen′s slope 法

为估算某一个时间数据序列变化趋势的数值程度大小，Sen 于 1968 年提出了 Sen′s slope 法，并以中值大小判断时间序列变化趋势及程度。Sen′s slope 能降低或避免数据缺失及异常对统计结果的影响。该方法可以与 Mann－Kendall 方法结合在一起用于判断数据系列趋势显著性的检验。Sen 斜率的计算公式为：

$$\beta = \text{Median}\left(\frac{x_j - x_k}{j - k}\right) \tag{2-3}$$

式中，x_j、x_k 分别为数据序列在 j 和 k 时刻的数值，$j>k>1$，$i=1,2,\cdots,n$。

β 表示此序列的平均变化率以及时间序列的趋势，当 $\beta>0$ 时，时间数据序列呈上升趋势；当 $\beta=0$ 时，序列趋势不明显；当 $\beta<0$ 时，序列呈下降趋势。

2.2 降水变化特征

2.2.1 降水年际变化特征

通过分析国家气象站点郑州气象站 1961～2015 年的降水资料可知，研究区多年平均降水量 635.3 mm，降水量的年际变化较大（见图 2-1），最大年降水量出现在 1964 年，为 1 041.3 mm；最小年降水量出现在 2013 年，为 353.2 mm。根据 Sen′s slope 方法进行计算，结果表明，1961～2015 年年降水量总体以 6.11 mm/10 a 的速度减少，但减少趋势不显著，M－K 趋势分析表明，此期间降水量的减轻趋势未通过 $\alpha=0.05$ 的显著性检验。

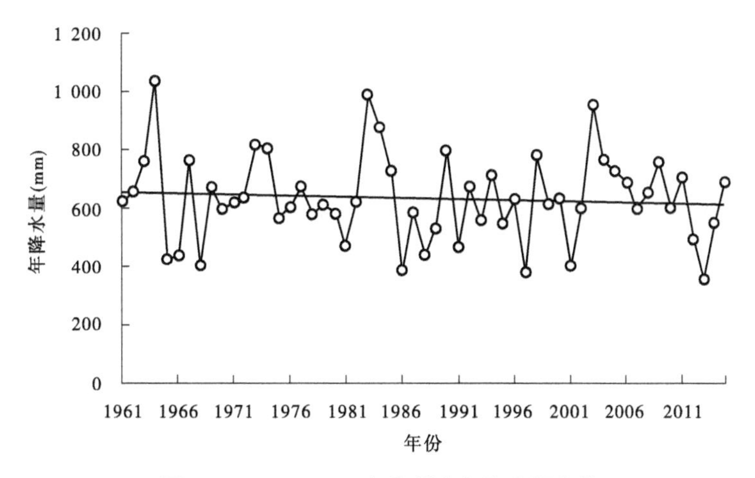

图 2-1 1961～2015 年郑州市年降水量变化

从年代际变化来看，2000～2009 年多年平均降水量最大，为 681.0 mm，大于 1961～2015 年多年平均降水量 7.5%；2010～2015 年多年平均降水量最小，为 610.9 mm，小于

1961 ~ 2015 年多年平均降水量 3%。整体变化趋势为:2000 年之前多年平均降水变化趋势总体表现为递减趋势,2000 年之后,多年平均降水量又明显呈增加趋势,到 2010 ~ 2015 年的年降水量开始减小,如图 2-2 所示。

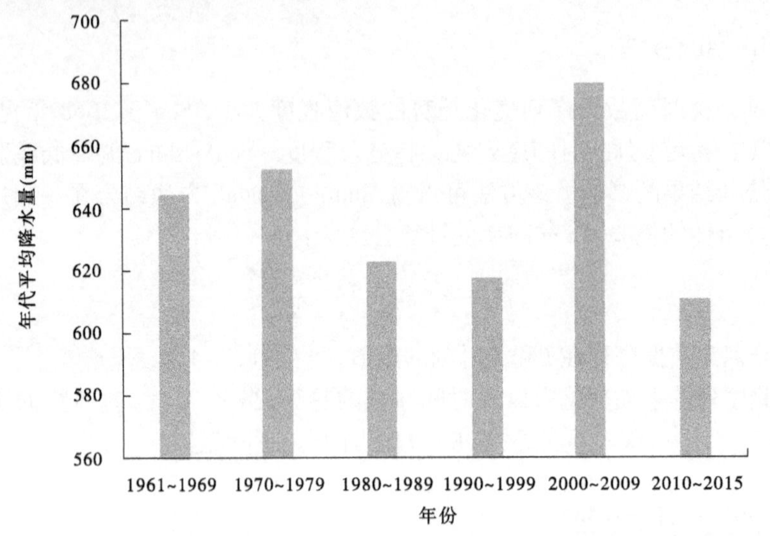

图 2-2 1961 ~ 2015 年年代平均降水量变化图

从降水距平百分率变化(见图 2-3)可以看出,1965 ~ 1997 年降水量偏少, 33 年中有 21 年的降水距平值为负值, 多年平均降水量为 613.7 mm,比多年平均值偏小 22 mm; 1998 ~ 2009 年为多雨期,12 年中仅有 4 年的降水距平值为负值,多年平均降水量为 683.0 mm,比多年平均值偏多 47.7 mm;但 2010 年以后又进入了少雨期,6 年中只有两年的降水距平值为正值。

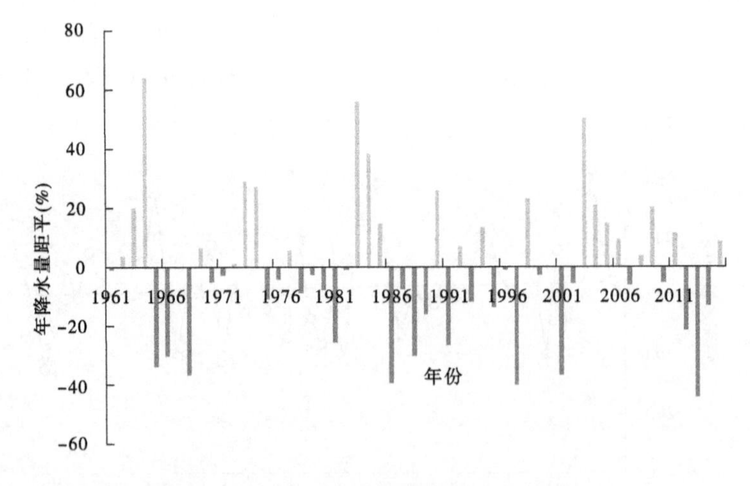

图 2-3 1961 ~ 2015 年降水距平百分率变化

2.2.2 降水季节变化特征

研究区季节间降水变化差异比较大(见图 2-4 ~ 图 2-7)。夏季降水量最多,多年平均为 329.5 mm,占全年降水量 635.3 mm 的 51.9%,各年夏季降水量在 93 ~ 520.7 mm 间变化;其次为秋季,秋季降水量多年平均为 153.7 mm,占全年降水量的 24.2%,各年秋季降水量在 8.5 ~ 409.8 mm 间变化;春季降水量略小于秋季降水量,多年平均为 122.2 mm,占全年降水量的 19.2%,各年春季降水量在 10.4 ~ 325.4 mm 间变化;冬季降水量虽最少,多年平均为 29.8mm,占全年降水量的 4.7%,各年冬季降水量在 0 ~ 111.2 mm 间变化。相反的是,冬季降水量虽最小,但年际变异性最强,年际变异系数为 0.78;其次为春季,年际变异系数为 0.56;再次是秋季,年际变异系数为 0.52;夏季虽然降水量最大,但年际变异系数仅为 0.33,在四个季节中最小。

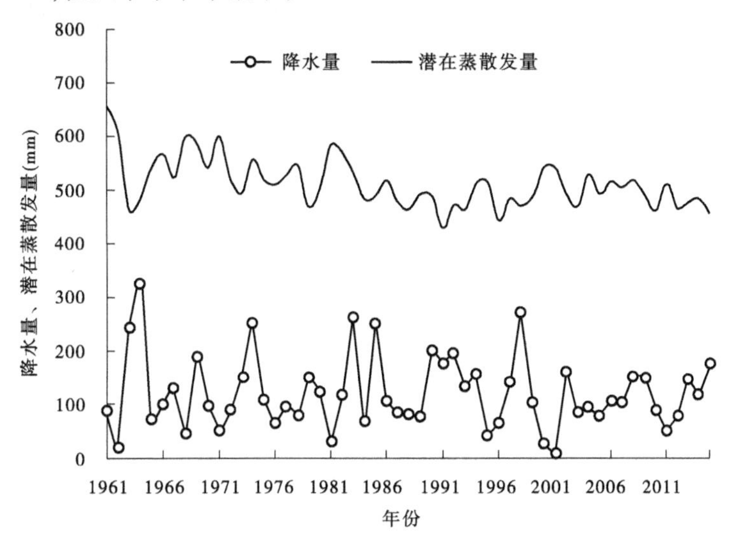

图 2-4　1961 ~ 2015 年郑州地区春季降水量、潜在蒸散发量的逐年变化

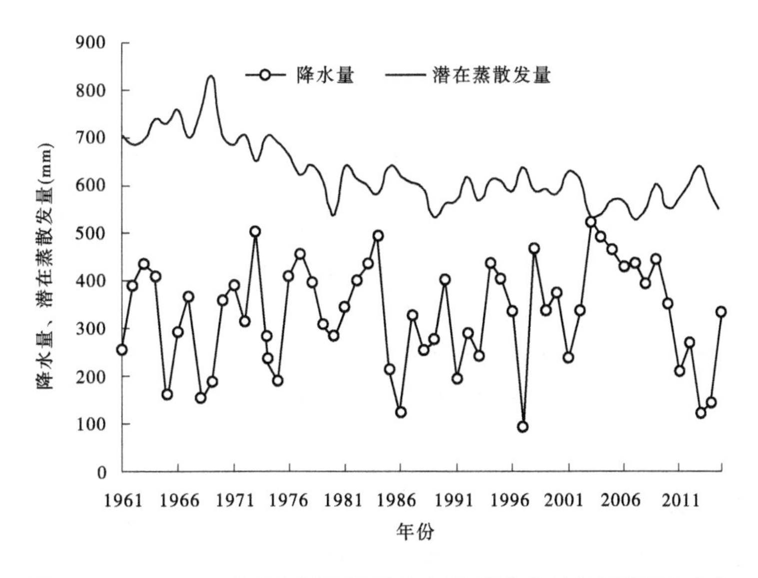

图 2-5　1961 ~ 2015 年郑州地区夏季降水量、潜在蒸散发量的逐年变化

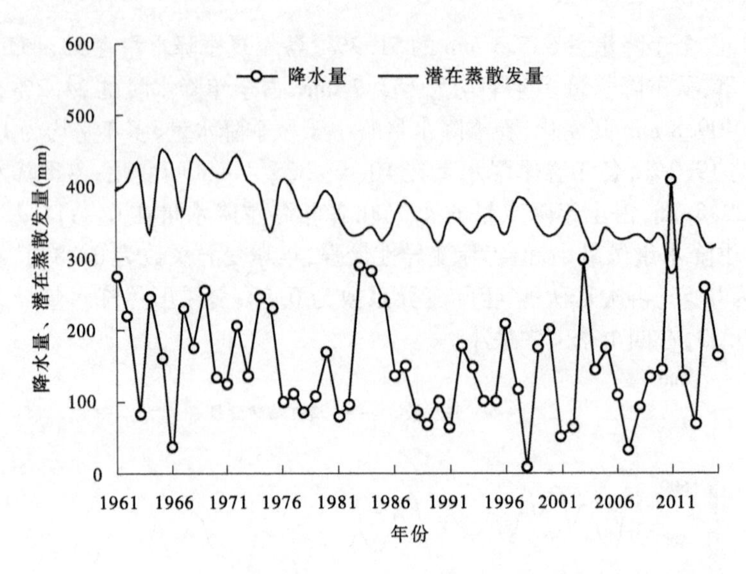

图 2-6　1961～2015 年郑州地区秋季降水量、潜在蒸散发量的逐年变化

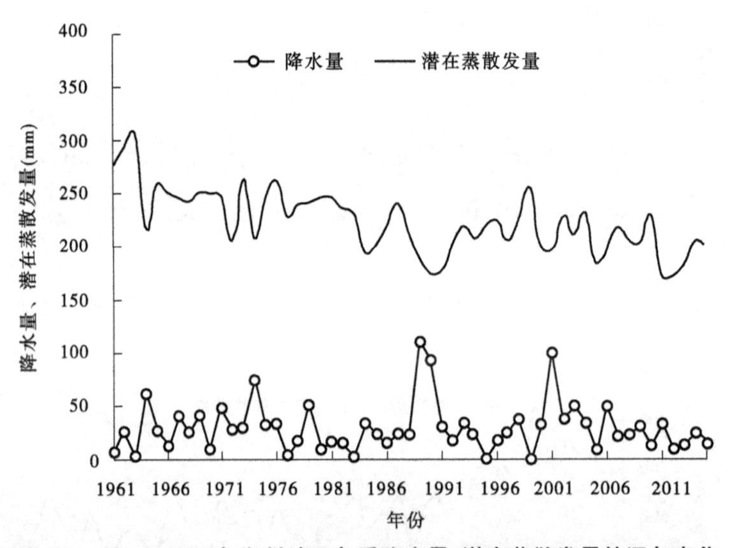

图 2-7　1961～2015 年郑州地区冬季降水量、潜在蒸散发量的逐年变化

由 Sen′s slope 计算结果可知，春季和夏季的降水量均呈增加趋势，而秋季和冬季的降水量则呈减少趋势。春季、夏季降水量分别以 0.24 mm/10 a、3.59 mm/10 a 的速度增加，而秋、冬两季则分别以 9.5 mm/10 a、0.31 mm/10 a 的速度下降。各个季节的变化趋势均不显著，M－K 趋势分析表明：四季降水量的增加或减少趋势均未通过 $\alpha=0.05$ 的显著性检验。

2.2.3　降水月变化特征

从降水量的年内分配来看，研究区降水量具有年内分配集中的特点（见图 2-8）。研究区降水量最多的月份主要为 7 月、8 月，分别占年总降水量的 22.8% 和 19.5%；1 月、2 月降水量最少，约占年总降水量的 1.3%。

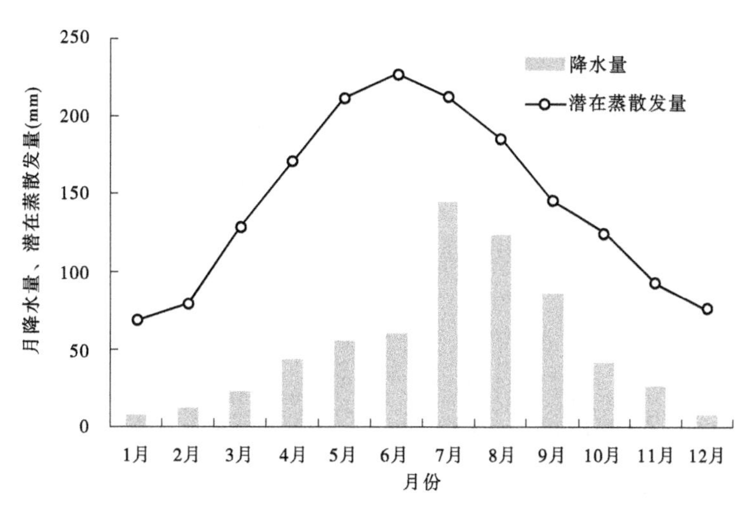

图 2-8 研究区降水、潜在蒸散发量年内分配特征

Sen's slope 计算结果如表 2-1 所示：研究区 3 月、4 月、6 月、7 月、9 月、10 月的降水量线性变化速率均为负值，表明研究区这几个月的降水量均呈现减少的趋势，下降速率为 0.67 ~ 4.25 mm/10 a；5 月以及 8 月的降水量呈现增加趋势，分别以 4.05 mm/10 a、6.98 mm/10 a 的速度增加；但各月降水量的变化趋势均不显著，未通过 $\alpha = 0.05$ 的显著性检验；而 1 月、2 月、3 月、11 月的降水量则无明显增加或减少趋势。

表 2-1 1961 ~ 2015 年研究区降水量及潜在蒸散发量趋势分析

月份	降水量		潜在蒸散发量	
	Z	β(mm/a)	Z	β(mm/a)
1 月	-0.414	0	-4.370*	-0.416
2 月	-0.094	0	-3.543*	-0.397
3 月	-0.668	-0.092	-3.209*	-0.353
4 月	-0.900	-0.194	-2.759*	-0.421
5 月	1.336	0.405	-3.252*	-0.763
6 月	-0.152	-0.067	-5.575*	-1.281
7 月	-0.363	-0.193	-4.806*	-1.102
8 月	1.554	0.698	-3.978*	-0.841
9 月	-0.697	-0.425	-5.414*	-0.708
10 月	-1.401	-0.339	-3.978*	-0.593
11 月	0.007	0	-4.240*	-0.542
12 月	0.131	0	-4.109*	-0.468

注：* 表明通过了 $\alpha = 0.05$ 的显著性检验；Z 为 Mann - Kendall 趋势检验统计值；β 为 Sen's 斜率统计值。

研究区各月降水量具有很强的年际变异性（见图 2-9、图 2-10）。其中，春季（(3 ~ 5 月)

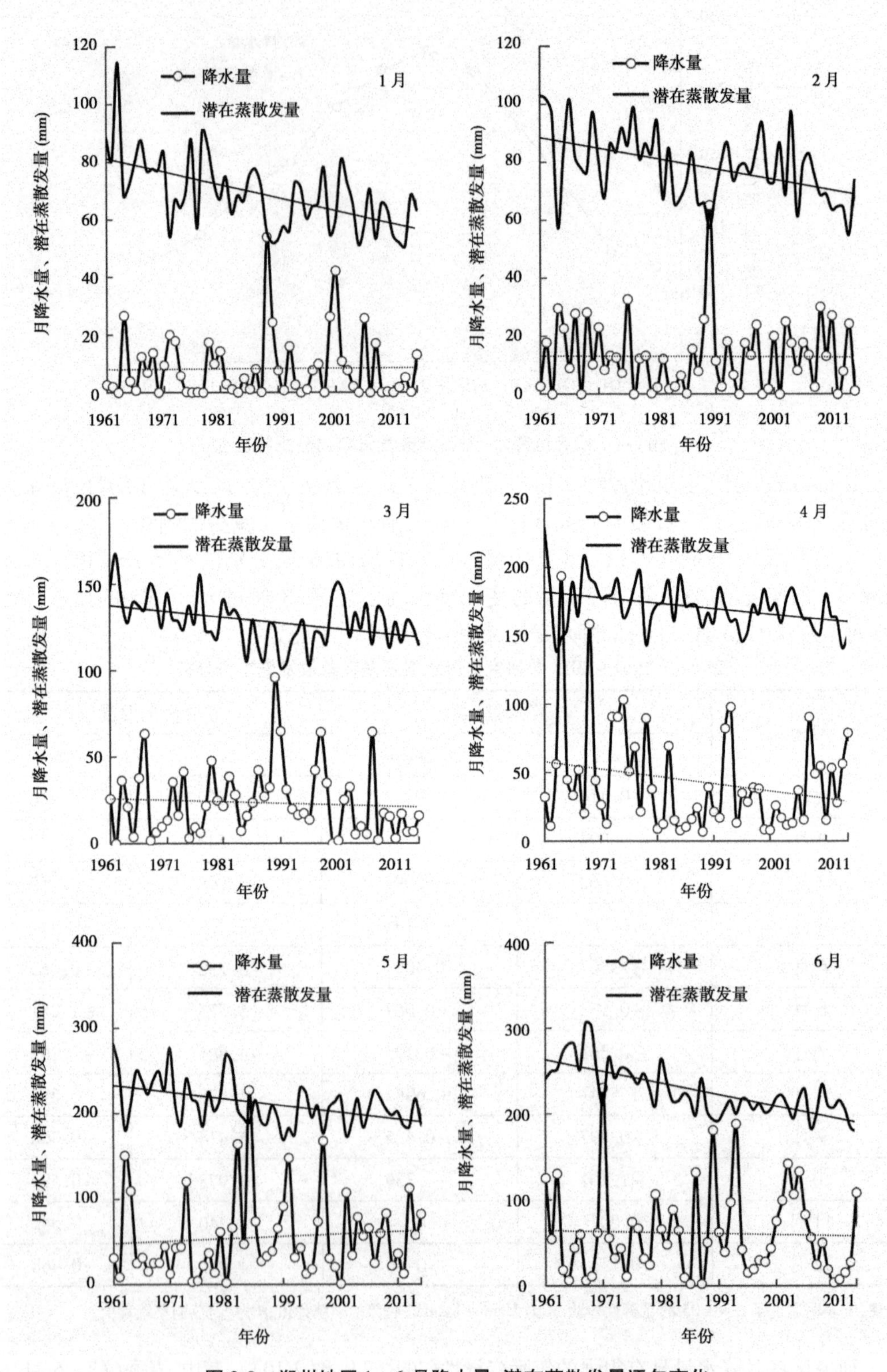

图 2-9 郑州地区 1 ~ 6 月降水量、潜在蒸散发量逐年变化

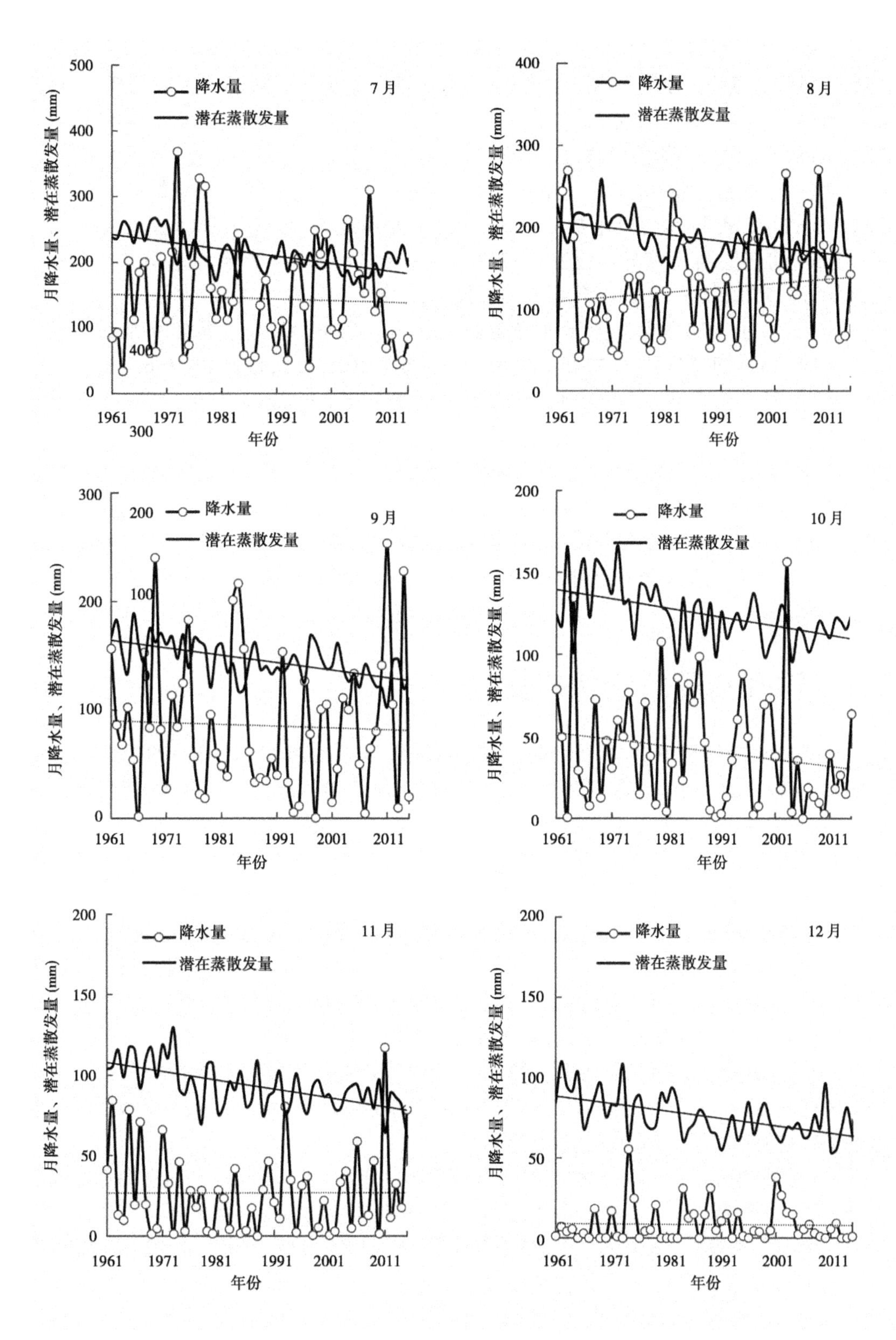

图 2-10 郑州地区 7～12 月降水量、潜在蒸散发量逐年变化

各月降水量变异系数差别不大:各年3月降水量在0~95.9 mm间变化,年际变异系数为0.85;4月降水量略大于3月的降水量,各年4月降水量在7.0~193.6 mm间变化,年际变异系数为0.87;5月降水量在冬季的几个月中最大,各年5月降水量在0.6~227.4 mm间变化,年际变异系数为0.87。

夏季(6~8月)各月降水量变异系数在0.52~0.84间变化:各年6月降水量在2.2~230.5 mm间变化,年际变异系数为0.84;7月降水量最大,各年7月降水量在34.2~368.5 mm间变化,年际变异系数为0.57;8月降水量略小于7月的降水量,各年8月降水量在33.5~270.2 mm间变化,年际变异性最小,年际变异系数为0.52。

秋季(9~11月)各月降水量变异系数在0.76~0.99间变化:各年9月降水量在0.6~253.4 mm间变化,年际变异系数为0.76;各年10月降水量在0~156.4 mm间变化,年际变异系数为0.87;各年11月降水量在0~117.2 mm间变化,年际变异系数为0.99。

冬季(12月至次年2月)各月降水量变异系数在0.93~1.35间变化:1月降水量最少,各年1月降水量在0~54.0 mm间变化,年际变异系数为1.33;12月降水量略大于1月的降水量,各年12月降水量在0~55.4 mm间变化,年际变异性最强,年际变异系数为1.35;2月降水量在冬季的几个月中最大,各年2月降水量在0~65.2 mm间变化,年际变异系数为0.93。

2.3 潜在蒸散发变化特征

根据郑州市气象站的实测气象资料,采用世界粮农组织(FAO)1998年给出的Penman-Monteith方程,计算得出了研究区1961~2015年的逐日参考蒸散发量,在此基础上,对研究区潜在蒸散发量的年际变化特征、季节变化特征、月变化特征进行了分析。

2.3.1 潜在蒸散发量年际变化特征

通过分析研究区1961~2015年的潜在蒸散发量计算结果(见图2-11)可知,研究区多年平均潜在蒸散发量为1 722.2 mm,约为年降水量的2.7倍。最大年潜在蒸散发量为2 098 mm,出现在1969年,最小年潜在蒸散发量为1 510 mm,出现在2015年;最大值与最小值之比为1.38,年际变化比较大,变异系数为0.09。

Sen's slope方法计算结果表明,1961年至2015年年潜在蒸散发量总体以75.5 mm/10 a的速度减少,且减少趋势显著,采用M-K趋势分析结果表明,此期间年潜在蒸散发量的减轻趋势通过了$\alpha=0.05$的显著性检验。

从年代际变化上看,从20世纪60年代到2010~2015期间的年代平均潜在蒸散发量呈现出明显的递减趋势。其中,20世纪60年代和70年代的潜在蒸散发量分别比多年平均值高出14.1%和6.4%左右,20世纪80年代、90年代、2000~2009年、2010~2015年的潜在蒸散发量与多年平均相比均偏少,分别减少2.1%、5.1%、5.6%和7.7%,如图2-12所示。

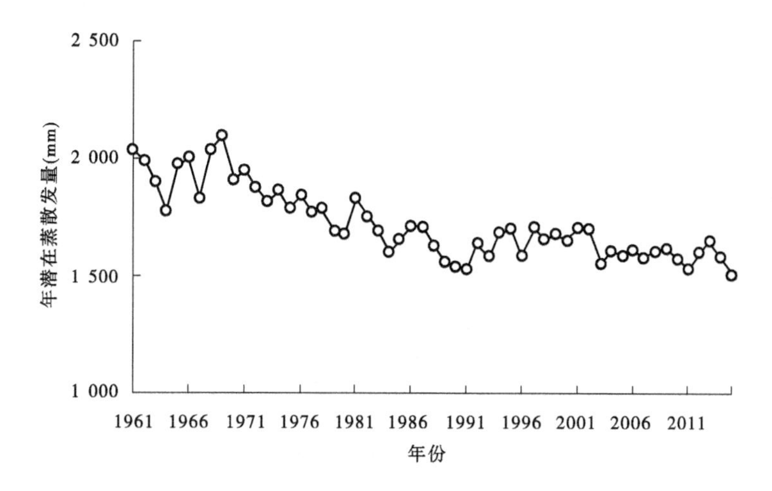

图 2-11　1961～2015 年郑州市年潜在蒸散发量变化

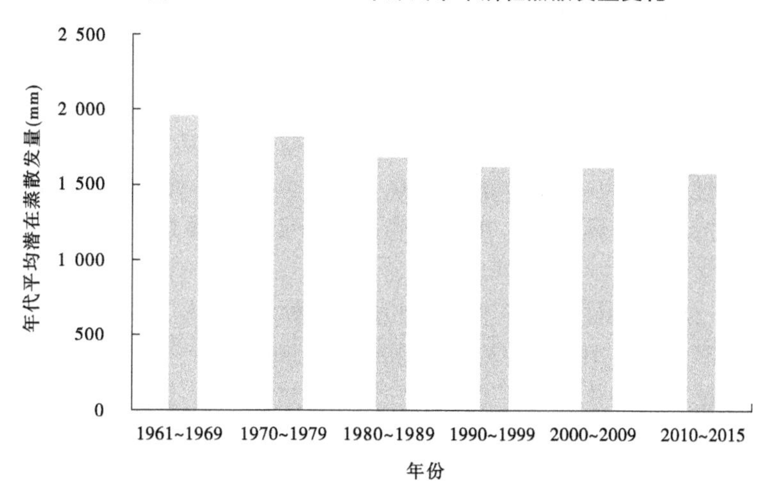

图 2-12　1961～2015 年年代平均潜在蒸散发量变化图

从潜在蒸散发量距平百分率图 2-13 可以看出,1961～1979 年 19 年间各年的潜在蒸散发量距平百分率中,除 1979 年的为负值外,其他各年均为正值,多年平均潜在蒸散发量为 1 891 mm,比多年平均值偏高 9.8%;1980～2015 年 36 年间各年的潜在蒸散发量距平百分率中,除 1981 年、1982 年的为正值外,其他各年均为负值,多年平均潜在蒸散发量为 1 633 mm,比多年平均值偏低 5.2%。

2.3.2　潜在蒸散发季节变化特征

研究区季节间潜在蒸散发量变化差异比较大(见图 2-4～图 2-7)。夏季潜在蒸散发量最大,多年平均为 624.8 mm,占全年潜在蒸散发量 1 722.5 mm 的 36.3%,各年夏季潜在蒸散发量在 527.6～828.6 mm 间变化;其次为春季,春季潜在蒸发量多年平均值为 511.0 mm,占全年潜在蒸散发量的 29.7%,各年春季潜在蒸散发量在 429.7～656.6 mm 间变化;再次为秋季,秋季潜在蒸散发量多年平均值为 363.0 mm,占全年潜在蒸散发量的 21.1%,各年秋季潜在蒸散发量在 277.5～449.2 mm 间变化;冬季潜在蒸散发量最少,多

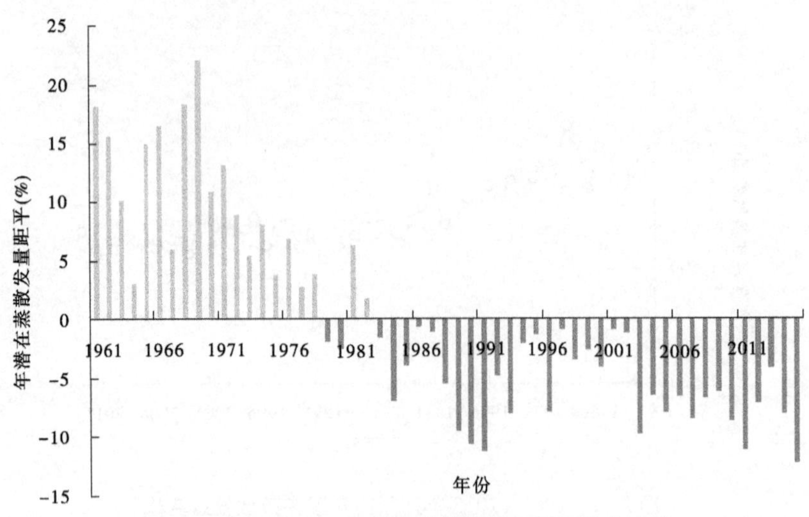

图 2-13　1961 ~2015 年潜在蒸散发量距平百分率变化

年平均值为 223.6 mm，占全年潜在蒸散发量的 13.0%，各年冬季潜在蒸散发量在 171.7 ~ 305.9 mm 间变化。各季节的潜在蒸散发量年际变异性变化不大，年际变异系数为 0.09 ~0.13，且相对于各季节的降水量年际变异性而言均比较小。冬季潜在蒸散发量虽最小，但年际变异性最强，年际变异系数为 0.13；秋季的变异性次之，年际变异系数为 0.109；再次为夏季，年际变异系数为 0.107；春季年际变异系数为 0.09，在四个季节中变异性最小。

由 Sen′s slope 计算结果可知，各个季节的潜在蒸散发量均呈下降趋势，下降速率分别为15.4 mm/10 a、31.6 mm/10 a、18.3 mm/10 a、12.6 mm/10 a。各个季节的变化趋势均很显著，M - K 趋势分析表明，四季潜在蒸散发量减少趋势均通过了 $\alpha=0.05$ 的显著性检验。从研究区四季降水量、潜在蒸散发量多年变化来看，春季、夏季潜在蒸散发量与相应的降水量变化趋势相反，而秋季和冬季的潜在蒸散发量与相应的降水量变化趋势则一致，亦即秋季和冬季的潜在蒸散发量与相应的降水量多年间均呈下降趋势，所不同的是各个季节多年来潜在蒸散发量的变化速率均大于相应的降水量的变化速率。

2.3.3　潜在蒸散发量月变化特征

研究区潜在蒸散发量最多的月为 5 ~7 月，各月潜在蒸散发量均超过了200 mm，其中 6 月最大，达到 226.6 mm，占年潜在蒸散发量的 13.1%；5 月、7 月潜在蒸散发量分别占年潜在蒸散发量的 12.3%。1 月、2 月、11 月、12 月的潜在蒸散发量相对较少，均未超过 100 mm，四个月的潜在蒸散发量分别占年潜在蒸散发量的 4% 左右（见图 2-8）。

Sen′s slope 计算结果（见表 2-1）显示，研究区各月潜在蒸散发量的线性变化速率均为负值，表明了研究区各月潜在蒸散发量均呈现出减少的趋势，下降速率为 3.53 ~ 12.8 mm/10 a；且各月潜在蒸散发量下降趋势显著，均通过了 $\alpha=0.05$ 的显著性检验。

研究区各月潜在蒸散发量的年际变异性相对降水量来讲比较小，各月年际变异系数在 0.10 ~0.18 间变化（见图 2-9、图 2-10）。其中，春季（3 ~5 月）各月潜在蒸散发量变异系数最大为 0.13(5 月)，最小为 0.10(4 月)。3 月潜在蒸散发量最大为 167.4 mm，出现在1962年;最小为101.5 mm,出现在1991年;最大最小值比为1.65。4月潜在蒸散发量最大为228.5 mm,出现在1961年;最小为139.4 mm,出现在1963年;最大最小值比为1.64。5月潜在蒸散发量最大为281.8 mm,出现在1961年;最小为169.0 mm,出现在1991年;最大最小值比为1.67。

夏季(6~8月)各月潜在蒸散发量变异系数均为0.13。6月潜在蒸散发量最大为305.8 mm,出现在1968年;最小为179.3 mm,出现在2015年;最大最小值比为1.71。7月潜在蒸散发量最大为267.3 mm,出现在1969年;最小为166.3 mm,出现在2005年;最大最小值比为1.61。8月潜在蒸散发量最大为258.9 mm,出现在1969年;最小为145.6 mm,出现在1989年;最大最小值比为1.78。

秋季(9~11月)各月潜在蒸散发量变异系数在0.13~0.16间变化。9月潜在蒸散发量最大为188.8 mm,出现在1965年;最小为103.0 mm,出现在2011年;最大最小值比为1.71。10月潜在蒸散发量最大为166.3 mm,出现在1972年;最小为94.8 mm,出现在1983年;最大最小值比为1.75。11月潜在蒸散发量最大为129.5 mm,出现在1973年;最小为61.3 mm,出现在2015年;最大最小值比为2.11。

冬季(12月至次年2月)各月潜在蒸散发量变异系数平均为0.17。1月潜在蒸散发量最大为114.5 mm,出现在1963年;最小为50.7 mm,出现在2013年;最大最小值比为2.26,变异系数为0.18。2月潜在蒸散发量最大为103.1 mm,出现在1961年;最小为55.0 mm,出现在2014年;最大最小值比为1.87,变异系数为0.15。12月潜在蒸散发量最大为110.0 mm,出现在1962年;最小为53.6 mm,出现在2011年;最大最小值比为2.05,变异系数为0.18。

综上分析可知,研究区潜在蒸散发量各月最大值出现的时间比较集中,除10月、11月分别出现在1972年和1973年外,其他各月均出现在20世纪60年代。而最小值出现的时间则相对比较分散,除1月、2月、6月、9月、11月、12月相对集中地出现在2011~2015年外,3月和5月出现在1991年,4月出现在1963年,6月出现在1991年,8月和10月出现在20世纪80年代。

2.4 小　结

本章采用Mann - Kendall和Sen′s slope斜率估计法对研究区1961~2015年的降水和潜在蒸散发量的年内、年际变化趋势及程度进行了分析。研究结果表明:

(1)研究区年降水量年际变化比较明显,多年来呈现减少趋势,但减少趋势不显著。1961~2015年年降水量总体以6.11 mm/10 a的速度减少,春季、夏季降水量分别以0.24 mm/10 a、3.59 mm/10 a的速度增加,而秋、冬两季则分别以9.5 mm/10 a、0.31 mm/10 a的速度下降。3月、4月、6月、7月、9月和10月的降水量均呈现出减少的趋势,下降速率为0.67~4.25 mm/10 a; 5月及8月的降水量分别以4.05 mm/10 a、6.98 mm/10 a的速度增加;而1月、2月、3月和11月的降水量则无明显增加或减少趋势。

(2)潜在蒸散发量的年际年内均呈下降趋势,且下降趋势显著。1961年至2015年年潜在蒸散发量总体以75.5 mm/10 a的速度明显减少,各个季节的潜在蒸散发量分别以

15.4 mm/10 a、31.6 mm/10 a、18.3 mm/10 a、12.6 mm/10 a 的速度下降；各月潜在蒸散发量下降速率则在 3.53～12.8 mm/10 a 内变化。

(3)无论是从年际变化还是年内变化来看，潜在蒸散发量的变化速率均大于相应的降水量的变化速率。

第3章　农业干旱评估与预报技术

3.1　农业干旱评估与预报研究

3.1.1　农业干旱评估研究

农业干旱是指作物生产季节内因长期无雨，造成大气干旱、土壤缺水，影响作物正常生长发育，进而导致作物减产甚至失收的一种农业气象灾害现象，是降水、土壤、温度、地形、作物的布局和品种以及人类活动等众多因素综合作用的产物。

3.1.1.1　基于降水量的农业干旱指标

降水量的持续偏少是引起农业干旱的基本和直接的原因，直接从降水角度来研究农业干旱规律是一种较为普遍的方法。但降水量在不同地区之间的差异很大，即使是同一地区不同时间的降水量变化也很大。因此，降水量不能直接作为衡量干旱的指标，多采用某时段降水与多年平均值进行比较来判定干旱。常用的基于降雨量的农业干旱指标有降水距平百分率、降水Z指数、标准化降水指数(Standardized Precipitation Index, SPI)、帕默尔干旱强度指数(Palmer Drought Severity Index, PDSI)等。

1)降水距平百分率

降水距平百分率能直观地反映由于降水异常而引起的干旱，在干旱监测和评价中得到了广泛的应用。王亚许等(2016)研究指出，东北地区干旱主要由降雨偏少引起，降水距平百分率作为充分考虑降雨因素的干旱指标更具适用性。而在吉林省春季作物播种出苗期(4~5月)，降水量的多少能够直接反映农田土壤的干湿程度，降水距平百分率普遍适用于评价春季的旱情。但降水距平百分率仅仅是与多年平均值作比较，并没有考虑到降水的时间和空间分布特征，在确定不同地区、不同时间尺度的旱涝时，需要根据当地的降水特性对干旱等级标准进行调整。该指标不能使用于时空尺度的旱涝等级对比分析。而且，降水距平百分率对于均值的依赖使得在出现较大的水分波动年份时，对旱涝情况响应较慢。而当降水距平百分率用于农业干旱评价时，没有具体考虑到作物的生育状况。不同生育期作物的水分条件对产量的影响具有明显差异，仅用降水量的多少来判断作物是否受旱不够准确；另外干旱具有持续性、累积性的特点，该指数仅考虑了作物全生育期的降水，并没有涉及作物播种前的水分(土壤底墒)对作物干旱的影响。根据这两个明显不足，吴东丽等(2009)构建了作物气候综合干旱指数，将冬小麦不同发育阶段的水分产量反应系数应用到了降水距平干旱指数中，考虑到了前期降水亏缺程度和持续时间对冬小麦生长期干旱情况的影响，量化了底墒在冬小麦生长发育过程中的重要作用。

2)降水Z指数

降水Z指数假设降水量服从P－Ⅲ型分布，在计算时通过对降水量进行正态化处理，得到以 Z 为变量的标准正态分布，利用时段降水量累计分布函数得到小于等于某降水量的概率。这一转换消除了不同时空所导致的气候差异，使得 Z 指数成为一个具有时空对比性的相对指标。降水 Z 指数在我国应用广泛，鞠笑生等（1997）、杨晓华和杨小利（2010）、曹永强等（2012）、王宏等（2012）、马海娇等（2013）、刘琳和徐宗学（2014）、刘彦平和蔡焕杰（2014）等分别应用 Z 指数对我国不同区域的旱涝进行了分析研究，并且与其他方法进行了对比。鞠笑生等（1997）在确定单站旱涝指标中，对降水距平百分率、湿度指标、降水 Z 指数的不同时空的适用性以及对旱涝情况的响应敏感性进行了分析，研究发现降水 Z 指数得到的结果比较符合实际情况，响应速度也较快，计算仅需降水资料，计算方法简单。相对于标准化降水指数（SPI）来讲，Z 指数对降水波动的响应稍慢，对干旱程度的衡量效果也没有 SPI 指数的效果好，但在极端干旱条件下对干旱程度的判定比 SPI 更符合实际。

干旱是一个水分亏缺的累积过程，前一时期的水分情况会对现阶段产生影响，而 Z 指数仅能反映当前时段的降水量亏缺对干旱程度的影响，并没有考虑到前期的降水量亏缺对干旱程度产生的累积作用。干旱同时受到温度、蒸发、土壤含水量、地下水供给等多方面因素的影响，仅从降水这一影响干旱的直接因子来分析农业干旱还是具有一定的局限性。

3）标准化降水指数

由于不同时间、不同地区的降水量变化差异比较大，直接用降水量或降水量距平百分率很难在时空尺度上进行比较。为消除降水量在时空上的差异性，国内外研究者们采用标准化降水指数对干旱进行监测和评估。

标准化降水指数（Standardized Precipitation Index，SPI）是 Mckee 等在 1993 年评估美国科罗拉多干旱状况时基于累积概率提出的。袁文平和周广胜（2004）在比较 SPI 与 Z 指数在我国的适用性时指出，SPI 计算简单，资料容易获取，计算稳定，消除了降水的时空分布差异，在各个地区和各个时段都能有效地反映旱涝状况，其多时间尺度的应用特性可以满足不同地区、不同应用的需求，可以为我国不同时间尺度的干旱监测服务。SPI 指数与降水量之间有很好的对应关系，且不同时间尺度的 SPI 值能够反映不同范围的干旱情况：以月为尺度的 SPI 值可以反映土壤水分状况，对于实时做好排水灌溉、保证农业生产尤为重要，而以年为尺度的 SPI 值可以较好地反映下层土壤水分、河流的径流量、地下水位及水库需水量等的变化。

虽然 SPI 广泛应用在我国的干旱监测和评估过程中，其多时间尺度性可以对不同的水资源状况进行分析，尤其是月尺度的 SPI 对灌区实际旱情的识别情况最好，能够较为准确地识别干旱过程并表征其干旱历时、干旱烈度。但由于 SPI 在计算过程中并没有涉及干旱机理，在评估某一地区的干旱程度时只是考虑了降水的影响，当其应用于灌溉农业区农业干旱的判定时，其判定结果会受到灌溉的影响。如刘彦平和蔡焕杰（2015）在利用 SPI 分析干旱对冬小麦产量的影响时，其表现出了一定的局限性，主要原因就是在灌区降水逐渐减少的情况下，灌溉在相应地增加，在一定程度上削弱了干旱的危害，而 SPI 在计算时并没有考虑这一因素，如何将灌溉与降水结合进行农业干旱的判定有待进一步的研究。

3.1.1.2 基于土壤水分的农业干旱指标

土壤水分是影响作物生长发育的主要因子，农作物生长所需水分主要通过其根系从土壤中直接吸取。土壤中水分不足会影响作物的正常生长，当土壤水分降到一定程度时，作物就处于受旱状态，进而影响作物产量。土壤含水量的大小会受到降水、蒸发、植被及土壤特性等的影响，因此采用土壤含水量作为反映农业干旱情况的一种干旱指标，考虑到了影响农业干旱的多个因素的综合影响，具有较为严格的物理机制，也能够更加真实地反映实际发生的作物受旱情况，是目前常用的农业干旱评估指标之一。

利用土壤含水量判定作物干旱的方法通常有：

一是在田间利用土壤墒情测定仪来实时监测土壤水分状况，根据实时监测的土壤实际含水量判定旱情；二是在农田水量平衡原理的基础上，计算各时段末的土壤含水量，预测农业干旱的发生。这两种方法只适用于田间或小区域干旱的判定和评估，对大范围农业干旱进行评估则代表性明显不足。在应用土壤含水量对大范围区域内的农业干旱进行评价时，通常采用水文模型来模拟土壤含水量的方法，通过建立以土壤含水量为基础的干旱指数，可以更准确地描述干旱的发生、结束和程度。

顾颖和刘培(1998)在农田水量平衡原理的基础上，引入作物水分敏感系数，建立了农业干旱模拟模型，分析不同时段、不同缺水量对作物产量的影响，评价了干旱的严重程度；王春林等(2006)根据土壤水分平衡原理逐日滚动模拟土壤水分动态变化，并以下层土壤有效含水量构建干旱强度动态指数，借助 GIS 技术实现广东地区的干旱发生、发展及其强度范围的模拟以及实时动态监测和评估。尹正杰等(2009)在田间土壤水分平衡模型的基础上，引入了阶段性的作物水分生产函数，将土壤墒情模拟与农业干旱的动态评估结合起来，建立了基于土壤墒情模拟的农业干旱动态评估方法。古书鸿等(2017)针对贵州山区季节性农业干旱，建立了基于土壤水分收支的旱地农业干旱监测方法。该方法应用历史逐日平均气温、降水量、日照时数等资料，通过对降水转化为土壤水进行有效性订正，并构建水分消耗经验公式，通过对逐日水分收入量和支出量的定量计算，实现土壤含水量的动态模拟。并结合土壤特性和作物干旱临界指标等参数，构建了旱地农业干旱指数，输出结果能够从单站土壤含水量和干旱指数变化、区域干旱动态演变、干旱空间分布等方面提供干旱监测信息，为干旱监测评估提供参考。

3.1.1.3 综合干旱指数

1)标准化降水蒸散指数

标准化降水蒸散指数(Standardized Precipitation Evapotranspiration Index，SPEI)是在标准化降水指数(SPI)的基础上，由 Vincente - Serrano 等(2010)通过引入潜在蒸散发构建的。SPI 能够表征某时段降水量出现概率的多少，计算时只需要把降水作为输入量，计算相对简单，数据资料也容易获取，使得用同一干旱指数反映不同时间尺度和不同区域的干旱状况成为可能，但 SPI 的主要缺点也是因其仅考虑到了降水资料，未考虑影响干旱的其他因素，如温度等。SPEI 则在考虑降水对干旱影响的基础上，增加了温度变化对干旱的影响，目前已成为国内外学者研究分析干旱演变趋势新的理想指标。在与其他指标进行分析对比的研究中发现，SPEI 比只考虑降水的 Z 指数、SPI 评估的干旱等级更为合理；相比考虑降水和气温的相对湿润度指标(MI)而言，SPEI 更能反映由于气温的变化而造成的蒸发对干旱等级变化的影响。相比较于 Pa、MI、SPI、Z 等指数来讲,SPEI 对流域的干旱评估更接近实际情况。

SPEI 干旱指标一经提出,在我国就得到了广泛的应用。庄少伟等(2013)对 SPEI 在我国不同等级降水区域的适用性进行了分析,认为在我国年均降水量大于 200 mm 的区域各种尺度 SPEI 分析均可适用,在干旱区只有大于 12 个月的大尺度 SPEI 适用较好,且由于干旱区冬季潜在蒸发量和降水量 0 值较多,导致我国干旱区 1、3、6 个月的小尺度 SPEI 在干旱区不适用。王林和陈文(2014)在研究 SPEI 在我国干旱监测的适应性时也得出了类似的结论:在冬季且时间尺度小于 3 个月时,新疆南部、西藏西北部和华北至河套地区所得的 SPEI 不可靠;而在冬季且时间尺度大于 3 个月以及夏季的任何时间尺度,中国范围的 SPEI 都可靠,均能很好地利用 SPEI 进行干旱监测。两个研究均表明 SPEI 在中国区域具有较好的适用性,只是在对冬季干旱区且时间尺度比较小时需要注意 SPEI 的适用性。而许玲燕等(2013)利用 SPEI 对云南省夏玉米生长季干旱时空特征进行的研究,张玉静等(2015)利用 SPEI 对华北冬小麦区近 50 年的干旱进行了时空特征的分析,张调风等(2014)基于 SPEI 分析了近 52 年气候变化背景下青海省农作物生长季多时间尺度干旱风险的时空变化特征,李月等(2015)在 SPEI 的基础上对贵州省干旱发生的时空演变特征的分析等一系列研究,也充分说明了 SPEI 在我国应用的广泛性。但由于东北整体温度不高,由温度引起的干旱效应十分有限,降雨减少仍是干旱的主导因素,利用 SPEI 对东北地区进行干旱识别,反而会因考虑了温度因素而增加了干旱识别的误差。

2)*作物水分亏缺指数*

作物水分亏缺指数(Crop Water Deficit Index,CWDI)是基于农田水分平衡表征作物水分亏缺程度的指标之一,主要从作物的水分来源与支出两个方面分析作物的水分亏缺状况。通常以作物需水量与实际供水量之差占作物需水量的比例来衡量作物水分亏缺状况,既考虑了作物需水量,也考虑了作物的供水量,能较好地反映出土壤、植物和气象三方面的综合影响,能够比较真实地反映出作物水分亏缺状况,是常用的作物干旱诊断指标之一。如张艳红等(2008)对 CWDI 在我国不同农区的适用性进行了探讨,认为该指标能较好地反映各站主要生长季作物水分亏缺与农业干旱情况,对监测不同区域的农业干旱具有较好的适用性;黄晚华等(2009)利用作物水分亏缺指数建立干旱等级指标,分析了湖南省春玉米季节性干旱时空特征;尹海霞等(2012)利用 CWDI 对甘肃河东地区春玉米的干旱时空特征进行了分析;张淑杰等(2011)基于 CWDI 对东北地区玉米不同生长季内干旱的发生频率以及近 10 年来的变化趋势等进行了分析。

基于 CWDI 的干旱监测方法计算简便,所需气象资料易于获取,但由于不同作物生长的气象条件不同,而同一作物在不同地区的生育期间的生长的气象条件也不同,因此在实际应用 CWDI 对不同地区不同作物的干旱情况进行分析时,通常需要对水分亏缺指标进行修改和订正。而在计算作物需水量时,作物系数(K_c)通常采用 FAO56 所推荐的经验值,未考虑研究区域各地之间的差异,由于作物系数具有较强的地域性,需要经相关试验研究来确定;此外,作物各生育期的划分通常采用多年平均值,没有考虑气候变化背景下生育期的变动。以上因素的不确定性通常会引起 CWDI 对不同地区农业干旱时空特征的分析结果有所偏差。

3）帕默尔干旱强度指数

帕默尔干旱强度指数（Palmer Drought Severity Index，PDSI）是由美国学者帕默尔（Palmer）在1965年基于水平衡的基础上提出的。Palmer通过对美国中西部地区堪萨斯州西部和衣阿华州中部多年气象资料的分析研究，提出了“当前气候适宜降水量”即CAFEC（Climatically Appropriate for Eexisting Condition）的概念，通过CAFEC降水与实际降水的差值反映地区的干湿状况，同时考虑前期天气条件对后期的影响，建立一套完整的确定干旱持续时间和干旱等级变化的规则。该指数能表征一段时间内地区水分亏缺状况，应用较为广泛。帕默尔干旱强度指数能够综合反映水分亏缺量和水分亏缺持续时间对干旱程度的影响，物理意义明确。但帕默尔干旱强度指数干旱指数通常被认为是一种气象干旱指标，时间步长为1个月，不能反映短期农作物的水分状况，从而直接用于农业干旱监测。

为将帕默尔干旱强度指数应用于农区的农业干旱监测，学者们在研究农业干旱的过程中通常会针对特定的研究区特点，对帕默尔干旱强度指数进行修正，将农业干旱特点和帕默尔干旱强度指数结合起来，建立适用于农业干旱监测与评估的帕默尔干旱强度指数。

刘招等（2010）根据泾惠渠灌区的水文气象历史资料，应用待定系数和回归方法，建立了适用于泾惠渠灌区的Palmer旱度模式，对灌区的干旱特征进行了分析。王春林等（2007）、郭晶等（2008）、王春林等（2011）在研究中借鉴帕默尔（Palmer）旱度模式中的土壤水分平衡概念，对土壤有效含水量进行逐日滚动模拟，分别以下层土壤有效含水量、整层土壤有效含水量（上、下层之和）为研究对象，构建了逐日干旱动态强度指数，实现了对广州干旱的发生、发展及其强度的逐日动态监测与评估。叶建刚等（2009）通过在计算蒸散的过程中引入作物系数、在计算土壤上层水分散失时引入水分散失胁迫系数、修改农业干旱持续时间和缩短计算步长、增加当前水分异常值的影响权重等方法，利用山东省23个站点1961～2007年的逐日气象资料，建立了用于农业干旱监测的修正的逐旬帕默尔干旱指数。杨志远（2017）在对乌裕尔河中上游的农业干旱进行分析时，针对松嫩平原西部已建立的修正帕默尔旱度模式，应用在相对面积较小的区域时精度偏低的问题，对修正的帕默尔旱度模式中的气候特征系数进行了修正，结果表明修正气候特征系数后的PDSI指数在研究区的空间可比性更好。

3.1.1.4 基于水文模型的农业干旱指标

降水距平百分率、标准化降水指数、标准化降水蒸发指数、作物水分亏缺指数、土壤含水量、帕默尔干旱强度指数等干旱指标的计算，往往依赖于气象站点所监测降水、气温等长时间序列数据以及土壤墒情监测站或田间实验站所监测的土壤含水率数据，而我国气象站点以及土壤墒情监测站数量有限且分布不均，在采用以上干旱指标时，通常根据有限站点的气象观测数据或土壤含水率观测数据计算得到的农业干旱指标，用于代表整个区域的干旱情况，空间代表性不够。而基于机理性的分布式水文模型可以通过考虑下垫面的土地利用/覆盖、土壤条件、DEM等，进行流域水文过程模拟，进而得到大尺度区域各个子流域的地表径流、潜在蒸散发、实际蒸散发、土壤水等计算不同的干旱指标所需要的水文气象循环要素，体现下垫面的不同对干旱程度的影响，从而为干旱评价模式提供了良好的基础。因此，研究者们将分布式水循环模型与干旱模型耦合起来，对不同研究区的农业干旱进行研究。

金君良等(2014)采用考虑水分和能量平衡的 VIC(Variable Infiltration Capacity)水文模型,根据土壤水分平衡原理逐日滚动模拟不同空间区域分布的土壤含水量,建立了基于土壤含水量模拟的土壤干旱指数。李燕等(2014)以渭河上游灞河流域为研究区域,构建了 SWAT 分布式水文模型并进行水文过程模拟,得到土壤含水量模拟数据,据此计算获取土壤相对湿度。将计算结果作为农业干旱评价指标,对该流域的旱情等级进行评价。关明皓(2016)将基于新安江模型模拟的土壤含水量,作为土壤相对湿润度干旱土壤含水因子的输入,构建了基于新安江水文模型的土壤相对湿润度干旱指数,并运用该指数对大洋河流域 1954 ~2014 年的干旱进行了评价。吴志勇等(2018)在研究长江流域上游的干旱特征时,在 VIC 模型模拟的逐日土壤含水量基础上,构建了土壤含水量距平指数(SMAPI)对研究区的干旱事件进行识别和模拟,分析了长江上游历史干旱事件的时空变化特征。史晓亮(2013)利用构建的 SWAT(Soil and Water Assessment Tool)分布式水文模型的输出结果,从水循环角度,结合 Palmer 旱度模式,构建了滦河流域干旱评价模式。赵安周等(2015)则在 SWAT 分布式水文模型和 Palmer 干旱指数(Palmer Drought Severity Index)原理的基础上提出了干旱分析模型 SWAT - PDSI,对渭河流域干旱的时空演变规律和发生频率进行了分析。杨志远(2017)在黑土区典型流域中的乌裕尔河中上游进行 SWIM 模型空间划分以及模拟输出结果,并结合 PDSI 干旱指标,构建了研究区 SWIM - PDSI 农业干旱月尺度评价模式,对研究区农业干旱进行了识别,揭示了研究区农业干旱的时空演变特征。

3.1.1.5 农业干旱遥感监测

传统的农业干旱监测主要是基于有限的观测站点(气象站或墒情站)数据,其真实性较高,但监测精度受到站点密度和空间分布的影响,无法反映干旱分布的空间细节信息。而遥感干旱监测时效高、成本低且能获取连续空间上的旱情信息,有效地弥补了地面观测站点的不足,在当前农业干旱监测领域得到了广泛应用。

李新尧等(2018)基于植被指数的农业干旱监测受到了国内外学者的普遍关注。当前,较为成熟的基于植被指数的农业干旱监测方法有归一化植被指数(Normalized Difference Vegetation Index,NDVI)、植被状态指数(Vegetation Condition Index,VCI)、植被供水指数(Vegetation Supply Water Index,VSWI)、温度植被干旱指数(Temperature Vegetation Dryness Index,TVDI)、归一化差值水分指数(Normalized Difference Water Index,NDWI)等。如 Rhee 等(2010)结合地表温度、NDVI 和 TRMM 降水数据提出了同时适用干旱和湿润地区农业干旱监测的缩放干旱状态指数(Scaled Drought Condition Index,SDCI);杜灵通等(2014)综合考虑土壤水分胁迫、植被生长状态和气象降水盈亏等致旱因子,利用多元遥感数据构建了综合干旱指数(Synthesized Drought Index,SDI);Zhang 等(2017)将作物生长阶段和缺水敏感系数与干旱演化过程相结合,利用多传感器数据构建了基于干旱演化过程的累积干旱指数(Process-based Accumulated Drought Index,PADI)。

3.1.2 农业干旱预报研究

旱灾是我国影响区域最广、发生最频繁、造成我国农业经济损失最严重的自然灾害之一。干旱的评估与预测有助于为农业提供有效的干旱预测信息，从而为农业防灾减灾决策的制定提供科学依据。目前农业干旱模拟预测方法主要可分为两大类，一是应用合适的数学统计分析方法，在分析降水、温度、作物生长等实测数据与土壤墒情之间关系的基础上，建立基于降水、温度、作物生长等的土壤水分预测模型；二是将分布式水文模型与干旱评价模式相结合，建立基于分布式水文模型的农业干旱评价模式，利用气象预报信息对干旱进行预测。

范德新等（1998）以后一旬与前一旬土壤水分含量差为预报对象，以旬日照、积温、降水及底墒为预报因子，进行逐步回归，在江苏南通建立了不同农业区的土壤湿度预测模型，根据预测结果判别农田水分状况，并计算出不同干旱情况下的灌溉量；本着"一学就会、一看就懂"的原则，赵家良等（1999）以淮北固镇县韦店井灌区为项目试验示范基地，以降雨产流预报的理论和包气带土壤水分运动规律及其与农作物生长的关系为理论依据，建立了一套用墒情指数表征根系发育层（0～0.5 m）逐日土壤水分状况的经验公式和6个判断改成土壤缺水程度（干旱等级）指标以及2个墒情预报相关图构成的便于基层操作的墒情预报模式。刘建栋等（2003）在田间试验支持下，将作物生长和农业干旱研究相结合，提出了农业干旱胁迫指数和农业干旱预警指数，建立了一个具有明确生物学机理的农业干旱预测模式，对华北农业干旱进行模拟，结果表明该预测方法定量模拟准确率达到87.5%，定性模拟干旱的准确率可以达到90%左右，利用该预测模式结合响应时间尺度的天气预报，可对未来时间尺度内农业干旱的发生发展做出有效预警。杨太明等（2006）依据土壤水分平衡，在对研究时段初的原土层含水量、时段降水和温度进行数理统计分析的基础上，按照时段有无降水分别建立了江淮之间不同季节的土壤水分预测模型。该预测模型在对江淮之间的干旱进行预测检验的结果表明，预报干旱与实际发生旱情在江淮之间中、东部较吻合，而江淮之间西部误差较大（江淮之间西部属于大别山区，地形因素影响较大）。祁宦等（2009）在田间试验资料的基础上，利用土壤水分观测数据与同期气象资料回归分析建立了24个土壤水分浅层（0～50 cm）逐月回归模型，包括12个利用降水单因子的回归预测方程和12个利用降水及气温的二元回归预测方程，并根据深层土壤水分观测资料，建立了深层（50～100 cm）土壤含水量递推方程，并结合基于常规气象资料建立的36个逐旬中期降水预报模型，开发了适宜淮北地区农业干旱综合预警模型，并将其应用于实际抗旱工作，取得显著抗旱效果。李建平等（2014）基于自动土壤水分观测站数据，建立本地土壤水分变化模型，由修正过的自动土壤水分观测站数据作为当日的初始湿度，通过天气预报中作物不同生育期内无降水日数或降水日期及雨量大小，做出未来一段时间内的失墒或增墒的模型，再通过不同的气象条件对增、失墒进行相关订正，做出相应的土壤墒情的预报，最后根据土壤墒情预报结果对照本地的土壤干旱量级指标，从而随时做出快速准确的本地旱情预报。许凯（2015）以华北平原典型引黄灌区为例，在考虑灌区当地的降水和黄河天然来水的基础上，基于气候—水文相关分析，建立中长期径流预报，利用天气预报产品和生态水文模型，建立土壤水短期滚动预报，从而集成中长期径流预报和短期土壤水预报，建立大型引黄灌区的干旱预报方法。以上干旱预测方法是在土壤墒情以及影响土壤墒情的因子的基础上建立的，主要是以土壤墒情来预测干旱情况的。这类模型一般是基于实测数据的数值预报方法，数据一般容易获得，预测过程简洁直观，但以此建立的模型只能定性地分析农业干旱发生的程度，无法描述农业干旱发生发展的动态过程；同时，我国土壤墒情监测站分布较少，且不均匀，给获取准确完整的土壤墒情数据带来较大的困难。

考虑到干旱是水文循环过程中出现的对人类社会具有破坏性的一种水文现象，因此需要从流域/区域水文循环过程系统认识干旱的形成和发展机理。许继军和杨大文(2010)利用数字高程、气象水文、土壤植被和土地利用等地理信息数据，通过建立分布式水文模型 GBHM 模拟获取各项气象水文要素，继而依循 PDSI 干旱模式原理，建立了干旱评估预报模型 GBHM - PDSI。该模型不仅能综合评估旱情等级，而且可以定量地描述干旱的发生、发展直至结束过程，在表现旱情的地区差异和随时间的演变过程等方面具有优势，且能够结合气象信息对旱情发展进行推演预报。金君良等(2014)采用基于考虑水分和能量平衡的 VIC(Variable Infiltration Capacity)水文模型，根据土壤水分平衡原理逐日滚动模拟不同空间区域分布的土壤含水量，并建立了土壤含水量模拟的土壤干旱指数，能够反映区域内不同等级干旱的时空特征，能够精细刻画区域干旱时空上的发生、发展和结束过程。王艺璇(2014)构建了陆浑水库的 SWAT 模型水文模拟模式，并利用土壤含水量模拟数据对其控制流域内历史干旱指标变化特性以及 A1B 情景系的未来干旱情况进行了预测分析。另外，李燕等(2014)结合 SWAT 模型模拟的结果所建立的土壤含水量干旱指标，关明皓(2016)构建的基于新安江水文模型的土壤相对湿润度干旱指数，吴志勇等(2018)在 VIC 模型模拟的逐日土壤含水量基础上构建的土壤含水量距平指数(SMAPI)，史晓亮(2013)基于 SWAT 模型的输出结果，结合 Palmer 旱度模式构建了滦河流域干旱评价模式，赵安周等(2015)在 SWAT 模型和 Palmer 干旱指数原理的基础上提出的干旱分析模型 SWAT - PDSI，杨志远(2017)构建的 SWIM - PDSI 农业干旱月尺度评价模式等，都是基于水文模型的输出结果，结合某一干旱评价指标而建立的。因此，一方面可以利用这种基于水文模型的干旱评价模式，对历史上干旱的发生频率、发生趋势进行评价；另一方面，也可以利用气象预报信息或区域气象模型的输出结果作为模型的输入，来推演预报下阶段的旱情发展；还可以利用历史气象统计数据，来推测下阶段干旱的发生情况。

3.2 农业干旱评估指标研究方法

3.2.1 降水量距平百分率

降水量距平百分率表征某时段的降水量与常年同期降水量相比偏多或偏少的程度，能够直观地反映因降水异常而引起的干旱，也是一种传统的农业干旱监测指标。降水距平百分率计算时需要资料简单(仅考虑降水)、易获取、计算简便，也可以较好的描述干旱程度，因此在干旱监测和评价中得到了广泛的应用。计算公式为：

$$D_p = \frac{P - \overline{P}}{\overline{P}} \times 100\% \tag{3-1}$$

式中，D_p 为降水量距平百分率，%；P 为计算时段内降水量，mm；$\overline{P}$ 为多年同期平均降水量，mm，宜采用近 30 年的平均值。

《旱情等级标准》(SL 424—2008)中对降水距平百分率的干旱等级标准规定如表3-1所示：

表3-1 降水量距平百分率旱情等级划分

干旱等级	降水量距平百分率 D_p		
	月尺度	季尺度	年尺度
特旱	$D_p \leqslant -95\%$	$D_p \leqslant -80\%$	$D_p \leqslant -45\%$
重旱	$-95\% < D_p \leqslant -80\%$	$-80\% < D_p \leqslant -70\%$	$-45\% < D_p \leqslant -40\%$
中旱	$-80\% < D_p \leqslant -60\%$	$-70\% < D_p \leqslant -50\%$	$-40\% < D_p \leqslant -30\%$
轻旱	$-60\% < D_p \leqslant -40\%$	$-50\% < D_p \leqslant -25\%$	$-30\% < D_p \leqslant -15\%$
无旱	$D_p > -40\%$	$D_p > -25\%$	$D_p > -15\%$

3.2.2 标准化降水指数

标准化降水指数(SPI)用Γ分布概率来描述时段内降水量的变化，再进行正态标准化处理，最终用标准化降水累计频率分布来划分干旱等级。SPI指数可以对不同时段尺度的干旱程度进行量化，且计算方法简单，适用性较强。具体计算方法如下：

假设时段内降水量为随机变量x，则其Γ分布的概率密度函数为：

$$f(x) = \frac{1}{\beta^{\alpha}\Gamma(\alpha)}x^{\alpha-1}e^{-x/\beta} \quad (x > 0, \alpha > 0, \beta > 0) \tag{3-2}$$

式中，α,β分别为形状和尺度参数，可用极大似然估计方法求得。

$$\hat{\alpha} = (1 + \sqrt{1 + 4A/3})/(4A) \tag{3-3}$$

$$\hat{\beta} = \hat{x}/\hat{\alpha} \tag{3-4}$$

$$A = \lg\overline{x} - \sum_{i=1}^{n}\lg x_i/n \tag{3-5}$$

对某一时段的降水量x_0，可求出随机变量小于x_0的概率F：

$$F = \int_0^{x_0} fx\mathrm{d}x = \frac{1}{\beta^{\alpha}\Gamma(\alpha)}\int_0^{x_0} x^{\alpha-1}e^{-x/\beta}\mathrm{d}x \tag{3-6}$$

当降水量为0时，有

$$F(x = 0) = m/n \tag{3-7}$$

对Γ分布的概率进行整体正态标准化处理，可以近似求解到SPI指数：

$$SPI = k\frac{w - (c_2 w + c_1)w + c_0}{1 + d_1 w + d_2 w^2 + d_3 w^3} \quad (w = \sqrt{-2\ln F}) \tag{3-8}$$

式中，c_0、c_1、c_2、d_1、d_2、d_3为Γ分布函数转换为累积频率简化近似求解公式的计算参数，取值如下：$c_0 = 2.515\ 517$，$c_1 = 0.802\ 853$，$c_2 = 0.010\ 328$，$d_1 = 1.432\ 788$，$d_2 = 0.189\ 269$，$d_3 = 0.001\ 308$；当$F > 0.5$时，$k = 1$；当$F \leqslant 0.5$时，$k = -1$。

*SPI*的干旱等级划分标准见表3-2。

表 3-2 标准化降水指数的干旱等级

等级	类型	SPI
1	无旱	$-0.5 < SPI$
2	轻旱	$-1.0 < SPI \leq -0.5$
3	中旱	$-1.5 < SPI \leq -1.0$
4	重旱	$-2.0 < SPI \leq -1.5$
5	特旱	$SPI \leq -2.0$

3.2.3 标准化降水蒸散指数(SPEI)

SPEI 指数把降水和蒸散作为输入数据,兼具 PDSI 指数和 SPI 指数的优点,既考虑蒸散对温度敏感的特点,又具备 SPI 适用于多尺度及多空间比较的优点。在计算过程中通过衡量降水量和潜在蒸散量差值偏离平均状态的程度来表现一个区域的干旱。

具体计算步骤如下:

第一步,计算月潜在蒸散发量。在由 Vincente - Serrano 等(2010)所提出的 SPEI 计算方法中,潜在蒸散发由 Thornthwaite 方法估算。该方法在计算过程中只需要月平均气温以及纬度作为输入资料,计算简单。但影响潜在蒸散发的因素很多,Thornthwaite 法输入参数少,计算精度相对较低,且 Thornthwaite 方法主要适用于湿润地区潜在蒸发的计算,对处于半干旱地区的北方灌区并不适用。而由 FAO56 推荐的基于能量平衡和水汽扩散理论的 Penman - Monteith 法,因具有较充分的理论依据和较高的计算精度而被普遍采用。作物潜在蒸散发量计算准确度对 SPEI 指数的计算结果会有很大的影响。为提高计算精度,本研究中采用 Penman - Monteith 法计算潜在蒸散发。

第二步:计算逐月降水量与潜在蒸散发的差值:

$$D_i = P_i - PET_i \tag{3-9}$$

式中,D_i 为月降水量与潜在蒸散发量的差值;P_i 为月降水量,mm;PET_i 为月潜在蒸散发量,mm。

不同时间尺度下的 D_i 序列 X:

$$X_i^k = \sum_{i=k+1}^{i} D_i \tag{3-10}$$

式中,k 为时间尺度,$k = 1,2,\cdots,48$。

第三步:对 X 数据序列进行正态化处理,计算每个数值对应的 SPEI 指数。SPEI 指数采用了 3 个参数的 log - logistic 概率分布函数,对 X 数据序列进行拟合,三参数的 log - logistic 概率分布函数为:

$$F(x) = \left[1 + \left(\frac{\alpha}{x - \gamma}\right)^{\beta}\right]^{-1} \tag{3-11}$$

其中,参数 α、β、γ 分别为尺度、形状和起始参数,用线性矩的方法拟合获得:

$$\alpha = \frac{(w_0 - 2w_1)\beta}{\Gamma(1 + 1/\beta)\Gamma(1 - 1/\beta)} \tag{3-12}$$

$$\beta = \frac{2w_1 - w_0}{6w_1 - w_0 - 6w_2} \tag{3-13}$$

$$\gamma = w_0 - \alpha\Gamma(1 + 1/\beta)\Gamma(1 - 1/\beta) \tag{3-14}$$

式中,$\Gamma(\beta)$为伽马函数,w_0、w_1、w_2 为 X 数据序列的概率加权矩。计算方法如下：

$$w_s = \frac{1}{N}\sum_{i=1}^{N} (1 - F_i)^s X_l \tag{3-15}$$

$$F_i = \frac{i - 0.35}{N} \tag{3-16}$$

式中,N 为参与计算的月份数;l 是累积水分亏缺量序列 X 按升序排列的序数。

然后,对累积水分亏缺量序列 X 的概率分布 $F(X)$进行标准化处理：

$$P = 1 - F(x) \tag{3-17}$$

当累积概率 $P \leqslant 0.5$ 时：

$$W = \sqrt{-2\ln P} \tag{3-18}$$

$$SPEI = W - \frac{c_0 + c_1 W + c_2 W^2}{1 + d_1 W + d_2 W^2 + d_3 W^3} \tag{3-19}$$

当累积概率 $P > 0.5$ 时：

$$W = \sqrt{-2\ln(1 - P)} \tag{3-20}$$

$$SPEI = -\left(W - \frac{c_0 + c_1 W + c_2 W^2}{1 + d_1 W + d_2 W^2 + d_3 W^3}\right) \tag{3-21}$$

式中,$c_0 = 2.515\ 517$,$c_1 = 0.802\ 853$,$c_2 = 0.010\ 328$,$d_1 = 1.432\ 788$,$d_2 = 0.189\ 269$,$d_3 = 0.001\ 308$。

为了研究干旱趋势随时间变化的规律,SPEI 的计算可采用较短时间(如 1 个月、3 个月、6 个月)和较长时间(12 个月、24 个月、36 个月等)的时间尺度。时间尺度越小,干湿变化越显著,其值会发生较大变化,甚至是正负波动。相反,时间尺度越大则干湿交替转换越平缓,只有多次持续的降水或无雨、高温等情况下才会使之发生转变。

根据国家气象干旱等级标准,由 *SPEI* 判定的干旱程度可按表 3-3 中的标准进行划分。

表 3-3　基于 *SPEI* 的干旱等级划分

干旱等级	*SPEI*
特旱	$SPEI \leqslant -2$
重旱	$-2 < SPEI \leqslant -1.5$
中旱	$-1.5 < SPEI \leqslant -1$
轻旱	$-1 < SPEI \leqslant -0.5$
无旱	$SPEI > -0.5$

3.2.4　作物水分亏缺指数(CWDI)

CWDI 通常是以作物潜在蒸散量作为实际需水量,以土壤水与灌溉水的主要来源自然降水量作为供水量，其基本表达式如下：

$$CWDI_i = \begin{cases} \left(1 - \frac{P_i}{ET_{ci}}\right) \times 100\% & ET_{ci} > P_i \\ 0 & ET_{ci} < P_i \end{cases} \tag{3-22}$$

式中，$CWDI_i$ 为第 i 计算时段的作物水分亏缺指数，%；ET_{ci} 为第 i 计算时段的作物需水量，mm；P_i 为第 i 计算时段的降水量，mm。其中，作物需水量 ET_{ci} 由下式计算：

$$ET_{ci} = K_{ci} \times ET_{0i} \tag{3-23}$$

式中，K_{ci} 为第 i 计算时段某种作物所处发育阶段的作物系数或多种作物的平均作物系数；ET_{0i} 为第 i 计算时段的参考作物蒸散量，一般采用 FAO56 推荐的 Penman – Monteith 公式计算，计算公式见式(3-24)。

$$ET_0 = \frac{0.408\Delta(R_n - G) + \gamma \frac{900}{T + 273} u_2(e_s - e_a)}{\Delta + \gamma(1 + 0.34u_2)} \tag{3-24}$$

式中，ET_0 为参考作物蒸发蒸腾量，$mm \cdot d^{-1}$；R_n 为参考作物冠层表面接收的净辐射，$MJ \cdot m^{-2} \cdot d^{-1}$；$G$ 为土壤热通量，在逐日计算公式中 $G \approx 0$，$MJ \cdot m^{-2} \cdot d^{-1}$；$\gamma$ 为湿度计常数，$kPa \cdot ℃^{-1}$；Δ 为平均气温时饱和水汽压与温度曲线斜率，$\Delta = \frac{d_{e_a}}{d_t}$，$kPa \cdot ℃^{-1}$；$T$ 为日平均气温，℃；e_s 为饱和水汽压，kPa；e_a 为当地的实际水汽压，kPa；u_2 为离地面 2 m 高处的风速，m/s。

农业干旱是由水分的持续亏缺而造成的，某个计算时段内的作物缺水干旱程度通常会受到前面若干个计算时段内作物缺水程度的影响。因此，某计算时段作物水分亏缺程度可由累计水分亏缺指数来表示，计算公式如下：

$$CWDI = a \times CWDI_i + b \times CWDI_{i-1} + c \times CWDI_{i-2} + d \times CWDI_{i-3} + e \times CWDI_{i-4} \tag{3-25}$$

式中，$CWDI$ 为以旬作为计算时段的当旬累计水分亏缺指数，%；$CWDI_i$、$CWDI_{i-1}$、$CWDI_{i-2}$、$CWDI_{i-3}$、$CWDI_{i-4}$ 分别为该旬与其前一、二、三、四旬的水分亏缺指数；a、b、c、d、e 分别为各对应旬水分亏缺指数对累积水分亏缺指数的影响权重系数，取值分别为 0.3、0.25、0.2、0.15、0.1。

以作物累计水分亏缺指数来衡量作物水分状况，既考虑了当前的水分亏缺影响，也不同程度地考虑了前期水分亏缺影响。该方法能够反映干旱的持续性、累积性特点，计算简便且较为准确，是农业干旱监测中常用的一种方法。根据水分亏缺指数的基本表达式可知，当 $CWDI \leqslant 0$ 时，表明降水能够满足作物的需水要求，作物水分状况适宜；当 $CWDI > 0$ 时，表明降水不能满足作物需水的要求，作物生长出现水分亏缺状况。该值越高，作物水分亏缺程度越严重，即作物的干旱程度越严重。基于作物水分亏缺指数的作物旱情通常参照国家农业干旱指标分级标准来判定，但在研究不同地区的不同作物的旱情时，等级评定标准的制定也略有不同。如黄晚华等(2009)在研究湖南的春玉米时，根据作物水分亏缺指数对春玉米旱情分不同生育期进行了不同的分级，如表 3-4 所示。李雅善等(2014)年在对宁夏的酿酒葡萄生育期内的干旱程度进行评价时，采用了表 3-5 的分级方法。薛昌颖等(2014)在利用 *CWDI* 对黄淮海地区的夏玉米进行干旱分析时,建立水分亏缺指数与土壤相对湿度之间的关系模型的基础上,利用已确定的土壤相对湿度指标,计算得出黄淮海地区夏玉米不同生育阶段不同干旱等级的水分亏缺指数干旱指标(见表3-6)。万能涵等(2018)利用表3-7中的分级方法对华北地区夏玉米生育期内的旱情进行了分级。

表3-4　基于作物水分亏缺指数的旱情评定标准(一)

干旱等级	水分亏缺指数	
	抽雄—吐丝期	其余发育期
特旱	$CWDI > 40\%$	$CWDI > 50\%$
重旱	$30\% < CWDI \leqslant 40\%$	$35\% < CWDI \leqslant 50\%$
中旱	$20\% < CWDI \leqslant 30\%$	$25\% < CWDI \leqslant 35\%$
轻旱	$10\% < CWDI \leqslant 20\%$	$15\% < CWDI \leqslant 25\%$
无旱	$CWDI \leqslant 10\%$	$CWDI \leqslant 15\%$

表3-5　基于作物水分亏缺指数的旱情评定标准(二)

干旱等级	水分亏缺指数	
	水分临界期	其余发育期
特旱	$CWDI > 55\%$	$CWDI > 75\%$
重旱	$45\% < CWDI \leqslant 55\%$	$60\% < CWDI \leqslant 75\%$
中旱	$35\% < CWDI \leqslant 45\%$	$45\% < CWDI \leqslant 60\%$
轻旱	$25\% < CWDI \leqslant 35\%$	$30\% < CWDI \leqslant 45\%$
无旱	$CWDI \leqslant 25\%$	$CWDI \leqslant 30\%$

表3-6　基于作物水分亏缺指数的旱情评定标准(三)

干旱等级	水分亏缺指数
特旱	$CWDI > 40\%$
重旱	$30\% < CWDI \leqslant 40\%$
中旱	$20\% < CWDI \leqslant 30\%$
轻旱	$10\% < CWDI \leqslant 20\%$
无旱	$CWDI \leqslant 10\%$

表 3-7　基于作物水分亏缺指数的旱情评定标准(四)

干旱等级	水分亏缺指数
特旱	$CWDI > 80\%$
重旱	$65\% < CWDI \leqslant 80\%$
中旱	$50\% < CWDI \leqslant 65\%$
轻旱	$35\% < CWDI \leqslant 50\%$
无旱	$CWDI \leqslant 35\%$

3.3　基于土壤含水量模拟的农业干旱评估与预报方法

由于现有的干旱指标的计算大都是建立在有限且分布不均的气象站点或土壤墒情监测站监测数据的基础上,若用这些指标来评估整个区域的干旱情况,空间代表性不够。在水文模型的基础上建立的干旱指数,不仅可以较好地对研究区的干旱进行评价和监测,也可以利用气象预报信息等对未来干旱进行预测。而土壤水是作物水分需求的重要来源,土壤中水分不足或过剩都会影响农作物的正常发育及产量,可以直接反映农业旱情状况。因此,本研究也将在水文模型输出结果的基础上,建立相应的土壤含水量干旱指数,对研究区的干旱情况进行实时监测与评估。

3.3.1　土壤含水量的模拟

SWAT(Soil and Water Assessment Tool)模型是由 Jeff Arnold(1994)为美国农业部(USDA)农业研究中心(ARS)开发的一个具有很强物理机制的、长时段的分布式水文模型,该模型在国内外都得到了广泛的应用。其不仅能够模拟流域内的水文过程,也可以对植物或作物的生长过程进行模拟,通过模拟来分析灌溉等农业生产管理措施对流域土壤水文过程的影响。该模型综合考虑了水文、水质、土壤、气象、植物生长、农业管理等多种过程,使其具有以水为主导的生态水文模型或环境水文模型的特征,而不再是传统意义上的水文模型。因此,本研究选用 SWAT 模型对土壤含水量进行模拟,并在模拟的土壤含水量基础上进行研究区农业干旱评价。为了更好地适应研究区的实际情况,SWAT 模型中的土壤水平衡公式被修改为:

$$SW_t = SW_0 + \sum_{i=1}^{t} (Precip + Irr + Revap - ET_a - SURQ - PERC - LATQ - TILEQ) \tag{3-26}$$

其中,SW_t 为第 i 日结束时的土壤含水量,mm;SW_0 为第 i 日初始土壤含水量,mm;t 为计算时间,d;$Precip$ 为第 i 日的降雨量,mm;Irr 为第 i 日的灌溉量,mm;$Revap$ 为第 i 日的潜水蒸发量,mm;ET_a 为第 i 日的蒸发量,mm;$SURQ$ 为第 i 日的地表径流量,mm;$PERC$ 为第 i 日的下渗量,mm;$LATQ$ 为第 i 日的壤中流,mm;$TILEQ$ 为第 i 日的暗管排水量,mm。

由于研究区属北方半干旱灌区,在研究区降水量及其季节分配不能完全满足作物对水分的需求条件下,灌溉是农业生产和农作物高产稳产的必要条件。因此,在本书中将降水量和灌溉量均作为作物的输入水分。

通过查阅相关文献可知,冬小麦灌水多集中在返青、拔节和灌浆期,越冬期干旱也会对冬小麦的生长造成影响,在研究中也将冬灌作为冬小麦的一种灌溉模式选择。受降水量大小以及降水分布的影响,研究区内作物灌溉时间、灌溉量在不同年际间均不一样,依据多年灌水情况,模型中拟定冬小麦冬灌时间在 12 月 10 号,冬小麦返青、拔节、灌浆灌水时间分别为 3 月 15 日、4 月 15 日以及 5 月 15 日,冬小麦次灌水量假设为 75 mm。夏玉米通常在 6 月初播种,由于 6 月初降水量稀少,在研究过程中假设夏玉米灌水日期为 6 月 12 日,次灌水深为 75 mm。

本书采用 SWAT 模型模拟研究区—郑州地区 1970 ~ 2015 年的逐日土壤含水量。研究区 SWAT 模型构建和参数率定过程参考文献 Luo 等(2008)、Liu 等(2010)、Liu 等(2017)。除可以利用所建立的 SWAT 模型模拟的土壤含水量对研究区的干旱特点进行评估分析外,也可以利用实时的气象预报信息,对下阶段的土壤含水量进行实时预测,从而实现对研究区干旱的实时评估。

3.3.2 干旱评价方法

《旱情等级标准》(SL 424—2008)中关于土壤相对湿度的计算公式如下:

$$W = \frac{\theta}{F_c} \times 100\% \tag{3-27}$$

式中,W 为土壤相对湿度,%;θ 为土壤平均重量含水量,%;F_c 为土壤田间持水量,%。

公式中所需要的土壤含水量以及田间持水量均通过模型模拟得到。所需要注意的是,采用水文模型进行模拟所得的土壤含水量单位通常为毫米,需要将其转化为土壤平均重量含水量(李燕,2014),公式如下:

$$\theta = \frac{SW}{d_{z_{soil}} \times \rho_{soil} \times 10} \times 100\% \tag{3-28}$$

式中,θ 为土壤平均重量含水量,%;SW 为水文模型模拟的某土层深的土壤含水量,mm;$d_{z_{soil}}$ 为土壤层厚度,cm;ρ_{soil} 为土壤容重,g/cm^3。

旱情等级划分如表 3-8 所示。

表 3-8 土壤相对湿度等级划分表

旱情等级	轻度干旱	中度干旱	严重干旱	特大干旱
土壤相对湿度 W(%)	$50 < W \leq 60$	$40 < W \leq 50$	$30 < W \leq 40$	$W \leq 30$

3.3.3 不同作物干旱等级判定

郑州地区农作物主要以冬小麦和夏玉米为主。冬小麦根系主要分布在耕作层,其干旱与否主要受 0 ~ 30 cm 土壤水分的影响,只要 0 ~ 30 cm 的土壤发生干旱,小麦生长就会受到影响,并表现出干旱征状。因此,在冬小麦生长的季节(10 月至次年 6 月)主要考虑 0 ~ 30 cm 土壤相对湿度,冬小麦生育期内不同干旱等级的判定参照表 3-8。

夏玉米与冬小麦的需水特点不一样,生长阶段的水热条件也不一样。因此,在利用土壤相对湿度判断夏玉米不同生长阶段的干旱情况时,不适宜参照表3-8中的标准来判断。夏玉米生长阶段不同,其适宜土壤的相对指标也不一致。薛昌颖等(2014)在综合分析相关夏玉米土壤水分指标研究成果的基础上,认为夏玉米播种—出苗的适宜土壤(0~20 cm土层)相对湿度为65%~70%;出苗—拔节期的适宜土壤(0~40 cm土层)相对湿度为55%~60%;拔节—抽雄期的适宜土壤(0~60 cm土层)相对湿度为70%左右;抽雄—乳熟期的适宜土壤(0~80 cm土层)相对湿度为75%~80%;乳熟—成熟期的适宜土壤(0~60 cm土层)相对湿度为70%左右,并确定了夏玉米各生长阶段不同干旱等级的土壤相对湿度指标,具体见表3-9。

表3-9 基于土壤相对湿度的夏玉米干旱等级指标

干旱等级	播种—出苗	出苗—拔节	拔节—抽雄	抽雄—乳熟	乳熟—成熟
无旱	>65	>60	>70	>75	>70
轻旱	55~65	50~60	60~70	65~75	60~70
中旱	45~55	40~50	50~60	55~65	50~60
重旱	40~45	35~40	45~50	50~55	45~50
特旱	≤40	≤35	≤45	≤50	≤45

因此,本书采用表3-9来判定夏玉米生育期内(6~9月)不同生长阶段的干旱等级。各生长阶段需要考虑的土层深度为:播种—出苗以及出苗—拔节期为0~30 cm土层,拔节—抽雄期为0~60 cm土层,抽雄—乳熟期0~80 cm土层,乳熟—成熟期为0~60 cm土层。

3.4 小 结

本章主要对现有的干旱指标研究方法进行了总结和分析,并建立了适用于本研究区的基于水文模型的土壤含水量干旱评估方法。由于该方法是基于分布式水文模型——SWAT模型的基础上建立的,因此,一方面可以根据SWAT模型在过去的水文气象资料基础上的模拟结果,再现历史干旱事件过程,并对干旱特点进行评估;另一方面,也可以将实时气象预报信息作为本模型的输入,进行土壤含水量的实时预测,对下阶段的旱情发展进行实时预报。还可以将未来气候变化情景作为SWAT模型的输入,用于推测未来气候变化情景下干旱的发生情况。

第 4 章 作物实时在线灌溉试验方案与数据获取

为了更好地研究北方灌区作物节水灌溉技术和方法，在华北水利水电大学龙子湖校区的农业高效用水灌溉试验场，以冬小麦—夏玉米为例进行小区灌溉试验，收集了灌溉试验区的基础水文、气象数据，记录其灌水情况以及作物生长状况，为进行冬小麦—夏玉米实时灌溉模拟与应用提供基础数据。

4.1 试验区概况

冬小麦是我国北方地区主要的粮食作物之一，其播种面积约占耕地面积的 40%。由于受到季风气候的影响，冬小麦生长在一年中最干旱的季节，生育期内降雨仅能满足冬小麦总耗水的 25% ~30%。河南是小麦主产省，冬小麦种植面积达 466.67 万 hm^2，产量占到全国总产量 1/4，因此河南冬小麦产量的高低对全国具有重要的影响。河南省内地形复杂，地处亚热带向暖温带的过渡地带，属暖温带 - 亚热带、湿润 - 半湿润季风气候，年平均降水量为 500 ~900 mm，春旱和初夏干旱非常严重，对冬小麦的生长发育和产量形成构成了严重威胁，据统计，河南北部地区冬小麦生长季节内春旱和初夏干旱发生的频率为 30% ~50%，对河南省的经济和人民生活有着严重的影响。水资源不足已成为冬小麦生产的限制因素，冬小麦要获得高产就必须依靠灌溉水的补充。在此背景下，进行非充分实时灌溉制度的研究及制定，可有效充分利用有限水量，提高灌溉水的利用率，对农业灌溉用水的实时管理和高效利用具有重要的科学意义。

研究试验区位于河南省郑州市。郑州地区属暖温带大陆性气候，四季分明，年平均气温 15.4 ℃。7 月最热，平均 27.3 ℃；1 月最冷，平均 0.2 ℃；年平均降雨量 640.9 mm，无霜期 220 d，全年日照时间约 2 400 h，适宜冬小麦种植。

4.2 试验方案设计

灌溉试验于 2015 年 10 月至 2018 年 9 月期间在郑州市华北水利水电大学龙子湖校区的农业高效用水灌溉试验场开展。实施冬小麦和夏玉米连作制。

根据试验区概况和气象资料，结合作物生产规律制订试验方案。本试验设计为小区试验，由 4 个试验小区组成，每个小区长为 30 m，宽 6 m，每个小区面积为 180 m^2，总面积为 720 m^2，试验处理布置图见图 4-1。试验田实况见图 4-2。研究主要采用了 2015 年、2016 年、2017 年冬小麦灌溉试验数据。试验区土壤质地为沙壤土，干容重为 1.44 g/cm^3，地下水埋深为 4.0 m 左右，土壤孔隙率为 40%，田间持水率为 42%。由于地下水埋深较大，可忽略地下水补给量。

根据试验区概况和气象资料,结合作物生产规律,按照试验目的,制订各次试验方案。

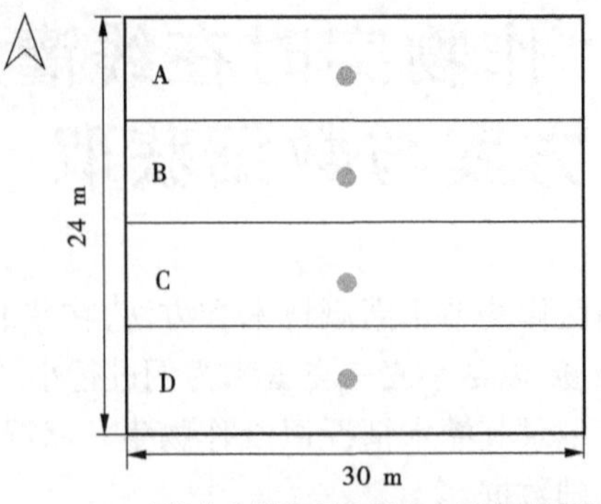

图 4-1 冬小麦试验处理布置图

图 4-2 冬小麦试验田实况图

非充分灌溉试验有多种设计方法,许多作物节水生理生态专家认为,土壤水分显著影响作物的光合速率,当土壤水分为田间持水率的 78% ~85% 时,小麦叶片光合速率出现一个高峰,为最适宜的土壤湿度。冬小麦光合作用对土壤水分存在一定的阈值反映,此值相当于田间持水量的 60%,在根系缺水情况下,当土壤水分低于田间持水率的 60% 时,冬小麦叶片的光合水分利用效率较高,但是光合速率的绝对值却随土壤水分的减少而降低。因此,如果土壤水分下限定的过低,光合产物的生物累积量就会减小,最终会影响到经济产量,不能满足高产要求。而且冬小麦不同生育阶段对水分的需求也不同,例如灌浆后期,土壤水分降至田间持水量的 50% 时,并不会对冬小麦的灌浆产生什么不利影响。另外,华北地区冬小麦的研究也表明,整个生育期适宜土壤含水率的下限可控制在田间持水率的 50% ~60%。

本试验结合冬小麦的生长规律和实际情况,共设计 4 个水分处理方案,分布在 4 个试验小区,水分处理方案依次为 A、B、C、D。各组灌水上下限值设定为:A 组灌水下限为

80%的田间持水率,灌水上限为田间持水率,即冬小麦土壤含水率小于田间持水率的80%时开始灌溉,灌至田间持水率;B组灌水下限为60%的田间持水率,灌水上限为90%的田间持水率;C组灌水下限为50%的田间持水率,灌水上限为90%的田间持水率;D组为适应性灌溉,灌水上下限随干旱等级变化。其他采用常规管理,各方案管理方式一致。冬小麦田间试验水分处理方案见表4-1。

表4-1　冬小麦田间试验处理设计

试验处理	灌水上限	灌水下限	播种
A	θ_{max}	80% θ_{max}	正常播种
B	90% θ_{max}	60% θ_{max}	
C	90% θ_{max}	50% θ_{max}	
D	适应性灌溉		

注:θ_{max} 为田间持水率。

4.3　试验观测及数据的获取

试验观测的内容包括气象资料、土壤墒情数据和作物生态特征三部分。

4.3.1　气象资料观测

在田间设置有小型自动气象站(AWS)(见图4-3),用以测量每天的气象信息,测量内容包括2 m风速、风向、太阳辐射、土壤温度、雨量、空气湿度、空气温度、大气压等共计10项,如表4-2中显示了2016年1月11日至1月31日的各项气象数据。各项气象数据主要采用人工手动的方式获取,下载到用户的笔记本电脑,或者采用无线传输的方式直接传输至电脑。

图4-3　小型自动气象站

表 4-2 气象数据列表(调整)

时间(年/月/日)	2 m 风速(km/h)	风向(deg)	太阳辐射(W/m^2)	降水量(mm)	空气湿度(%)	空气温度(℃)	空气最高温度(℃)	空气最低温度(℃)	大气压(hPa)
2016/01/11	9.45	300	1 812.6	0	33	7.99	10.85	0.59	1 016.78
2016/01/12	2.69	211	1 739.4	0	67	0.97	9.65	-6.24	1 016.91
2016/01/13	3.45	104	1 503.6	0	70	0	3.03	-2.48	1 015.53
2016/01/14	3.17	130	1 726.6	0	79	-2.12	2.16	-4.72	1 019.28
2016/01/15	3.00	125	790.8	0	82	-2.75	-1	-3.61	1 020.30
2016/01/16	2.07	111	689.9	0	82	-3.02	-1.66	-4.32	1 025.31
2016/01/17	4.97	197	1 957.8	0	66	-0.73	3.39	-3.51	1 033.43
2016/01/18	4.97	154	2 019.0	0	68	-0.37	4.87	-4.95	1 024.23
2016/01/19	2.98	107	1 332.2	0	73	0.87	5.16	-2.72	1 018.04
2016/01/20	3.06	104	402.0	0	84	0.16	1.96	-0.59	1 020.77
2016/01/21	2.41	140	1 159.2	5.4	82	-0.02	1.51	-0.92	1 022.54
2016/01/22	2.66	175	1 143.4	0	84	-0.82	0.77	-1.62	1 023.49
2016/01/23	4.85	161	2 088.4	0	78	4.30	10.31	-1.93	1 012.95
2016/01/24	9.43	250	2 609.1	0	54	5.82	10.78	0	1 016.85
2016/01/25	3.07	219	2 619.0	0	41	6.41	14.78	-0.36	1 013.20
2016/01/26	0	99	2 308.6	0	70	0.38	4.87	-2.86	1 019.71
2016/01/27	7.47	176	2 160.4	0	76	1.11	8.57	-3.1	1 021.64
2016/01/28	6.47	151	1 240.4	0	85	1.74	5.25	-1.22	1 015.43
2016/01/29	3.64	73	842.7	0	83	1.71	3.6	0.71	1 016.90
2016/01/30	3.99	59	787.2	0	83	0.75	1.84	-0.25	1 017.71
2016/01/31	3.37	83	467.9	0.4	87	0.75	1.67	-0.02	1 015.13

4.3.2 土壤水分测定及获取

土壤水分是影响作物生长的重要因素,土壤水分的准确测定是进行实时灌溉的一项重要依据。本研究采用目前最先进的土壤水环境监测设备 EnviroScan(见图 4-4)来实时测定冬小麦根区的土壤含水率。

本试验中,按照冬小麦试验处理方案,在 A、B、C、D 四个试验小区内按预设位置埋设一组 EnviroScan 探测器,每个 EnviroScan 探测器共安装有 10 个传感器,来测量在 0 ~ 1 m 土层内的土壤水分数值。以试验方案 C 为例,若设置采集器测取数据时间间隔为 6 h,则土壤墒情数据采集结果如图 4-5 所示。

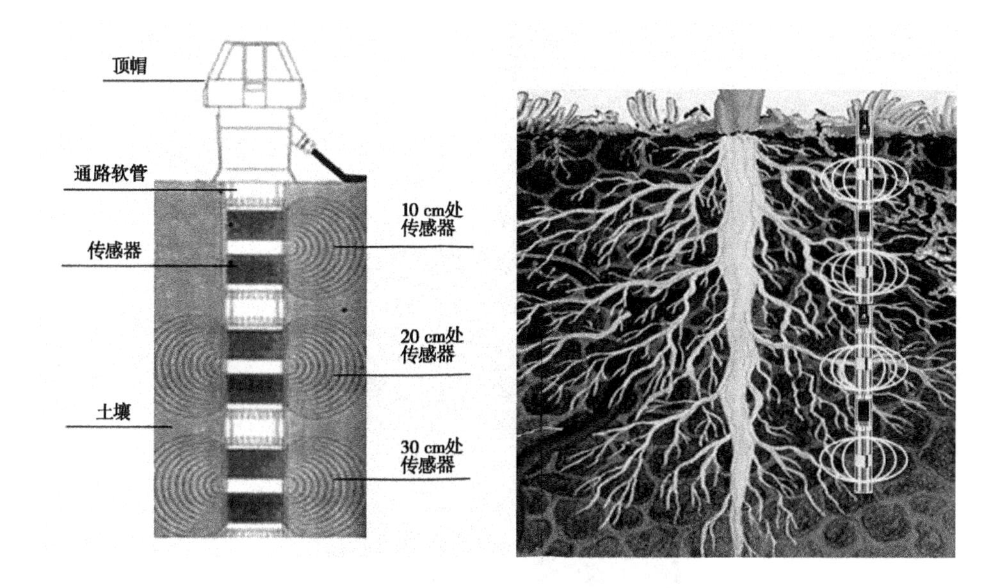

图 4-4　EnviroScan 土壤水分采集器工作原理图

DateTime	01. Cooked	02. Cooked	03. Cooked	04. Cooked	05. Cooked	06. Cooked	07. Cooked	08. Cooked	09. Cooked	10. Cooked
2016/04/06 01:46:43	21.24693489	20.31908035	17.65748978	20.32759094	21.7774334	26.15530777	23.94674492	26.27433205	30.17033577	28.23655128
2016/04/06 07:46:43	21.00377655	20.15991402	17.57644844	20.28038025	21.78286362	26.1854763	23.95800972	26.27433205	30.17033577	28.2493763
2016/04/06 13:46:43	21.17637634	19.85467148	17.09485245	19.87913704	21.20649529	25.69332886	23.62704086	26.09304619	30.04830742	28.13407707
2016/04/06 19:46:43	20.6169281	19.86009789	17.02003098	19.65199661	20.85027313	25.47901917	23.48762703	25.98463249	29.99060822	28.1084938
2016/04/07 01:46:43	20.2281208	19.73010635	17.02470207	19.62114334	20.90851212	25.55033684	23.50432968	25.97861671	29.99701691	28.13407707
2016/04/07 07:46:43	19.96723938	19.59523964	16.97336769	19.585186	20.94562149	25.60390282	23.53218651	25.98463249	30.00983429	28.14687347
2016/04/07 13:46:43	20.20318794	19.30047226	16.50633049	19.21760178	20.39307404	25.10655022	23.20474625	25.81053162	29.89458847	28.03820992
2016/04/07 19:46:43	19.72065353	19.25781822	16.38279343	18.95973969	19.94705391	24.80157471	23.00079536	25.66697502	29.81790543	27.99991608
2016/04/08 01:46:43	19.36026955	19.16205215	16.41476822	18.93457031	20.0295887	24.88932037	23.02829361	25.66697502	29.83706474	28.02544212
2016/04/08 07:46:43	19.08203506	19.01364899	16.36453819	18.89434052	20.07610512	24.94791985	23.06131744	25.67294693	29.84345245	28.04459381
2016/04/08 10:52:00	19.23900414	18.85540962	16.15547943	18.75394058	19.89042854	24.76069069	22.94036865	25.61326408	29.80513573	27.99991608
2016/04/08 16:52:00	19.28139496	18.68225288	15.74661541	18.33647919	19.1328392	24.11198997	22.49289513	25.36943054	29.65852547	27.87249947
2016/04/08 22:52:00	18.80619812	18.65610123	15.83594036	18.29208374	19.1479187	24.19251633	22.52545929	25.34571648	29.65852547	27.92342567
2016/04/09 04:52:00	18.56828499	18.53607941	15.8091116	18.24775124	19.2133503	24.26166725	22.54718399	25.35164261	29.67762375	27.94253731
2016/04/09 10:52:00	18.65134811	18.3491478	15.59988689	18.09064484	19.04751587	24.10050011	22.43868446	25.29832649	29.65216064	27.9106884
2016/04/09 16:52:00	18.56235886	18.27675629	15.43634605	17.85650253	18.70849037	23.8599472	22.2495594	25.18599129	29.59491539	27.8852272
2016/04/09 22:52:00	18.37925148	18.235466	15.48044586	17.83221626	18.79290581	23.96859169	22.29810143	25.19780159	29.61398888	27.92342567
2016/04/10 04:52:00	18.31453705	18.17878342	15.45838642	17.79340172	18.85263062	24.03735924	22.33049583	25.20961571	29.6330719	27.94253731
2016/04/10 10:52:00	18.46181107	18.07599258	15.30449963	17.68691826	18.74818611	23.91709137	22.24417114	25.18008614	29.61398888	27.9106884

图 4-5　EnviroScan 采集实时墒情数据

数据可以 Excel 形式直接下载使用，或者存储到系统实时数据库供模型调用。按试验要求设置时间间隔，采集到对应时间的值，进而由土壤墒情确定方法计算得到当天的土壤含水率值。

玉米的根区土壤含水率采用研究团队自主研发的多层土壤含水率自动监测仪进行实时监测（见图 4-6），设定监测时间间隔后，仪器自动按照时间步长进行多层土壤含水率的监测，并通过无线网络将设备发射的监测数据远程传输至学校的管理主机（见图 4-7），主机接收数据后，采用大数据挖掘技术对数据进行管理。期间每个月中旬，需采用人工采样进行土壤墒情检测，以对自动监测数据做复核。

4.3.3　作物生态数据测定

（1）叶面积指数测定。每隔 5 日在每个试验小区中随机取样 20 株小麦，要求所取小

图 4-6　玉米根区多层土壤含水率自动监测仪

图 4-7　多层土壤含水率自动监测仪主机核心结构

麦株有代表性,根据小区内小麦的总体长势,选择长势好的、一般长势以及长势差的小麦株数,尽可能提高所选小麦样本的代表性。在室内使用 YMJ－B 叶面积测量仪(见图 4-8)对所取植株的叶面积进行观测。

(2)群体密度调查,在每个试验小区中固定 3 行,每行 1 m,定期做植株数调查。

(3)群体叶面积指数,假设根据群体调查,得到 1 m×3 行内的总植株数为 N_1,所占面积为 $A(m^2)$,小区内所取 20 株的平均单株叶面积为 A_1,则群体叶面积指数为:

$$
\begin{aligned}
LAI &= \text{叶片总面积/土地面积} \\
&= 1\ \text{m}\times 3\ \text{行小麦的叶片总面积}(\text{m}^2)/1\ \text{m}\times 3\ \text{行小麦所占面积}(\text{m}^2) \\
&= 1\ \text{m}\times 3\ \text{行小麦的总植株数}\times\text{单株叶面积}(\text{m}^2)/1\ \text{m}\times 3\ \text{行小麦所占面积}(\text{m}^2) \\
&= N_1\times A_1/A
\end{aligned}
$$

图 4-8　YMJ－B 叶面积测量仪

（4）产量及产量构成因素：在冬小麦/夏玉米试验小区内取 2 m×2 m 样方进行测产，测定自然风干后的总籽粒重量、株数、穗数、穗粒数和千粒重。

4.3.4　灌溉数据记录

根据不同水分试验方案设定的土壤含水率上下限值作为灌溉阈值，当实测的土壤含水率低于设定的土壤含水率下限值时，按要求对该小区进行灌溉，若灌水前后根据天气预报有降雨发生，则充分利用雨水，结合降雨量大小和冬小麦需水规律，进行延迟灌溉或不灌溉。灌水量的计算如下：

$$M_i = 1\ 000 \cdot n \cdot H_i(\theta_{c1} - \theta_i) \cdot \theta_{max} \tag{4-1}$$

式中，θ_i 为第 i 日的初始土壤含水率；H_i 为第 i 日的作物计划湿润层深度，m；θ_{max} 为田间持水率，以占土壤体积百分比计；n 为计划湿润层内土壤的空隙率，以占土壤体积百分比计；θ_{c1} 为灌溉后所要达到的土壤含水率。

每次灌水时用水表控制灌溉量，并记录每次灌溉的灌水日期和灌溉水量。2015～2016 年冬小麦不同水分试验方案的部分灌溉量和灌溉日期如表 4-3 所示。

表 4-3　2015 ~ 2016 年各小区冬小麦灌溉量(m^3)

灌溉日期(年/月/日)	A	B	C	D
2015/10/25	2.856			
2015/11/28	3.237			
2015/12/22				3.721
2016/03/14	5.390			
2016/03/15				5.488
2016/03/21		4.249		
2016/05/04		5.292		
2016/04/07				5.281
2016/04/08	6.133			
2016/04/19			6.865	
2016/04/20				5.248

4.4　小　结

本章介绍了研究中冬小麦灌溉试验的试验区位置、气候概况,不同水分处理试验方案及处理依据,提出了本试验中需要测定的项目、试验的硬件设备、相关数据分析软件,以及数据的获取和分析。

第5章 作物实时在线灌溉预报模型及关键参数修正

5.1 灌溉预报研究动态

我国农业水资源紧缺对粮食安全造成了很大威胁,如何充分利用降水,有效利用当地有限的水资源量,满足农作物生长发育的需要,缓解农业水资源紧缺、切实提高作物整体产量,是当前急需解决的难点问题。

灌溉预报为通过监测和预报土壤水分状况,以及作物需水状态,进而确定田间灌水时间和灌水量。传统的用水灌溉预报一般是根据不同水文年的来水情况,包括降水和水资源情况,来进行灌溉制度设计和用水规划。然而在生产实践中,由于实际年型与预设的水文年型之间存在着差异,传统的用水管理很难适应瞬息万变的天气条件,造成了用水管理的滞后以及水分利用效率的低下。在目前水资源紧缺、农业供水形势日益严峻、灌溉管理水平比较低的情况下,结合未来时段的天气预报,根据当前土壤墒情进行农田灌溉用水动态管理具有重要意义。

实时灌溉预报是农田灌溉用水动态管理中很重要的用水管理环节,是以短期"实时"信息为基础,包括土壤含水率等土壤基本参数和气温、风速、降水等易于监测的气象资料,以及作物生长情况,通过作物需水模型、灌溉预报模型等模拟技术,实现对作物短期的精准灌溉预报,包括灌溉定额和灌溉日期。

田间土壤水分动态预报是灌溉预报的关键内容之一。实现土壤水分的动态预报,一方面,可以建立田间墒情监测系统,加强对作物田间土壤水分的监测,掌握其分布规律,为灌溉预报提供基础数据;另一方面,通过研究不同气象、土壤、作物条件下田间土壤水分变化规律,寻求理论上严密、技术上可行、使用上方便的灌溉预报方法。

在20世纪六七十年代,Gear等就利用中子仪对土壤水分进行监测。80年代初,美国应用中子仪监测土壤水分,基于长期的气象资料和作物的实时生长情况进行灌溉预报,在监测的土壤水分数据基础上确定灌水时间,预报时间间隔为一周,并开始大面积指导灌溉;1983年Maidment等结合土壤、作物类型和多年气象数据,提出了灌区水分需求预报模型,通过模拟日土壤水量平衡预测单位面积灌溉需水量,并通过历史耗水观测资料模拟简单的灌水方案;1985年Smith等将简单的作物生长模型与土壤水量平衡模型相结合,提出了一种确定适宜灌溉制度的方法,该方法可以模拟作物年际之间灌溉制度的变化,并用实例进行了验证;1992年以来,国际灌排委员会和联合国粮农组织先后召开了四次会议,对土壤水分动态模拟技术等进行了专题研究。墒情监测设备的发展越来越多样化,并迅速应用到田间。近期,国外将空间信息技术和计算机模拟技术用于作物灌溉,基于墒情监测、Internet技术和3S(RS、GIS、GPS)等技术完成信息的采集、交换与传输,并提出了几种具有代表性的节水灌溉预报系统，如美国佛罗里达大学农业工程系的农业环境地理信息系统 AEGIS 等，通过建立灌溉用水决策支持系统来模拟作物产量和作物需水过程，为用户提供动态配水计划。

我国对实时灌溉预报的研究开展较晚。从 20 世纪 80 年代以后才对灌溉预报进行了初步研究，随着计算机技术和国外先进方法、思想的引进，实时灌溉预报的相关研究有了较快的发展。1990 年，康绍忠根据土壤水分随时间的变化特点，用时间序列的通用加法模型建立了土壤水分的预报模型；1994 年，李远华提出了不同条件下的田间水量平衡模型，由历史气象资料计算作物需水量，并由估测的作物生长趋势和短期的气象预报资料对作物进行实时灌溉预报；1997 年，李远华、崔远来又根据历史参照作物需水量在年内的变化规律，提出了逐日作物需水量的计算方法，基于水量平衡原理提出了水稻需水量预测和实时灌溉预报的通用模型；1998 年，顾世祥等根据实时灌溉预报原理，利用计算机决策支持系统来预测短期内作物需水情况和土壤水分状况，并以山西霍泉灌区为例进行了灌溉预报；2002 年茆智等对常规的预报方法进行改进，为实时预报提供了更为准确的依据。2007 年杨杰等在土壤水量平衡模型的基础上加入土壤水分指数进行田间土壤水分状况预报，结合历史气象资料，利用该模型对河西绿洲灌区小麦实际蒸散量和农田土壤水分动态变化进行了模拟分析，结果显示该模型能够提高作物灌水时间预报的精度；2010 年，蔡甲冰等在对作物白天和夜晚的冠层温度进行连续观测和研究的基础上，利用冠层温差指标判断作物干旱程度，设计开发了一种在线式作物冠气温差监测系统，并进行灌溉决策指导。2012 年冯绍元、马英等根据典型农田开展了非充分灌溉试验，通过 SWAP 模型开展了模拟与分析，得到了北京地区最优非充分灌溉模式。2013 年马建琴等通过非充分灌溉试验，提出了郑州地区作物非充分实时灌溉的理论和方法。

目前，我国的实时灌溉预报还没有得到大面积的推广，大多数灌溉预报还只是一种“静态”预报，即根据设定的不同水文年的配水方案预先制订好灌溉制度，然而在生产实践中，很难适应瞬息万变的天气情况，这导致预先编制的用水计划与实际情况差别较大，不利于农田灌溉指导。本书是依据非充分灌溉理论，在土壤含水率实时监测的基础上，根据短期天气信息，建立了作物非充分实时灌溉预报模型，充分考虑降雨情况，准确、实时地预测未来时期内土壤含水率动态变化，制订符合实际情况、合理的灌溉预报方案，为农业水资源动态管理提供指导和决策参考，为提高灌溉水利用效率、节约水资源提供科学依据。

5.2 实时节水灌溉预报模型构建

5.2.1 土壤墒情预测模型

土壤墒情是指在一定深度的土壤中所含水分的状况，土壤墒情预测是作物灌溉预报的基础，在农业水资源短缺地区，进行土壤墒情预测对农田水分的动态合理调控具有指导意义。

最近几十年，土壤墒情监测预报系统出现比较多。其中，何新林(2007)等建立了适用于干旱灌区的土壤墒情自动化测报系统,该系统可以通过数据预处理,进行土壤墒情预报和灌溉决策分析,能够得到未来灌水信息和灌溉实施方案。

目前,土壤墒情预测常采用的方法有经验公式法、土壤水动力法、消退指数法和水量平衡法等。本书采用土壤水量平衡法进行土壤墒情预报,该方法对影响土壤水分变化的因素考虑比较全面,可以针对不同土壤类型或研究目的,对不同时段和农田空间部位进行分析,应用范围较广。以日为时段的作物计划湿润层的水量平衡模型如下:

$$W_i = W_{i-1} + P_{0i} + W_{Ti} - ET_i + M_i + K_i \tag{5-1}$$

式中,W_{i-1} 为第 i 日初始计划湿润层的土壤含水量,mm;W_i 为第 i 日结束时计划湿润层的土壤含水量,mm;P_{0i} 为第 i 日的有效降雨量,mm;W_{Ti} 为第 i 日由计划湿润层增加而增加的水量,mm;E_{Ti} 为第 i 日的作物需水量,mm;M_i 为第 i 日的灌水量,mm;K_i 为第 i 日的地下水补给量,mm。

由于试验区域的地下水埋深为 4 m 左右,地下水对作物的补给可以忽略不计,故式(5-1)可变为:

$$W_i = W_{i-1} + P_{0i} + W_{Ti} - ET_i + M_i \tag{5-2}$$

其中,第 i 日初始、结束时计划湿润层土壤含水量、作物需水量、灌水量、因计划湿润层增加而增加的水量可分别由下列各式求出:

$$W_{i-1} = 1\ 000 \cdot n \cdot H_{i-1} \cdot \theta_{i-1} \tag{5-3}$$

$$W_i = 1\ 000 \cdot n \cdot H_i \cdot \theta_i \tag{5-4}$$

$$ET_i = K_{ci} \cdot K_{wi} \cdot ET_{0i} \tag{5-5}$$

$$M_i = 1\ 000 \cdot n \cdot H_i \cdot (\theta_{c1} - \theta_i) \tag{5-6}$$

$$W_{Ti} = 1\ 000 \cdot n \cdot (H_i - H_{i-1}) \cdot \theta_{deep} \tag{5-7}$$

式中,H_{i-1} 为第 i 日初始计划湿润层深,mm;H_i 为第 i 日结束时计划湿润层深,mm;θ_{i-1} 为第 i 日初始土壤含水率,以占土壤体积百分比计;θ_i 为第 i 日结束时土壤含水率,以占土壤体积百分比计;n 为土壤孔隙率,以占土壤体积百分比计;K_{ci} 为第 i 日作物系数;K_{wi} 为第 i 日土壤水分修正系数;ET_{0i} 为第 i 日参考作物蒸发蒸腾量,mm;θ_{c1} 为灌溉后所要达到的土壤含水率,以占土壤体积百分比计;θ_{deep} 为深层土壤含水率,以占土壤体积百分比计。

由式(5-7)可得出作物计划湿润层含水率的逐日递推预测模型:

$$\theta_i = \frac{H_{i-1}}{H_i}\theta_{i-1} + (P_{0i} + W_{Ti} - ET_i + M_i)/(1\ 000nH_i) \tag{5-8}$$

从作物播种日开始,由式(5-8)进行计算,可以逐日对作物计划湿润层内的土壤墒情进行预测,并和实测值进行比较、分析和修正。

5.2.2 作物需水量计算模型

灌区需水量是进行灌溉用水决策、水量分配中最基本的内容之一。在灌区需水量预测的基础上,结合降水因素及地下水、客水等补给因素,才能进行灌区水资源的合理优化调度。灌区需水量主要是依据灌区内各种作物的需水量,即作物蒸发蒸腾量进行计算的。

结合研究区情况,在对实际资料分析的基础上,本书根据作物需水量的基本模型,采用修正的彭曼公式计算灌区参考作物蒸发蒸腾量,结合各因素函数项进行修正并计算,得到灌区作物需水量的预测结果。

根据相关研究,作物实时需水量计算公式如下:

$$ET_i = K_{ci} \cdot K_{wi} \cdot ET_{0i} \tag{5-9}$$

式中,ET_i 为第 i 日作物需水量,mm;K_{ci} 为第 i 日作物系数;K_{wi} 为实时非充分灌溉时第 i 日土壤水分修正系数;ET_{0i} 为第 i 日参考作物需水量,mm。

参考作物蒸发蒸腾量为一种假想参照作物冠层的腾发速率,假想作物高度为 0.12 m,固定的叶面阻力为 70 s/m,反射率为 0.23,非常类似于表面开阔、高度一致、生长旺盛、完全遮盖地面而不缺水的绿色草地的蒸发蒸腾量,通常作为计算各种具体作物需水量的参照。本书采用修正的彭曼公式进行参考作物需水量 ET_0 的计算。具体计算公式为:

$$ET_0 = \frac{\frac{P_0}{P} \cdot \frac{\Delta}{\gamma} R_n + E_a}{\frac{P_0}{P} \cdot \frac{\Delta}{\gamma} + 1} \tag{5-10}$$

式中,ET_0 为参考作物蒸发蒸腾量,$mm \cdot d^{-1}$;P_0为海平面标准大气压,$P_0 = 1\ 013.25$ hPa;P 为计算地点的实际气压,hPa;R_n 为参考作物冠层表面接收的净辐射,mm/d;$\frac{\Delta}{\gamma}$ 为标准大气压下的温度函数;Δ 为平均气温时饱和水汽压与温度曲线斜率,$\Delta = \frac{d_{e_a}}{d_t}$;$\gamma$ 为湿度计常数;e_a 为饱和水汽压,kPa;t 为平均气温,℃;E_a 为干燥力,mm/d,$E_a = 0.26(1 + 0.54u)(e_a - e_d)$;$e_d$ 为当地的实际水汽压;u 为离地面 2 m 高处的风速,m/s。

综合考虑研究区的气候条件和要求,其中 K_{ci} 的计算采用随作物生育期累计天数逐日变化的计算方法:

$$K_{ci} = \begin{cases} 7.346\ (i/I)^2 - 1.606(i/I) + 0.097\ 2 & i/I \leqslant 0.058 \\ -3.463\ln(i/I) - 0.190\ 9 & i/I > 0.058 \end{cases} \tag{5-11}$$

式中,i 为生育期累积天数,d;I 为生育期总天数,d。

在田间水分充足时,作物蒸发蒸腾量计算一般不考虑土壤水分修正系数 K_{wi} 的影响。在非充分灌溉条件下或水分不足时,土壤中毛管传导率减小,根系吸水率降低,土壤因素函数项的影响主要表现为土壤水分胁迫。因此,K_{wi} 主要反映土壤水分状况对作物蒸发蒸腾量的影响。

计算公式如下:

$$K_{wi} = \begin{cases} \ln(1 + 100\frac{\theta_i}{\theta_{max}})/\ln101 & \theta_{c2} \leqslant \theta_i < \theta_{c1} \\ \alpha \cdot \exp[(\theta_i - \theta_{c2})]/\theta_{c2} & \theta_i < \theta_{c2} \end{cases} \tag{5-12}$$

式中,θ_i 为第 i 日土壤含水率,以占土壤体积百分比计,m^3/m^3;θ_{max} 为田间持水率,以占土壤体积百分比计,m^3/m^3;θ_{c1} 为非充分灌溉适宜土壤水分上限指标,以占田间持水率 θ_{max} 的百分数表示,研究中分别按不同的试验方案进行确定;θ_{c2} 为非充分灌溉适宜土壤水分下限指标,以占 θ_{max} 的百分数表示;研究中分别按不同的试验方案进行确定;α 为经验系数，旱作物可取 0.89。

5.2.3 计划湿润层深度的确定

对旱作物来说，土壤计划湿润层深度通常是指作物的主要根系吸水层，它主要取决于作物生长状况和作物根系活动层的深度，与作物品种、生育阶段、田间土壤性质以及地下水埋深和土壤微生物活动等因素也有关系。

在作物生长初期，作物根系较浅，水分消耗也较少，但是为了维持土壤微生物活动，为根系以后生长创造条件，一般土壤计划湿润层深度取值要比根系活动层深度稍大些。随着作物的生长和根系的发育，需水量增多，计划湿润层也逐渐加深，至生长末期，由于作物根系停止发育，需水量减少，计划湿润层深度不宜继续增大。

计划湿润层深度应随着作物的生长发育、根系的不断加深而增加。在不同类型气候区、不同水文年和作物的不同生长发育阶段，土壤计划湿润层深度可以根据当地当时的水源、天气情况进行灵活掌握。因此，应根据具体情况综合确定灌水时的土壤计划湿润层深度。

本书假设作物全生育期内各日计划湿润层是线性均匀增加的，则作物任一日的计划湿润层深度可采用线性的逐日递推模型进行模拟，为此，建立作物计划湿润层深计算模型：

$$H_i = h_{n-1} + (h_n - h_{n-1}) \cdot (i - \sum_{j=1}^{n} {}_{j-1}l_{j-1}^{j-1}) / l_n^n \tag{5-13}$$

式中，H_i 为作物第 i 日的计划湿润层深度，m；h_{n-1} 为第($n-1$)个生育期计划湿润层深度初始值，m；h_n 为第 n 个生育期的计划湿润层深度初始值，m；n 为作物生育期个数；i 为作物播种后的生长累积天数，d；l_n^n 为第 n 个生育期的生长天数，d；${}_j l_j^j$ 为第 j 个生育期的生长天数，d，$j = 1,2,\cdots,n$。

5.2.4 有效降雨量计算

有效降雨量是指能用以满足作物植株蒸腾和株间土壤蒸发的那部分降雨量，对于农业水资源短缺地区而言，充分利用有限的降雨，可以有效地缓解农业用水的紧缺状况。对非充分灌溉来讲，充分、高效利用降雨量对制定合理的灌溉制度、农业水资源管理有着重要意义。影响有效降雨量的因素很多，因计算目的不同，研究区域气候条件、地理位置等差异，有效降雨量的估算方法也不尽相同，针对区域的特定条件，需选择合理的计算方法。

目前，有效降雨量计算常用的方法有直接监测技术和间接计算法，间接计算法包括经验方法如公式和图表，以及土壤水量平衡法等。在研究中多采用，如 A. S. Patwardhan 等提出了基于土壤水量平衡模型的两种有效降雨量计算方法及适用条件；杨燕山等通过对内蒙古西部风沙区耕地模拟降雨试验，提出了适用于该地区有效降雨量计算的经验公式；刘战东等对旱作物有效降雨量计算模式进行研究，通过计算结果的可靠性和适应性对比分析，发现不同模式在相同条件下模拟计算的结果存在明显的差异。

影响有效降雨量的因素很多，因计算目的不同，有效降雨量的估算方法也不尽相同，针对某个区域的特点，需选择符合该区域有效降雨量的计算方法。针对研究地区的实际情况，本次模型中采用经验的降雨有效利用系数法计算有效降雨量，计算公式如下：

$$P_{0i} = \alpha \cdot P_i \tag{5-14}$$

式中，P_{0i} 为第 i 阶段的有效降雨量，mm；P_i 为第 i 阶段的降雨量，mm；α 为降雨有效利用系数，α 取值见表 5-1。

表 5-1　降雨有效利用系数 α 取值

P(mm)	<5 mm	5～50 mm	>50 mm
α	0	1.0～0.8	0.7～0.8

5.2.5　实时灌水量的确定

实时灌溉预报的基本原理是在实测气象资料的基础上，根据水量平衡原理，建立田间土壤水分的逐日递推模拟模型，对作物短期乃至逐日的土壤水分变化情况做出准确预报，当土壤含水率接近作物所处生育期最低允许含水率时，则做出灌溉决策，确定灌溉量和灌溉时间；如果预报期间有降水或灌溉补水发生，则推迟灌溉并根据实际的具体情况对预报结果进行及时调整和修正，同时依据实际监测值对土壤水分等模拟结果进行修正。

灌溉定额的计算如下：

(1)来水充分时作物灌水量：

当来水量很大，足以满足灌溉需求时，灌水量 M_i 为：

$$M_i = 1\,000 \cdot n \cdot H_i(1 - \theta_i) \cdot \theta_{max} \tag{5-15}$$

式中，θ_i 为第 i 日的初始土壤含水率；H_i 为第 i 日的作物计划湿润层深度，m；θ_{max} 为田间持水率，以占土壤体积百分比计，%；n 为计划湿润层内土壤的空隙率，以占土壤体积的百分比计，%。

(2)来水不充分时作物灌水量：

当来水不充分或者水资源量紧缺时，利用作物本身具有一定的生理节水与抗旱能力的特性，对作物进行非充分灌溉。灌水量 M_i 为：

$$M_i = 1\,000 \cdot n \cdot H_i(\theta_{c1} - \theta_i) \cdot \theta_{max} \tag{5-16}$$

式中，θ_{c1} 为灌溉后所要达到的土壤含水率，非充分灌溉时 θ_{c1} 一般取 90% θ_{max}，在本研究中，依据灌溉试验的不同设计值进行取值。

5.3　灌溉预报模型关键参数的率定

作物非充分实时灌溉预报模型是在逐日土壤含水率监测的基础上，结合短期降雨预报信息，制订合适的灌溉方案。要想获得准确非充分实时灌溉预报，需要考虑模型中土壤性质、气象条件、作物特征等各种参数的变化，因此模型中参数的确定和修正直接影响着实时灌溉预报结果的精确度和实用程度。

5.3.1　土壤墒情的修正

对于旱作物，实时灌溉预报是依靠土壤墒情监测技术获得每一时刻的土壤水分状况，根据作物生长发育、面临阶段的气象信息等对土壤墒情的变化趋势提前预判，做出灌水预报，因此土壤墒情监测精度是进行实时灌溉预报的关键和重要环节之一。通过对农田土壤水分变化动态的监视，对灌溉作物需水量和有关参数进行分析和计算，能够实现对未来土壤墒情和旱情趋势的预报，从而制订准确的灌溉计划。

土壤水分随深度分布呈不均匀性，而仪器监测土壤含水量通常是一个点或多个点的数据，如何根据仪器监测数据获取土壤墒情动态，是进行精准灌溉预报的关键问题之一。在已有研究的基础上，充分考虑作物根系随土壤深度的分布规律，以及根系水分吸收特点的空间变异性，本研究中采用层次分析法和变异系数法组合赋权的方法，计算计划湿润层内土壤含水率。其中，层次分析法是一种主观求权重的方法，具有一定的主观性；而变异系数法是一种客观求权重的方法，需要通过大量的观测数据来计算，具有一定的局限性。通过主客观相结合的赋权方法可以克服单一权重的片面性，以提高计算的精度。

5.3.1.1 层次分析法

层次分析法是先把元素分解成准则、目标、方案等层次，之后再进行分析的决策方法，该方法具有系统、灵活、简洁的优点。层次分析法结构模型如图 5-1 所示。

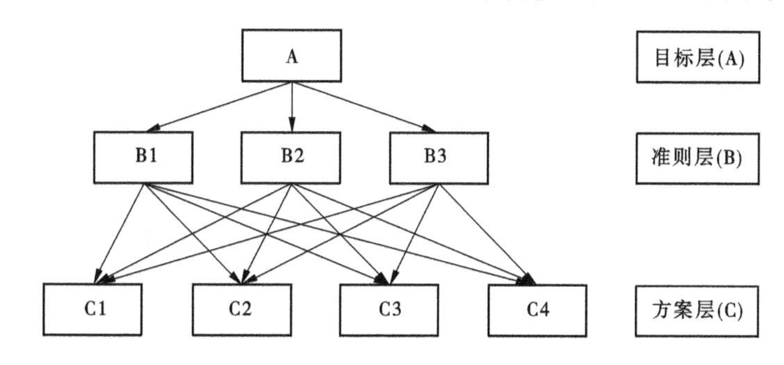

图 5-1 层次分析法结构模型

5.3.1.2 变异系数法

变异系数法是一种客观求权重的方法。在同一评价指标中，当各方案的属性值相差越大，则说明该指标在综合优选中越重要，而且给决策者带来的信息也就越多。因此，可以根据每个指标给决策者带来信息量的大小确定指标权重。各项指标的变异系数公式如下：

$$\sigma_i = \sqrt{\frac{1}{n-1}\sum_{i=1}^{n}(x_i - \overline{x_i})^2} \tag{5-17}$$

$$V_i = \frac{\sigma_i}{\overline{x_i}} \quad (i = 1,2,\cdots,n) \tag{5-18}$$

式中，σ_i 为第 i 项指标的标准差；n 为指标总数；x_i 为第 i 项指标数；$\overline{x_i}$ 为第 i 项指标的平均数；V_i 为第 i 项指标的变异系数。

各项指标的权重为：

$$W_i = \frac{V_i}{\sum_{i=1}^{n} V_i} \tag{5-19}$$

5.3.1.3 日土壤含水率计算

本研究中将作物根系活动区域以上土层视为一个整体系统，从所监测土壤水分数据中选取当天不同监测时刻的实测土壤水含水率，试验中采用4时段监测制，取作物所处计划湿润层深度以上所有传感器不同时刻所测土壤含水率的均做为当天的土壤水分实测值。设生育期内第 i 日作物所处计划湿润层深为 H^i mm，根据土壤水分动态变化，设定试验中1日取 s 个监测时刻，则第 i 日、s 观测时刻1 mm 土层深处，其中 l 位于 H^imm 以上（含 H^imm）的传感器所测土壤水分值记为 $\theta_i(s, H_l^i)$。第 i 日土层 H_l^i深处的土壤水分值计算为：

$$\theta_{H_l^i} = \sum_{s=1}^{n} \theta_i(s, H_l^i)/n \tag{5-20}$$

采用加权均值法则可得到第 i 日计划湿润层的土壤水分值 θ_i：

$$\theta_i = \sum_{l=1}^{m} w_i \theta_{H_l^i} \tag{5-21}$$

式中，m 为计划湿润层内土层个数；w_i 为土壤层深度 H_l^i的土壤水分值 $\theta_{H_l^i}$ 对 θ_i 的影响权重，由层次分析法和变异系数法权重组合得到。

对于实测的多时段多点土壤含水率数据，采取基于层次分析法和变异系数法计算的权重，计算其组合权重，其计算步骤如下：

（1）数据样本选取。选取计划湿润层深内不同观测点的土壤含水量监测值。作物在不同时期，计划湿润层的深度是不一样的，所以选取的监测点的数量也是不同的。

（2）不同方法的权重计算。分别采用层次分析法和变异系数法计算对应权重值。

（3）组合赋权。采用最小平方误差法对权重进行组合赋权，得到最终权重值。

在进行土壤含水率预测时，以日为计算时段，递推过程如下：生育期第一次运行时，在生育期第一日开始时实测一次土壤含水率，作为阶段初始值，利用土壤水分逐日递推公式(5-8)逐日递推每一日阶段末的土壤含水率，并和当日实测的土壤含水率进行对比和修正，然后把修正后的土壤含水率作为下一阶段的初始值，如此逐日顺序递推，进行每日计划湿润层含水率模拟和修正。

在进行计算的过程中，如果推算得到第 i 日含水率小于或者等于作物所处生育期最低允许含水率，同时考虑天气预报情况，在无雨或降雨量极少的情况下，采用实时节水灌溉预报模型对该日做出灌溉预报，并进行网络发布，当日土壤含水率修正到灌水后的土壤含水率，再以此为初始值进行计划湿润层含水率的递推，直至生育期结束。如果天气预报有降雨发生，则需要考虑有效降雨量，采用土壤水分逐日递推公式(5-8)对计划湿润层的含水率进行分析预测，在作物生育期如有较大降雨发生，致使模拟计算过程中出现土壤含水率超过田间持水率的情况时，则将土壤含水率处理为田间持水率，多余的水量渗入深层土壤。

基于土壤墒情预测，采用作物非充分实时灌溉预报模型则可进行作物的灌溉预报。其余如3日、7日及至2周的灌溉预报，计算的阶段步长相应分别为3日、7日和2周，原理同1日的灌溉预报。

5.3.2 有效降雨量的修正

目前针对有效降雨量计算经验系数方法采用较多,但不同区域往往采用不同的经验公式,地区间适用性较差,效率较低。有效降雨量与作物种类、生长阶段、雨型、土壤类型与结构等因素有关。水量平衡法根据实测水文气象资料,确定有效降雨量,能有效反映地区作物、土壤特性对有效降水量的影响。本研究基于土壤水量平衡法和试验观测数据修正有效降水量经验公式,提高有效降雨量的预报精度,为实时节水灌溉预报提供基础数据与决策依据。

北方地区地下水埋深较大,对作物的补给可以忽略不计。土壤水量平衡模型为:

$$W_i = W_{i-1} + W_{\mathrm{T}i} - ET_i + M_i + P_{0i} \tag{5-22}$$

式中,P_{0i} 为第 i 日的有效降雨量,mm;W_i 为第 i 日结束时计划湿润层的土壤含水量,mm;W_{i-1} 为第 i 日初始计划湿润层的土壤含水量,mm;$W_{\mathrm{T}i}$ 为第 i 日因计划湿润层增加而增加的水量,mm;$E_{\mathrm{T}i}$ 为第 i 日的作物需水量,mm;M_i 为第 i 日的灌水量,mm。

通过土壤水分监测设备测定第 $i-1$ 日和第 i 日的土壤含水率,由第 $i-1$ 日和第 i 日的计划湿润层深度,分别计算出 W_{i-1}、W_i 和 W_{Ti} 的值;根据自动气象站观测的第 i 日的气象资料,计算出第 i 日参考作物需水量和灌溉量;根据郑州地区冬小麦作物系数的经验值,计算出第 i 日实际作物需水量;利用式(5-22)计算出第 i 日的有效降雨量 P_{0i}。土壤水量平衡模型计算有效降雨量流程见图 5-2。

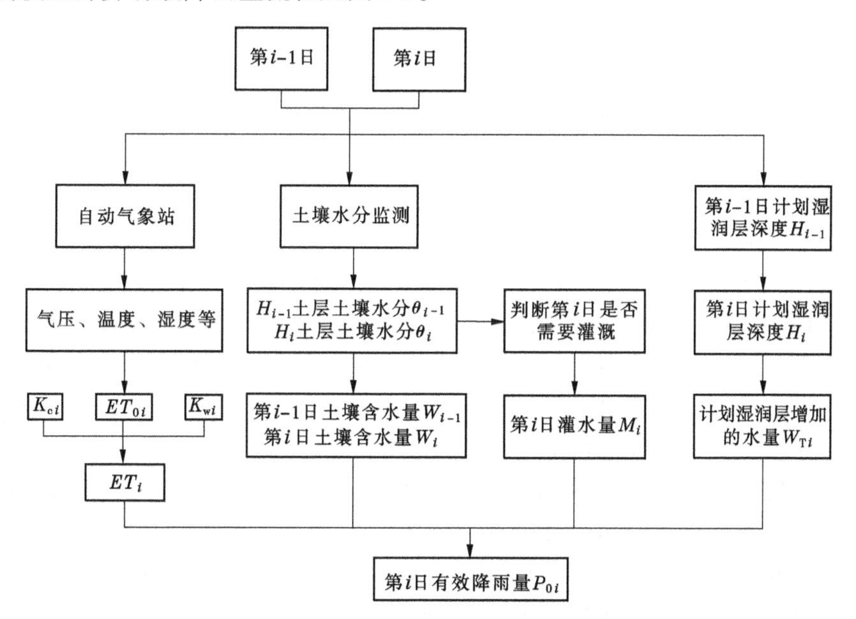

图 5-2 水量平衡模型计算有效降雨量流程

根据水量平衡法计算生育期的有效降水量,与同时期的降水量建立相关关系,利用统计方法判断相关性及相关方程,作为该地区有效降水量计算的修正经验公式。

5.3.3 作物系数的修正

作物系数是计算作物需水量的重要数据,它反映了作物本身生物学特性、产量水平等条件对作物需水量的影响,作物需水量计算是计算灌溉预报的关键内容。以往的研究中,在利用作物系数 K_c 计算作物需水量时,多是采用按生育阶段划分 K_c 的平均值,缺乏以天为单位的作物系数值和对作物系数的实时、逐日修正,阶段均值的使用与实际多变的天气、土壤及作物生长状况显然不相符,从而致使作物的实时需水量计算和农田实时灌溉预报不够准确,影响作物的精准灌溉与有限农业水资源的高效利用,导致了作物灌溉预报的失真,失去了应有的指导生产的作用。因此,如何获得作物生育期内较为准确的短期作物系数,成为作物精确灌水预报研究中的重点和难点。

针对已有作物需水规律研究方面的不足,特别是需水模型中作物系数 K_c 常取生长阶段均值的问题,为提高在线实时灌溉预报的精度,本书充分利用灌溉监测试验与采集的实时信息成果,以及田间的气象资料,提出了作物系数的逐日预测与自修正方法,对作物系数 K_c 进行率定及逐步逼近修正,以更精准的模拟作物的实时需水规律,为作物在线灌溉制度研究提供基础科学信息。

具体计算过程如下:

(1)首先利用自动气象站实测气象资料,计算出每日的参考作物需水量 ET_0。

(2)由计算得到的土壤水分修正系数、作物系数、参考作物需水量 ET_0,根据式(5-9)计算作物的实际需水量。由作物在线实时灌溉制度模型可知,在作物生长过程中,第 $i-1$ 日结束时,该日的土壤含水量、有效降雨量及灌溉水量均已知,由此可根据土壤水分修正系数 K_w 的计算公式(5-12)计算出该日的实际土壤水分修正系数 $K'_{w,i-1}$;而初始作物系数 K_c 值则采用同一地区的经验值。

(3)由第 $i-1$ 日的实测土壤水分初始值 θ_{i-1},根据土壤水分逐日递推公式(5-8)就可推算出第 i 日的土壤水分初始值 θ'_i。

(4)第 $i-1$ 日结束时,第 i 日的实测土壤水分初始值 θ_i 即为已知。若第 i 日预测的土壤水分初始值 θ'_i 与实测土壤水分初始值 θ_i 非常接近,第 $i-1$ 日的作物系数就取初始值;如果 θ'_i 与 θ_i 相差比较大,则将实测土壤水分值 θ_i 代入式(5-8),反推第 $i-1$ 日的作物实际需水量,此时可由式(5-2)计算得出:

$$ET'_{i-1} = 1\ 000nH_{i-1}\theta_{i-1} + P_{0i-1} + W'_{ri} + M_{i-1} - 1\ 000nH_i\theta_i \tag{5-23}$$

式中,ET'_{i-1} 为修正后的第 $i-1$ 日作物的实际需水量,mm;H_{i-1} 为第 $i-1$ 日的计划湿润层深,mm;H_i 为第 i 日的计划湿润层深,mm;θ_{i-1} 为第 $i-1$ 日的初始土壤含水率,以占土壤体积百分比计;θ_i 为第 i 日的初始土壤含水率,以占土壤体积百分比计;n 为土壤孔隙率,%;P_{0i-1} 为第 $i-1$ 日的有效降雨量,mm;W'_{ri} 为修正后时段内因计划湿润层增加而增加的水量,mm;M_i 为第 $i-1$ 日的灌水量,mm,可由式(5-15)或式(5-16)计算得到。

将式(5-15)、式(5-16)代入式(5-23),则修正后第 $i-1$ 日的作物实际需水量可写为:

$$ET'_{i-1} = W_{i-1} + P_{0i-1} + W'_{ri} + M_{i-1} - W'_i \tag{5-24}$$

式中,W_{i-1} 为第 $i-1$ 日初始土壤含水量,mm;W'_i 为第 $i-1$ 日的结束时的土壤含水量,mm;其余各参数含义同式(5-23)。

进而由式(5-9)可得到修正后的第 $i-1$ 日的作物系数 $K'_{c,i-1}$。

$$K'_{c,i-1}=ET'_{i-1}/(K'_{w,i-1}\cdot ET_{0,i-1}) \tag{5-25}$$

(5)在第 $i-1$ 日结束时修正了当日的作物系数值,并把该修正值作为下一个计算时段的输入值,依此类推,实现对全生育期作物系数 K_c 值的逐日修正。

通过一个生育周期的修正,可得到逐日的作物系数。在地区和作物种类不变的情况下,将该组作物系数作为第二年在线实时灌溉模型中的作物系数初始值,然后进行作物的实时需水量计算,同时根据当年监测结果再次进行逐日修正。依此类推,对作物系数进行逐年自我修正,以此不断提高作物在线实时的灌溉预报精度,逐步实现农田精准灌溉。实时灌溉中作物系数 K_c 具体修正过程见图5-3。

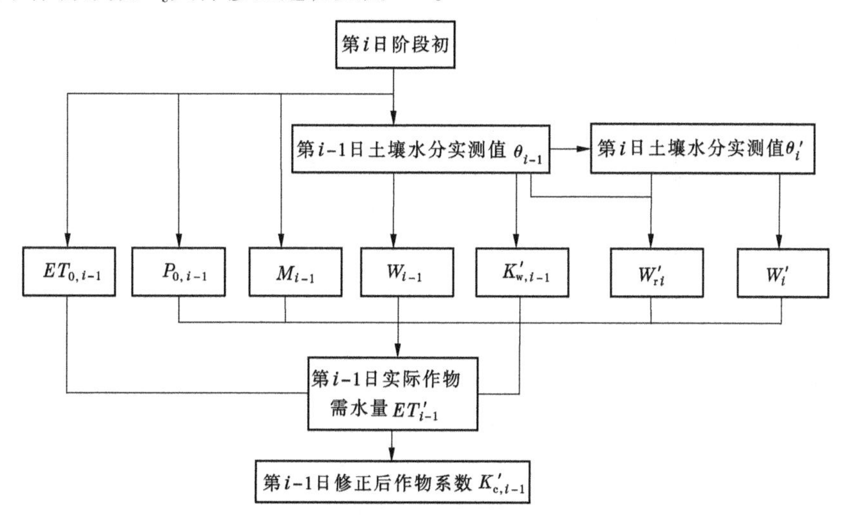

图5-3 作物系数修正流程

经过多年的自我修正,作物系数 K_c 值将逐步趋于稳定,接近于真实的 K_c,灌溉预报也会更加精准。

5.4 冬小麦实时灌溉预报模型及关键参数修正

5.4.1 冬小麦生育期的划分

按照冬小麦不同生育期的生长情况、郑州地区的气候情况和当地的种植习惯,将其初步划分为6个生长阶段:

播种—分蘖期:以秋日合适的温度与土壤水分播种开始,到冬小麦叶鞘中露出第一分蘖尖0.5~1.0 cm标准时期。

分蘖—越冬期:冬小麦生长较慢,以分蘖为主,开始长根、长叶、长分蘖,完成春化阶段。

越冬—返青期:冬小麦开始恢复生长,并且心叶长出1.0~2.0 cm。

返青—拔节期:冬小麦基部节间开始伸长,节间露出地面1.5~2.0 cm时为拔节,进入拔节期后小麦生长速度最快,生长量最大,穗叶茎等器官同时并进,是冬小麦整个生长发育过程中的重要时期。

拔节—抽穗期:分蘖两极分化,叶面积及茎穗长度成倍增长,从叶鞘中露出穗的顶端开始为抽穗期。

抽穗—成熟期:小麦穗中籽粒达到正常大小,80%以上籽粒颜色变为黄色,茎干开始变黄。

依据以上标准,考虑当地实际耕作习惯,本研究中冬小麦整个生育期共235天,生育期的划分见表5-2。

表5-2 冬小麦生育期的划分

生育期	播种—分蘖	分蘖—越冬	越冬—返青	返青—拔节	拔节—抽穗	抽穗—成熟
起止日期(月/日)	10/10~11/10	11/11~12/30	12/31~2/18	2/19~3/20	3/21~4/25	4/26~6/3
天数(d)	31	50	50	30	35	37

5.4.2 冬小麦计划湿润层的确定

计划湿润层深度是指控制和调节土壤水分状况的土层,对于旱作物而言,是指根系所能吸收到水分的土层深度。计划湿润层深度一般随着作物的根系生长而不断加深,直到作物成熟、生长末期,由于根系停止生长,计划湿润层深度也停止加深。作物非充分在线实时灌溉预报模型中,冬小麦不同生育期计划湿润层深度初始值是在以往研究郑州地区冬小麦不同生育期计划湿润层深度的基础上确定的,具体见表5-3。

表5-3 冬小麦不同生育期计划湿润层深

生育期	播种—分蘖	分蘖—越冬	越冬—返青	返青—拔节	拔节—抽穗	抽穗—成熟
计划湿润层深 H(m)	0.35	0.40	0.45	0.65	0.70	0.90

根据本研究冬小麦全生育期内生长阶段的划分,在式(5-13)中,冬小麦作物生育期个数 $n=6$,即 $j=1,2,\cdots,6$,不同生育期冬小麦生长天数分别为:${}_0l_0^0=0$,${}_1l_1^1=31$,${}_2l_2^2=81$,${}_3l_3^3=131$,${}_4l_4^4=161$,${}_5l_5^5=196$,${}_6l_6^6=235$。

结合表5-3中冬小麦不同生育期的计划湿润层深以及图5-4中冬小麦在不同生育期内的计划湿润层变化,由式(5-13),冬小麦在全生育期内不同生长阶段任意一日的计划湿润层深计算公式为:

$$H_i=\begin{cases}0.35+(0.40-0.35)\times i/31 & (0<i\leqslant 31)\\0.40+(0.45-0.40)\times(i-31)/50 & (31<i\leqslant 81)\\0.45+(0.65-0.45)\times(i-81)/50 & (81<i\leqslant 131)\\0.65+(0.70-0.65)\times(i-131)/30 & (131<i\leqslant 161)\\0.70+(0.90-0.70)\times(i-161)/35 & (161<i\leqslant 196)\\0.90+(1.0-0.90)\times(i-196)/37 & (196<i\leqslant 235)\end{cases}\qquad(5\text{-}26)$$

式中，H_i 为冬小麦在生长第 i 日的计划湿润层深度，m；i 为冬小麦播种后的生长累积日数，d。

根据式(5-26)计算出研究区冬小麦全生育期内任意一日的计划湿润层深后，即可计算时段内由于计划湿润层增加而增加的水量。

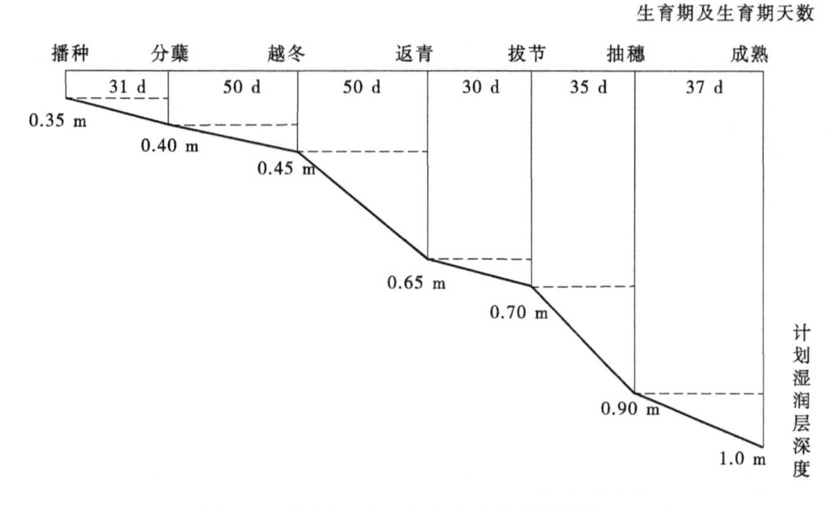

图 5-4　华北地区冬小麦生育期计划湿润层变化图

5.4.3　土壤墒情确定

5.4.3.1　分层土壤含水率权重的确定

本研究以冬小麦 2015～2016 年全生育期的实时土壤含水率和气象资料为基础，利用层次分析法和变异系数法组合赋权的方法，确定冬小麦计划湿润层内各土层土壤含水率权重，计算步骤如下(以冬小麦苗期为例)：

(1)数据样本选取。当冬小麦处于苗期时，计划湿润层取值范围为 0.35～0.40 m，样本选取计划湿润层内前四层：0～10 cm、10～20 cm、20～30 cm、30～40 cm 深度各土层土壤含水率的实测值。

(2)不同方法的权重计算。

①层次分析法求权重：首先建立比较矩阵，技术评价指标为前四层土壤层深度 X_1～X_4，然后计算并建立构造判断矩阵，最后进行一致性检验，得出前四层土壤各土层的权重值为 $W_1=0.347$、$W_2=0.273$、$W_3=0.213$、$W_4=0.167$。

②变异系数法求权重：样本选取 2015～2016 年苗期冬小麦前四层各土层土壤含水率的实测值，根据试验 A、B、C 3 种处理方案，利用式(5-17)～式(5-19)分别求出 3 种试验方案的权重值：

A 方案　($W_1=0.473$、$W_2=0.327$、$W_3=0.117$、$W_4=0.083$)，

B 方案　($W_1=0.339$、$W_2=0.344$、$W_3=0.157$、$W_4=0.160$)，

C 方案　($W_1=0.489$、$W_2=0.320$、$W_3=0.118$、$W_4=0.073$)，

由于 3 种处理方案只有土壤水分上、下限控制不一样，其余所有处理的施肥水平和田

间栽培管理措施完全一致,所以通过单因素方差分析,得出3种试验方案的权重值没有显著的差别。

(3)组合赋权。采用最小平方误差法对权重进行组合赋权,最终得到前四层土壤各土层的权重值为 $W_1=0.381$、$W_2=0.289$、$W_3=0.178$、$W_4=0.152$。通过上述步骤可以计算出冬小麦不同生育期计划湿润层内各土壤分层的组合权重值,结果见表5-4。

表5-4 冬小麦计划湿润层内各土层的组合权重

土层(cm)	权重									
	W_1	W_2	W_3	W_4	W_5	W_6	W_7	W_8	W_9	W_{10}
0~40	0.381	0.289	0.178	0.152						
0~50	0.418	0.273	0.141	0.108	0.060					
0~60	0.325	0.247	0.149	0.126	0.086	0.067				
0~70	0.311	0.236	0.141	0.119	0.081	0.063	0.049			
0~80	0.301	0.229	0.136	0.116	0.079	0.061	0.048	0.030		
0~90	0.296	0.225	0.134	0.113	0.077	0.059	0.046	0.029	0.021	
0~100	0.292	0.222	0.131	0.112	0.075	0.058	0.046	0.028	0.021	0.015

由表5-4可以看出,随着土层深度的加深,各层的权重值越来越小。当冬小麦处于成熟期时,计划湿润层的深度达到1 m左右,小于40 cm土层内的土壤含水率权重占整个土层的75.7%;50~80 cm土层的土壤含水率权重占整个土层的20.7%,80 cm以下土层的土壤含水率权重仅占整个土层的3.6%。

已有研究表明,冬小麦根系吸水能力的大小与根长(*RLD*)和根质量(*RMD*)在土壤中的垂直分布有关。相关研究表明:在计划湿润层内,随着土层的加深,冬小麦的*RLD*值和*RMD*值逐渐减小。在小于40 *cm*土层内,*RLD*和*RMD*分别占79.52%和87.46%,在50~80 *cm*土层内,*RLD*和*RMD*分别占15.95%和10.08%,80 *cm*以下土层内,*RLD*和*RMD*仅占4.53%和2.46%。通过与表5-4中权重值对比分析,得出计划湿润层内各土层土壤含水率的权重与冬小麦根系分布相符合,由此表明上述方法计算的土壤墒情权重取值符合作物生长规律。

5.4.3.2 灌水量及土壤墒情监测

本研究采用引进的土壤水环境监测设备EnviroScan(见图4-4)来实时测定冬小麦根区的土壤含水率。

本试验中,按照冬小麦试验处理方案,在各试验小区内按预设位置埋设一组EnviroScan探测器(见图5-5),来测量在0~2 m土层内的土壤水分数值。

一组探测器包括2个Enviro Scan探测器共16个传感器,分别监测0~1.2 m、1.2~2.0 m的作物根区土壤水分,两者之间埋设位置间隔为2 m(见图5-5)。考虑到冬小麦的根系生长特点,在监测0~1.2 m作物根区土壤水分的探测器上每隔10 cm安装一个传感器,传感器埋深分别为10 cm、20 cm、30 cm、40 cm、50 cm、60 cm、70 cm、80 cm、90 cm、100 cm、110 cm、120 cm;在监测1.2~2.0 m作物根区土壤水分的探测器上每隔20 cm安

图 5-5　Enviro Scan 土壤水分监测设备田间分布图

装一个传感器,传感器埋深分别为 140 cm、160 cm、180 cm、200 cm。整个试验田里通过电缆与 RT6 数据采集器相连,每个 Enviro Scan 探测器对应一个 RT6 数据采集器。因 RT6 数据采集装置具有数据存储功能,且自带蓄电池,本次试验每隔三天从 RT6 的 datalock 下载一次数据。数据可以以 sdb 格式或者 Excel 格式输出,且两格式间数据可自由转换,采集时间可根据用户需要任意设置,数据输出清晰明了。

根据试验要求设置好时间间隔,采集到对应时间的墒情值后,就可由土壤墒情确定方法计算得到当天的土壤含水率值。

组合权重法与算术平均法计算得到的土壤墒情动态见图 5-6 ~ 图 5-8。

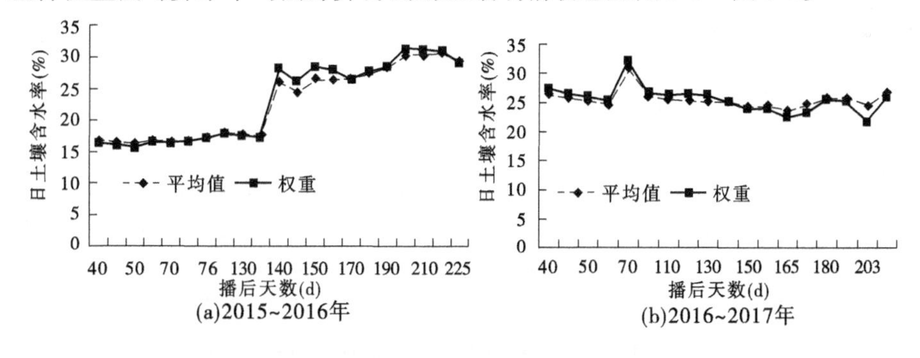

图 5-6　A 方案土壤墒情动态

算术平均法将不同深度的土壤含水量视为相同权重,通过各监测数据计算该处土壤墒情。实际上土壤含水量随着深度是不断变化的。降水/灌溉初期,水分入渗进入土壤中,土壤表层含水量大于底层含水量。降水/灌溉结束,土壤中水分随着蒸散发不断减少,土壤表层含水量减少速率大于底层含水量,土壤表层含水量最终小于底层含水量。组合权重方法将不同深度的含水量赋予一定的权重,能更好地代表各试验区整体的土壤墒情。比较两种方法的计算结果,可以看出,A 方案中的土壤墒情变化不大,B 方案和 C 方案中的两种方法计算得到的土壤墒情差别较大。

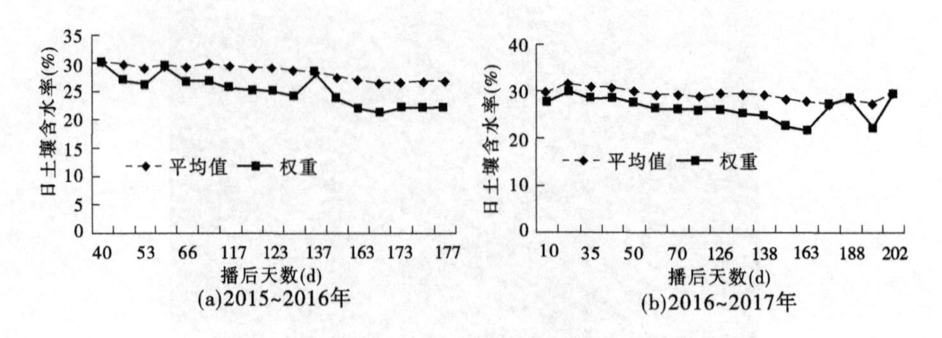

图 5-7 B 方案土壤墒情动态

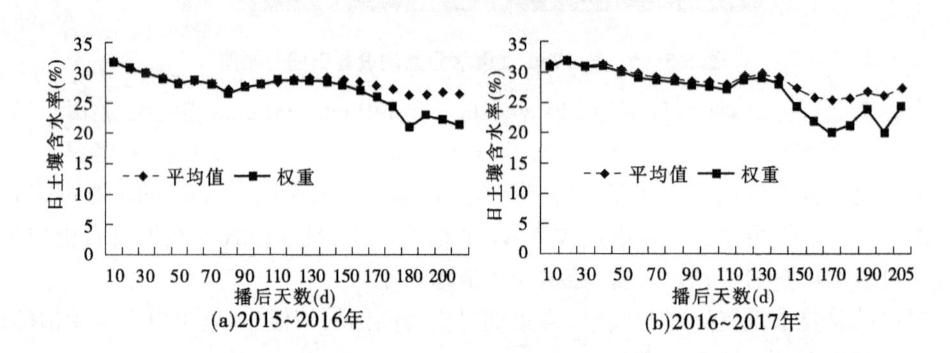

图 5-8 C 方案土壤墒情动态

5.4.4 有效降水量经验公式修正

5.4.4.1 水量平衡法计算结果

根据试验区 2015 ~ 2017 年实时降雨量和土壤含水率监测资料,分别用经验法和土壤水量平衡法对冬小麦全生育期有效降雨量进行计算。方案 C 设置的灌水下限较低,生育期内灌溉量较少,有效降雨量对作物影响较大,为使对比具有代表性,故选取方案 C 进行两种方法计算有效降雨量分析,有效降雨量计算结果见表 5-5。

由表 5-5 可知,两种方法计算的有效降雨量有明显差别,除了当降雨量小于 5 mm 时用经验法计算的有效降雨量为零之外,土壤水量平衡法计算结果都明显小于经验法计算结果。如 2015 年 12 月 13 日,两种方法计算的有效降雨量相差 4.05 mm,对作物生长影响显著。由于用经验法计算有效降雨量并没有考虑该试验区的作物种类、土壤类型、生长阶段等因素,因此计算出的有效降雨量不符合实际作物水分变化,误差偏大。而通过对当天初始和结束时实测的分层土壤含水率变化分析,可知有效降雨量只影响了前 30 cm 的土层,多余的降雨被蒸发或径流流失,结合当天的气象资料,根据土壤水量平衡方程计算出当天实际的有效降雨量,充分考虑了作物种类、土壤类型等因素的影响,可以真实地反映田间作物短期水分变化,符合冬小麦生育期生长规律,适用于非充分实时灌溉。

表 5-5　2015～2017 年有效降雨量计算结果　（单位：mm）

日期（年/月/日）	实测降雨量	经验法计算有效降雨量	平衡法计算有效降雨量
2015/11/10	1.50	0	1.11
2015/12/13	6.30	5.67	1.62
2016/12/21	1.00	0	0.45
2016/01/20	4.60	0	0.82
2016/02/03	6.30	5.67	1.62
2016/02/05	1.40	0	1.01
2016/03/12	1.80	0	1.31
2016/04/05	7.60	6.84	3.03
⋮	⋮		⋮
2016/11/08	3.50	0	1.06
2016/11/23	10.00	9.00	3.08
2017/02/07	2.66	0	1.35
2017/02/18	4.70	0	0.82
2017/04/06	6.49	5.84	1.80
2017/05/12	6.71	6.04	2.03
2017/05/13	6.33	5.70	1.65

5.4.4.2　经验公式的修正

有效降雨量与作物种类、生长阶段、雨型、土壤类型与结构等因素有关。针对试验区的降雨、土壤类型等特点，通过冬小麦两年全生育期田间实时土壤含水率和气象数据的监测，根据土壤水量平衡法计算出 A、B、C 3 种方案下全生育期的有效降雨量，得出该试验区一般雨型降雨情况下三种试验方案下有效降雨量的拟合曲线，见图 5-9。

由图 5-9 可知，3 种试验方案降雨量与有效降雨量存在一定的相关性。通过相关性分析可知，3 种试验方案降雨量与有效降雨量具有显著的相关性，对其进行多项式拟合，得出该试验区一般雨型降雨情况下 3 种试验方案计算有效降雨量的经验公式，见表 5-6。

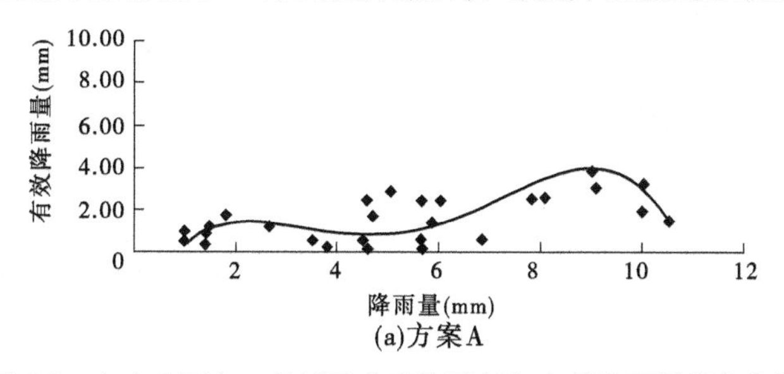

(a)方案A

图 5-9　冬小麦两年三种试验方案降雨量与有效降雨量拟合曲线

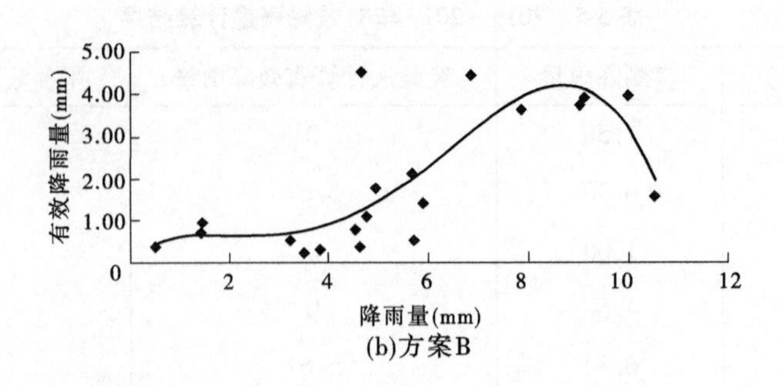

(b)方案B

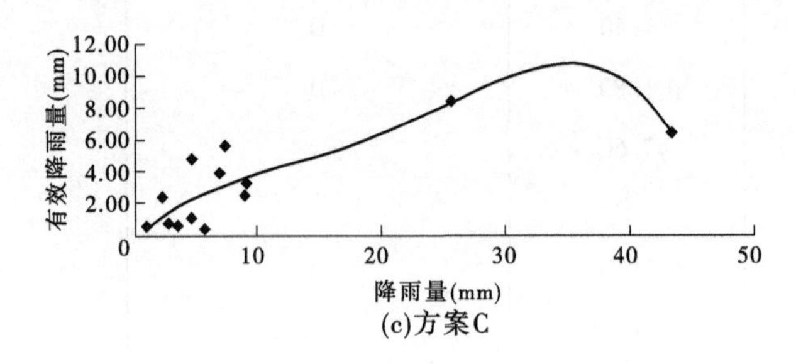

(c)方案C

续图 5-9

表 5-6　冬小麦三种试验方案计算有效降雨量经验公式

试验方案	经验公式	相关系数
A	$P_0 = -0.0124P^4 + 0.2621P^3 - 1.7872P^2 + 4.6340P - 2.6417$	$R = 0.7125$
B	$P_0 = -0.0053P^4 + 0.0889P^3 - 0.4005P^2 + 0.6887P - 0.2470$	$R = 0.7779$
C	$P_0 = -0.0023P^3 - 0.0542P^2 + 0.7526P - 0.2957$	$R = 0.8369$

由表 5-6 可知,3 种试验方案降雨量与有效降雨量相关系数不是很高,计算的有效降雨量存在一定的误差,主要原因是只采用了两年的试验数据和试验设备监测的土壤含水率不全等因素导致数据序列长度有限,随着试验的继续进行,数据序列长度不断增加,降雨量与有效降雨量相关系数逐渐增大,计算的有效降雨量误差应逐渐变小。

5.4.5　作物系数逐日修正结果

5.4.5.1　作物系数逐日修正

本试验采用基于水量平衡的作物系数逐日修正方法,以 1 d 为步长,在 2015～2016 年和 2016～2017 年实时监测资料的基础上,对冬小麦 3 种试验设计方案 A、B、C 全生育期作物系数进行了逐日修正,并将修正的逐日作物系数与试验区冬小麦各生育期作物系数的经验值相比较,如图 5-10 所示。

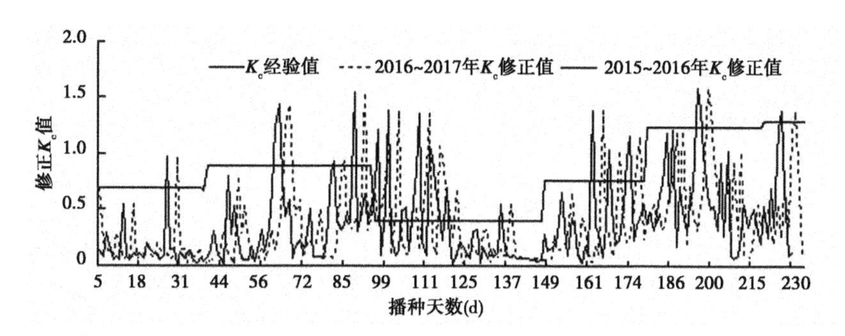

(a)冬小麦 A 试验方案作物系数修正曲线

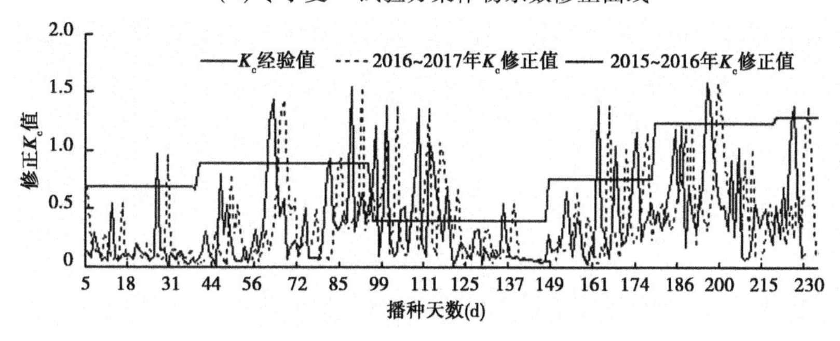

(b)冬小麦 B 试验方案作物系数修正曲线

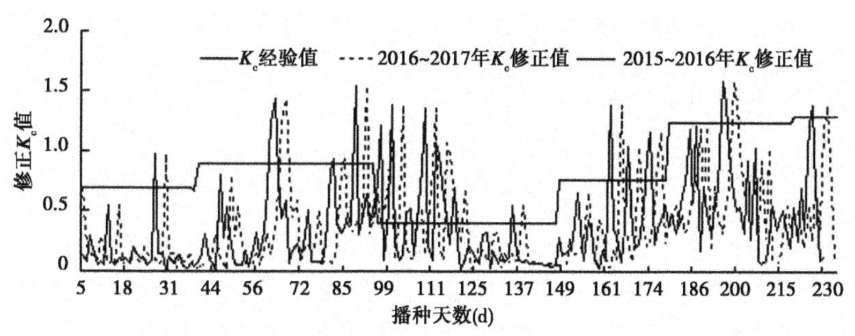

(c)冬小麦 C 试验方案作物系数修正曲线

图 5-10 冬小麦两年三个试验方案的作物系数修正曲线

从图 5-10 可以看出:冬小麦整个生育期内经过实时修正后的作物系数明显与经验 K_c 值存在差异,说明使用经验作物系数进行农田实时灌溉模拟预报与作物生长的真实情况差别较大,造成数据精确度不高。由图 5-10 可知,通过修正后,K_c 值在整个生育期内一直处于动态变化中,并在作物系数经验值附近上下波动。作物系数在年际间存在一定程度的变异性,然而这种变异性主要归因于冬小麦所处环境、气候条件的影响。冬小麦作物系数在不同年份的相同时段内数值虽然存在差异,但在整个生育期内整体呈现相同规律:苗期(播种后到 31 d)作物系数较小,整体均值只有 0.45 左右;分蘖期(播种后 32 d 到81 d),作物系数较苗期有所增长,整体保持在 0.5 上下波动;越冬期(播种后 82 d 到 132 d)由于天气寒冷、冬小麦生长缓慢,作物系数变化不大;进入返青期(播种后 133 d 到162 d),作物系数曲线再次开始上扬,作物系数较苗期和越冬期整体明显变大;抽穗期(播种 163 d

以后)作物系数整体均值达到生育期的最大值。对于相同年份不同灌水处理方案,当遇到强降水或灌水事件发生时,冬小麦作物系数容易产生较大偏差,其他时段则相差不大。通过上述分析可得2015～2017年两个全生育期修正后的作物系数变化规律与冬小麦固有的生长规律相符合。

5.4.5.2 作物系数逐日修正检验与分析

将经过两年的全生育期修正后的冬小麦逐日作物系数代入作物计划湿润层含水率的逐日递推预测模型,对2015～2017年冬小麦的土壤含水率进行模拟,通过土壤含水率模拟值与实测值的对比,来检验作物系数修正值的有效性以及精度高低。由于A试验方案设置的灌水下限比较高,整个生育期内灌溉次数较多、灌水量较大,表层土壤的干湿变化明显,对作物系数逐日修正影响较大。为使检验具有代表性,研究选取了冬小麦A试验方案来进行作物系数逐日修正检验,检验结果如图5-11所示。

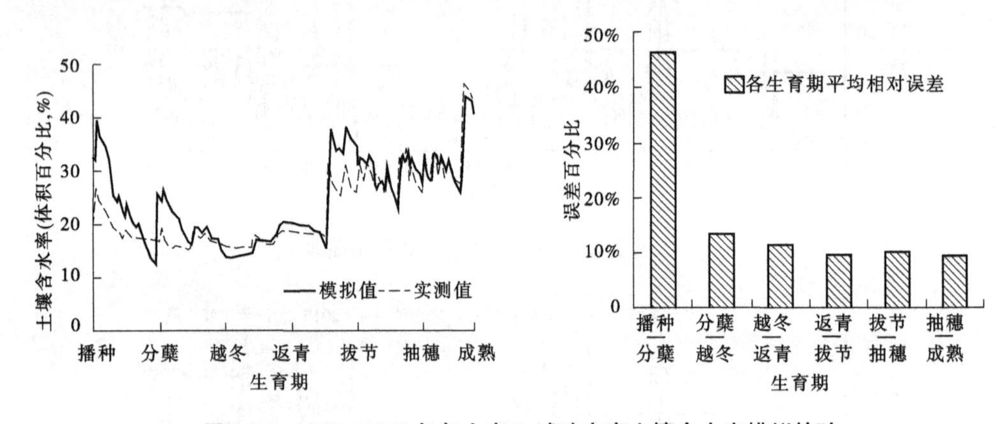

图5-11 2015～2017年冬小麦A试验方案土壤含水率模拟检验

由图5-11两条曲线的趋势可知,利用经过两年的逐日修正后的作物系数进行土壤含水率的预测,所得到的土壤含水率模拟值与实测值相比,除个别时段相差较大外,其余各时段与实测土壤含水率相差不大。从各生育期平均相对误差可以看出,播种至分蘖期误差较大,其余各生育期误差较小。通过对灌水试验分析,得出播种至分蘖期误差较大的主要原因,是为了保证作物种子发芽和出苗所必须的土壤含水量,冬小麦在播种前需要计算所需灌水定额来对土壤实施灌溉,但由于灌水设备和管理等因素,灌溉水利用系数较低,在灌溉时土壤含水量并没有达到所计算的灌水定额标准,致使模拟的土壤含水率误差较大。从冬小麦整个生育期灌溉预报来看,模拟检验结果证明采用此作物系数的修正方法进行作物系数的逐日修正,使得修正后的作物系数也更符合试验区的气候和土壤状况,可以有效地提高实时灌溉预报精度,为实现精准灌溉提供技术支撑。

5.5 小结

制定合理灌溉预报方案是农业水资源动态管理的关键,是确定区域水资源优化配置、制订最佳配水方案的重要依据。本章主要在分析非充分实时灌溉预报模型的基础上,以充分考虑利用降雨,节水、实时、高效的思想为指导,结合现代农业发展的特点,基于短期天气信息和实时的实测土壤含水率数据，利用田间水量平衡原理，建立了作物非充分实时灌溉预报模型，利用实时土壤含水率监测数据和短期气象资料，对冬小麦实时灌溉预报模型中土壤含水率的监测值、有效降雨量、作物系数等参数进行了修正，并结合试验数据进行了分析和验证，结果表明参数修正后实时灌溉预报的精度较高，符合试验区土壤、气候和定额标准，能够更好地、真实地反映试验区冬小麦生长规律，为本区域冬小麦实时灌溉预报研究、水资源优化配置提供参考依据，为农业水资源高效利用、实时合理优化配置提供技术支撑。

第 6 章　基于水文模拟的北方灌区农业干旱特征评估

由于现存的干旱指标的计算大都是建立在有限且分布不均的气象站点或土壤墒情监测站监测数据的基础上,若用这些指标来评估整个区域的干旱情况,空间代表性不够。基于水文模型建立的干旱指数不仅可以较好地对研究区的干旱进行评价和监测,也可以利用气象预报信息等对未来干旱进行预测。土壤水是作物水分需求的重要来源,土壤中水分不足或过剩都会影响农作物的正常发育及产量,土壤湿度可以直接反映农业旱情状况。

以郑州市为研究区域,本章将运用 SWAT 模型动态模拟研究区域 45 年来的逐日土壤含水量,并基于第 3 章所介绍的土壤相对湿度干旱指数计算方法,以土壤含水量为干旱指标,应用水文模型输出结果,对研究区的农业干旱情况进行实时监测与评估。

6.1　基于土壤含水量模拟的区域农业旱情评估模型构建

6.1.1　SWAT 模型及数据库的建立

研究区域内 SWAT 模型的建立需要大量的基础数据,数据的收集和合理的处理是构建模型的基础和首要工作,也是直接影响模型精度的关键因素。需求数据主要包括:能真实反映现状数字高程和精度的 DEM 图、河网水系图、土地利用图、土壤图、气象站点、水文站点分布等 GIS 数据;降水、气温、风速、日辐射、相对湿度等气象资料及其站点信息;水文站点流量监测资料;农田管理、灌溉、施肥、种植结构等其他资料。

6.1.1.1　DEM 数字高程

本研究所采用的数字高程模型(DEM)数据来源于中国科学院资源与环境数据中心的 1∶25 万的高程数据(见图 6-1)。

6.1.1.2　土地利用/土地覆盖

本研究所采用的土地利用/土地覆盖数据来源于中国科学院资源与环境数据库 2010 年 1∶10 万土地利用图。研究区土地利用类型主要包括耕地、林地、草地、城镇用地、未利用土地以及水域等。根据 1∶10 万土地利用图 6-2 可知,研究区耕地面积 49.31 万 hm^2,占研究区总面积 65.15%;林地面积为 7.19 万 hm^2,占 9.5%;水域面积为 2. 59 万 hm^2,占 3.42%;城镇、工矿、居民建设用地面积为 9.67 万 hm^2,占 12.78%;草地面积为 6.89 万 hm^2,占 9.11%;未利用土地面积为 0.026 万 hm^2,占 0.04%。

6.1.1.3　土壤数据

土壤数据来源于中国科学院资源与环境数据中心的 1∶100 万的土壤图。经分析可知,研究区土壤类型主要包括黏土、沙土和壤土(见图 6-3),其中,壤土所占面积为 50.21 万 hm^2,占研究区比例最大,为 66.34%;其次为沙土,所占面积为 15.15 万 hm^2,占研究区比例为 20.02%;占面积最小的为黏土,所占面积为 10.32 万 hm^2,占研究区比例为13.64%。

图 6-1 研究区域 DEM 图

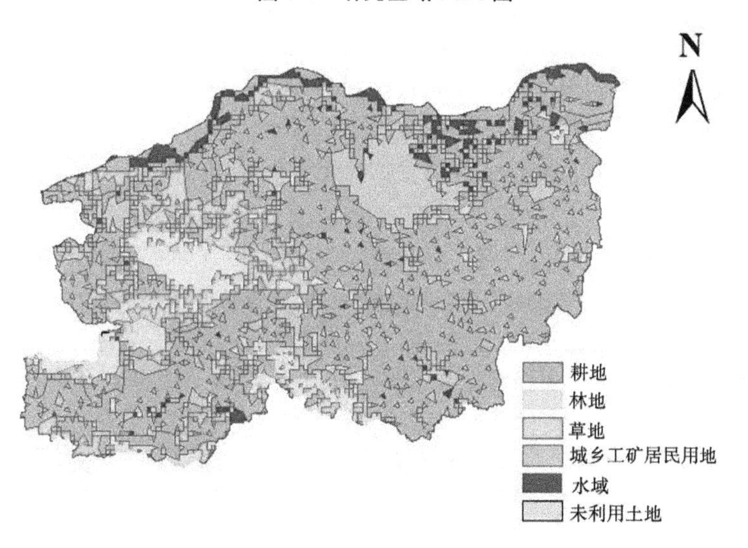

图 6-2 研究区土地利用图

模型所需要的土壤物理属性参数主要有饱和导水率、土壤容重、土壤有机碳含量、黏土/壤土/砂土含量等土壤参数，在获取土壤质地、容重等参数后，利用美国华盛顿州立大学开发的土壤水特性软件 SPAW 估算研究区域土壤的水力参数，完成土壤文件（ *.sol）的编写。

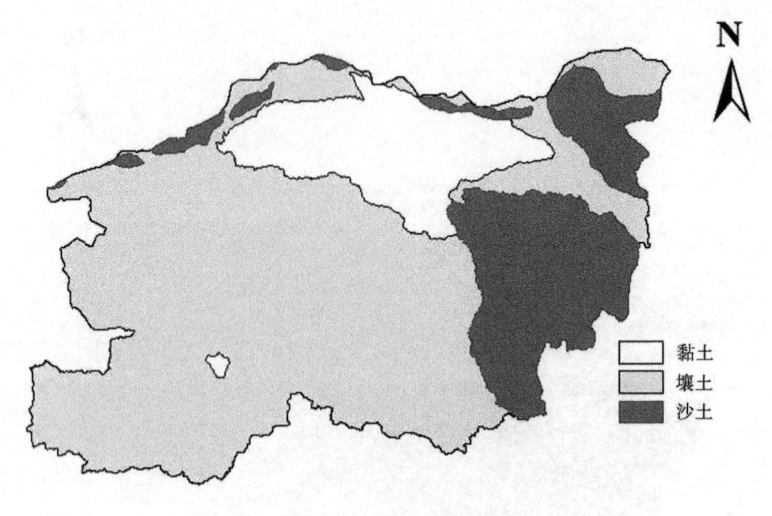

图 6-3　土壤类型图

6.1.1.4　气象资料数据

气象资料数据选自国家基础气象站郑州站点 1961~2015 年逐日降雨、最高/最低气温、太阳辐射、相对湿度、风速。将降水、最高/最低气温、相对湿度、风速的实测值以及计算得到的太阳辐射、潜在蒸发等分别按照模型要求的格式整理为相应的气象文件：*.pcp，*.tmp，*.hmd，*.wnd，*.slr，*.pet。

当气象资料缺测时，可以利用 SWAT 模型中内置的天气发生器弥补气象数据的缺失。天气发生器可以根据多年逐月气象资料模拟逐日气象资料，所需输入的参数比较多，主要包括：每月降水平均值(PCPMM，mm)、每月日降雨标准差(PCPSTD，mm)、每月日降雨偏斜系数(PCPSKW)、每月中无雨的第二天是雨天的概率(PR_W1，%)、每月中雨天的第二天仍是雨天的概率(PR_W2，%)、每月有雨的平均天数(PCPD，d)、每月日平均太阳辐射(SOLARAV，$MJ \cdot m^{-2} \cdot d^{-1}$)、每月日平均露点温度(DEWPT，℃)、每月日均风速(WNDAV，$m \cdot s^{-1}$)、每月日最高气温(TMPMX，℃)、每月日最低气温(TMPMN，℃)、每月日最高气温的标准差(TMPSTDMX，℃)、每月日最低气温的标准差(TMPSTDMN，℃)。

所需输入参数主要是在多年每日气象资料的基础上，利用 SWAT weather database 来计算。各气象要素统计参数计算结果如表 6-1、表 6-2 所示。根据各参数计算结果，就可以完成天气发生器(*.wgn)文件的编写。

表 6-1　1961~2015 年气象要素 1~6 月均值及标准偏差统计参数

参数	1月	2月	3月	4月	5月	6月
TMPMX/℃	5.43	8.32	15.33	21.54	27.10	31.62
TMPMN/℃	-3.62	-1.30	3.29	9.43	14.98	19.97
TMPSTDMX/℃	5.38	5.31	5.62	5.08	4.54	3.85
TMPSTDMN/℃	3.05	3.49	3.73	3.94	3.44	2.81

续表 6-1

参数	1 月	2 月	3 月	4 月	5 月	6 月
PCPMM/mm	8.33	13.04	23.46	43.50	55.24	60.92
PCPSTD/mm	1.39	1.84	3.02	5.90	7.19	7.37
PCPSKW	7.64	6.08	6.70	6.99	6.88	5.61
PR_W1/%	6	10	13	17	16	18
PR_W2/%	47	47	46	41	44	45
PCPD/d	3.15	5.31	5.85	6.62	6.85	7.47
SOLARAV/MJ · m^{-2} · d^{-1}	5.01	6.76	9.59	12.81	15.21	15.92
DEWPT/℃	−5.47	−2.44	2.08	8.24	13.02	16.77
WNDAV/m · s^{-1}	2.61	2.66	2.99	3.01	2.72	2.58

表 6-2　1961~2015 年气象要素 7~12 月均值及标准偏差统计参数

参数	7 月	8 月	9 月	10 月	11 月	12 月
TMPMX/℃	31.59	30.18	26.12	21.28	13.79	7.32
TMPMN/℃	22.68	21.53	16.05	10.06	3.22	−1.90
TMPSTDMX/℃	3.34	3.31	3.96	5.49	5.12	4.70
TMPSTDMN/℃	2.35	2.65	3.28	3.67	3.86	3.04
PCPMM/mm	144.56	124.03	85.69	41.12	26.92	8.46
PCPSTD/mm	14.16	12.48	8.94	5.00	3.47	1.42
PCPSKW	5.69	5.46	5.12	6.15	6.26	8.91
PR_W1/%	29	25	19	13	11	6
PR_W2/%	53	49	56	54	52	48
PCPD/d	11.69	10.18	9.16	6.75	5.49	3.36
SOLARAV/MJ · m^{-2} · d^{-1}	14.02	12.96	10.36	8.21	5.79	4.68
DEWPT/℃	22.02	21.57	16.62	10.57	3.25	−3.65
WNDAV/m · s^{-1}	2.24	1.89	1.85	2.04	2.45	2.75

6.1.1.5　作物参数

SWAT 模型自带的植被参数库与中国的实际情况有较大出入,本书作物参数的确定是在模型自带作物生长参数数据库的基础上,根据研究区当地植被的实际生长情况,并查阅相关文献来确定作物的生长参数,包括作物生长的基础温度、作物生长的最佳温度、辐射利用系数、最大叶面积指数、最优叶面积生长曲线上第一生长点所对应的生育期及其所占整个生育期的比例、最优叶面积生长曲线上第二生长点所对应的生育期及其所占整个生育期的比例、作物开始衰老的生育时间、作物最大冠层高度、作物最大根系深度、作物收获指数等,完成作物数据库文件(*.wgn)的编写。

6.1.1.6 农田管理数据

在实地调研、查阅相关文献的基础上获得研究区作物种植方式及日期,收获方式及日期,耕作方式,灌溉量、灌溉次数、灌溉方式,施肥量、施肥次数、施肥方式等数据,建立研究区农田管理如种植、耕作、施肥、灌溉、收割等数据库(.mgt)。

6.1.1.7 数据库的编辑输入

气象数据输入后,需要对各数据库里面的有关参数进行编辑,使其符合研究区域的实际情况。包括对土壤数据库(.sol)、农田管理数据库(.mgt)、河道水质数据库(.swq)、地下水数据库(.gw)等进行编辑。

6.1.2 干旱发生频率

本书运用 SWAT2000 模型模拟了郑州地区 1969~2015 年的逐日土壤含水量,并基于第 3 章所介绍的土壤相对湿度干旱指数的计算方法,计算郑州地区不同时间尺度的干旱指数。考虑到干旱对农业生产所产生的影响,按作物不同生育期来分析郑州地区农业干旱的发生特点。其中,作物不同生育期内各类干旱过程的频率按下式计算:

$$P = \frac{m}{n + 1} \times 100\% \tag{6-1}$$

式中, m 为某类干旱过程实际出现次数; n 为资料样本长度。

6.2 干旱指数典型年份验证

6.2.1 土壤水分模拟结果

本书利用 SWAT2000 模型模拟了华北水利水电大学龙子湖校区的农业高效用水灌溉试验场的土壤含水量,并与实测土壤含水量进行了对比分析。以 2011 年 12 月 7 日至 2012 年 5 月 27 日为例,其实测土壤含水量(0~60 cm)与模型模拟的土壤含水量对比结果见图 6-4。从图中可以看出,土壤含水量模拟值可以客观反映土壤水分变化动态,具有一定的精度,模拟含水量与实测含水量动态变化趋势一致。

6.2.2 干旱指数验证

旱情资料显示,2008~2009 年以及 2010~2011 年的秋冬连旱、2014 年夏旱是近年来郑州市发生的几次较为严重的干旱事件,具有时间长、范围广、灾情重、危害大的特点,以下是对近几年较为严重的干旱事件的描述。

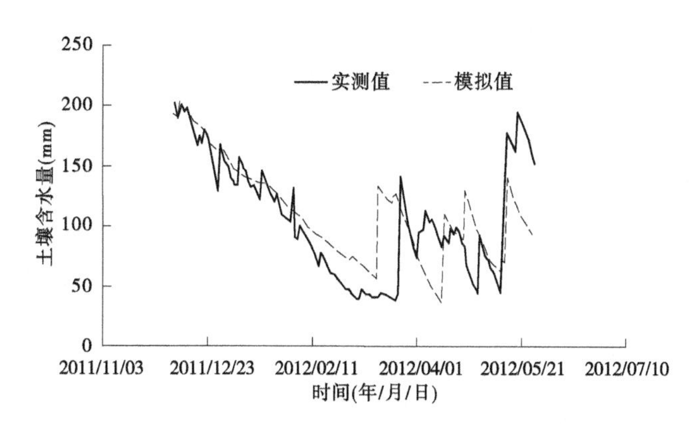

图 6-4　田间 2011 年 12 月 7 日至 2012 年 5 月 27 日的逐日实测土壤含水量与模拟含水量对比图相对湿度变化

(1)自 2008 年 10 月发生罕见的秋冬连旱后,郑州市已连续 80 d 无有效降雨,郑州西部及沙丘区农田严重干旱,登封、荥阳等地因干旱出现部分群众吃水困难。全市农作物受旱面积达 167 万亩,其中重旱面积 39.7 万亩,因干旱造成 13.34 万人、2.6 万头大牲畜临时吃水困难,成为自 1951 年以来郑州以及河南省遇到的最严重的旱情。

(2)自 2010 年 10 月以来,中国黄淮、华北地区降水异常偏少,导致干旱迅速发展。据气象资料统计,自 2010 年 10 月 1 日至 2011 年 1 月 14 日,郑州降水量仅 4.6 mm,连续 73 d 无有效降水,创历史同期最少纪录。

(3)在 2014 年河南省又发生了 63 年以来最严重的旱灾。特别是 6 月以来,全省降雨量仅有 90.2 mm,是 1951 年以来最小年份。据 7 月 27 日统计,全省有 24.5 万人、大牲畜 8 万头发生临时性吃水困难。全省秋粮受旱面积已达 2 310 万亩,其中轻度干旱 1 700 万亩,严重干旱 610 万亩,主要分布在平顶山、许昌、郑州、洛阳、安阳、鹤壁等地市。豫西、豫北部分丘陵岗区因缺乏灌溉条件,旱情较重。

根据近年来有关郑州旱情的描述,本书利用在 SWAT 模型基础上模拟的郑州市近年来土壤相对湿度的变化,分析此种方法对研究郑州市农业干旱的适用性。

如图 6-5、图 6-6 分别为郑州市 2008 年 10 月 10 日至 2009 年 2 月 28 日以及 2010 年 10 月 10 日至 2011 年 2 月 28 日的逐日土壤相对湿度变化。从这两个图中可以看出,土壤相对湿度受降水和灌溉的影响比较大。在降水和灌溉的影响下土壤相对湿度会增加,降水和灌溉停止后,土壤相对湿度也随之下降。

在 2008 年 10 月 10 日至 2009 年 2 月 6 日期间,郑州市的降水比较少,通常在降水引起土壤相对湿度的短暂增加后,土壤相对湿度也随之在 2~3 d 内就会回到原先状态下。在 12 月 10 日对冬小麦进行了灌溉,灌水量为 75 mm,这在一定程度上缓解了干旱。但由于前期有效降水太少,在灌水 10 d 后,冬小麦又进入了严重干旱状态。而在 2009 年 2 月 7 日至 2 月 28 日期间,郑州零零散散下了七、八场雨,虽然雨量不大,但也有效缓解了研究区的旱情。2008 年 10 月 10 日至 2009 年 2 月 6 日期间有 94 d 的土壤相对湿度值小于 40%,其中有 75 d 的土壤相对湿度值小于 30%,即 2008 年 10 月 10 日至 2009 年 2 月 6 日严重干旱以上的灾情发生频率为 78.3%,其中特干旱发生的频率为 62.5%。2008 年 10 月

10 日至 2009 年 2 月 6 日的土壤相对湿度值平均为 37.4%,总体评价为严重干旱。

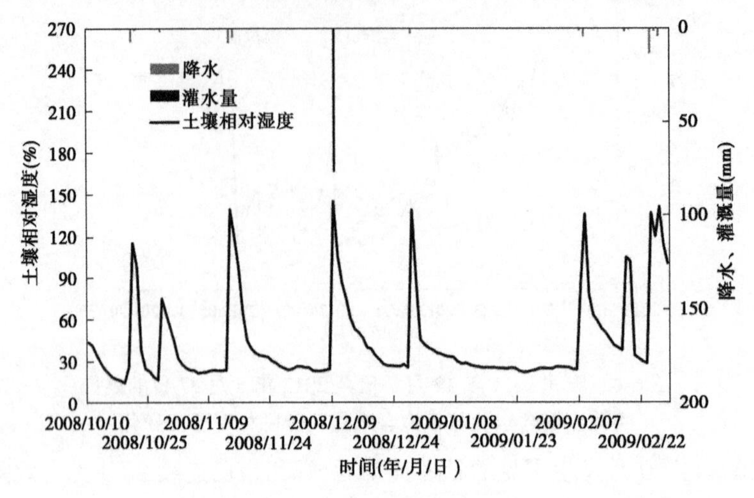

图 6-5　郑州市 2008 年 10 月 10 日至 2009 年 2 月 28 日的逐日土壤相对湿度变化

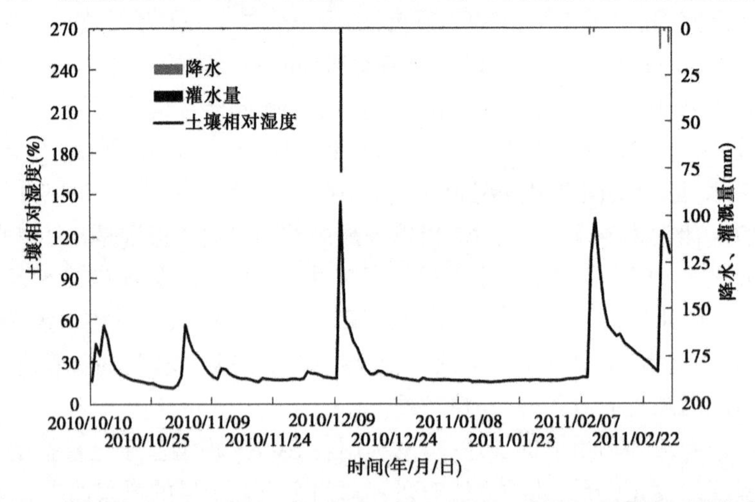

图 6-6　郑州市 2010 年 10 月 10 日至 2011 年 2 月 28 日的逐日土壤相对湿度变化

图 6-6 所示为 2010 年 10 月 10 日至 2011 年 2 月 28 日的降水过程,比图 6-5 所示的研究时段 2008 年 10 月 10 日至 2009 年 2 月 28 日的降水还要少。少量的降水虽会引起土壤相对湿度的暂时增加,但在降水停止后的 1~2 d 内就会回到原先状态下。在 10 月 10 日至 12 月 9 日期间,除了较少的降水引起土壤相对湿度的短暂增加外,其他大部分时间内冬小麦都处于特大干旱状态,且连续时间长。如在 11 月 7 日至 12 月 9 日长达 33 d 的时间里,土壤相对湿度都在 30%以下。随后在 12 月 10 日对冬小麦进行了 75 mm 的灌溉,但由于前期仅有 3.7 mm 的降水,在灌水 6 d 后,冬小麦又进入了特大干旱状态。随后至 2 月 8 日期间,郑州一直无降水,特大干旱状态一直从 12 月 16 日持续到了 2 月 8 日,持续了 55 d。而自 2 月 9 日至 2 月 28 日,郑州地区下了六场雨,有效缓解了研究区的旱情。2010 年 10 月 10 日至 2011 年 2 月 8 日期间的 122 d 内有 113 d 的土壤相对湿度值都小于 40%,其中有 106 d 的土壤相对湿度值小于 30%,即 2010 年 10 月 10 日至 2011 年 2

月 8 日严重干旱以上的灾情发生频率为 92.6%,其中特干旱发生的频率为 86.9%。2010 年 10 月 10 日至 2011 年 2 月 8 日的土壤相对湿度值平均为 21.9%,总体评价为特大干旱。

图 6-7 显示了 2014 年 6 月 11 日至 2014 年 9 月 24 日郑州市的逐日土壤相对湿度。郑州市 2014 年 6 月 11 日至 7 月 27 日降水量仅为 50.3 mm,为 1961 年以来的同期第三小值,比多年同期平均值(1961~2013 年此间平均值为 170 mm)少 70.4%,仅次于 1986 年和 1997 年。降水和灌溉会引起土壤相对湿度的增加,从图中可以看出,6 月 11 日至 7 月 15 日期间,在降水和灌溉的影响下土壤相对湿度波动比较频繁,但由于夏季高温少雨,蒸发量大,在降水停止后的 1~2 d 内就又会回到严重干旱状态下,平均土壤相对湿度为 41%,总体处于严重干旱状态。在 7 月 16 日至 8 月 29 日期间,土壤相对湿度大都在 30%以下,夏玉米基本上处于特大干旱状态。而自 8 月 30 日以来,郑州地区降水比较频繁,有效缓解了研究区的旱情。2010 年 10 月 10 日至 2011 年 2 月 8 日的土壤相对湿度值平均为 33%,总体评价为特大干旱。

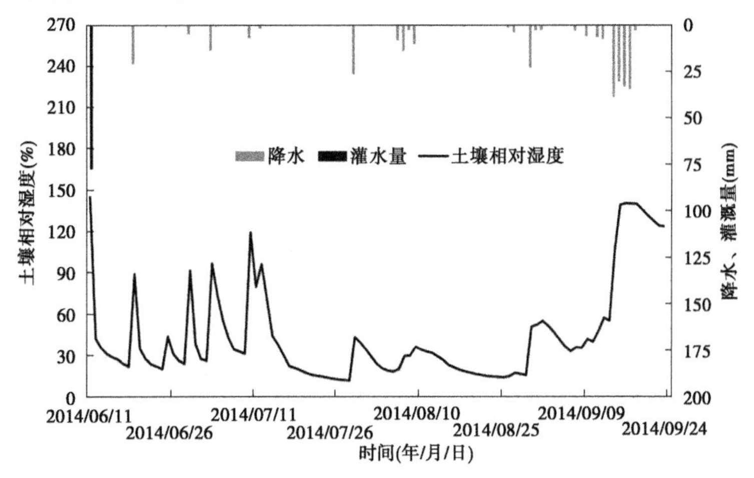

图 6-7 郑州市 2014 年 6 月 11 日至 2014 年 9 月 24 日的逐日土壤相对湿度变化

综合以上对郑州市近年来典型的干旱特征进行分析的结果可知,利用 SWAT 模型模拟计算的土壤相对湿度所评价的郑州市的农业干旱情况与近年来有关郑州旱情的描述基本一致,表明基于 SWAT 模型模拟的土壤相对湿度可以很好地再现历史干旱情形,并且可以很清晰地描述出干旱发生、发展的过程以及结束的时间。

6.3 不同作物生长季内干旱评价

6.3.1 冬小麦生长季内干旱评价

6.3.1.1 冬小麦生长季内土壤相对湿度的变化特征

1970~2015 年冬小麦在播种—分蘖期、分蘖—返青期、返青—拔节期、拔节—开花期、开花—成熟期的土壤相对湿度以及所对应降水量的年际变化分别如图 6-8~图 6-12 所示。从这些图中均可以看出,1970 年至 2015 年冬小麦不同生育期内的平均土壤相对湿度受降水影响比较大,其变化趋势与对应的降水量动态变化趋势一致,即土壤平均相对湿度随着降水量的增加而增加,随着降水量的减小,土壤平均相对湿度也随之减小。

1970~2015 年冬小麦在播种—分蘖期的平均土壤相对湿度为 41.1%,其最大值为 67.4%,发生在 2015 年,对应降水量为 112.4 mm,降水频率为=10.6%;最小值为 21.2%,发生在 1979 年,对应降水量为 5.4 mm,降水频率为=95.7%;年际变异系数为 0.28。同期多年平均降水量为 55.3 mm,其最大值为 155.7 mm,发生在 2011 年,对应土壤相对湿度为 66.1%;最小值为 3.3 mm,发生在 1973 年,对应土壤相对湿度为 22.3%;年际变异系数为 0.65。利用 SPSS 软件进行 Pearson 相关分析可知,播种—分蘖期的平均土壤相对湿度与降水量之间的相关系数为 0.761,并且通过 0.01 的显著性检验。

分蘖—返青期的平均土壤相对湿度为 41.2%,其最大值为 72.1%,发生在 1989 年,对应降水量为 111.6 mm,降水频率为 2.1%,也是 1970 年至 2015 年冬小麦分蘖—返青期所对应的最大降水量;最小值为 18.0%,发生在 1983 年,对应降水量为 1.3 mm,降水频率为 95.7%,仅比 1999 年的降水量大;年际变异系数为 0.31。同期多年平均降水量为29.5 mm,在 0.8~111.6 mm 间变化,年际变异系数为 0.82。通过 Pearson 相关分析可知,分蘖—返青期的平均土壤相对湿度与降水量之间的相关系数为 0.739,通过 0.01 的显著性检验。

返青—拔节期的平均土壤相对湿度为 46.9%,其最大值为 83.6%,发生在 1991 年,对应降水量为 69 mm,降水频率为 6.4%;最小值为 26.5%,发生在 1984 年,对应降水量为 8.0 mm,降水频率为 80.9%;年际变异系数为 0.26。同期多年平均降水量为 25.8 mm,在 0.8~96.6 mm 间变化,年际变异系数为 0.79。通过 Pearson 相关分析可知,返青—拔节期的平均土壤相对湿度与降水量之间的相关系数为 0.615,通过 0.01 的显著性检验。

拔节—开花期的平均土壤相对湿度为 47.9%,其最大值为 64.0%,发生在 1975 年,对应降水量为 105.3 mm,降水频率为 2.1%,对应的是 1970~2015 年冬小麦拔节—开花期的最大降水量;最小值为 36.2%,发生在 1993 年,对应降水量为 3.0 mm,降水频率为97.9%,也是 1970~2015 年冬小麦拔节—开花期所对应的最小降水量;年际变异系数为 0.18。同期多年平均降水量为 36.8 mm,在 3.0~105.3 mm 间变化,年际变异系数为0.76。经 Pearson 相关分析可知,拔节—开花期的平均土壤相对湿度与降水量之间的相关系数为0.612,通过 0.01 的显著性检验。

开花—成熟期的平均土壤相对湿度为 48.5%,其最大值为 68.0%,发生在 1991 年,对应降水量为 130.2 mm,降水频率为 12.8%;最小值为 34.7%,发生在 2001 年,对应降水量为 11.0 mm,降水频率为 93.6%,降水量是 1970~2015 年冬小麦开花—成熟期的第三小降水量;年际变异系数为 0.14。同期多年平均降水量为 77.4 mm,在 3.0~105.3 mm 间变化,年际变异系数为 0.67。经 Pearson 相关分析可知,开花—成熟期的平均土壤相对湿度与降水量之间的相关系数为 0.744,通过 0.01 的显著性检验。

经以上分析可知,1970~2015 年在冬小麦不同生育期内的平均土壤相对湿度受降水影响比较大,二者之间的 Pearson 相关系数在 0.612~0.761 间变化,且均通过了 0.01 的显著性检验,体现了降雨是该地区冬小麦生长季土壤含水量的主要来源这一特点。其中返青—拔节期以及拔节—开花期土壤相对湿度与降水之间的相关系数比较小,分别为0.615 和 0.612,其主要原因是返青—拔节期以及拔节—开花期是冬小麦生长旺季,而在这期间降水量又比较小，为了满足冬小麦的生长需水要求，通常会在这期间对冬小麦进行补充灌溉，灌溉也就成了这两个生长季土壤含水量的另一来源。灌溉也会增加土壤含水量，从而使土壤相对湿度也会增加。因此，返青—拔节期以及拔节—开花期的土壤相对湿度与降水之间的相关系数比较小。

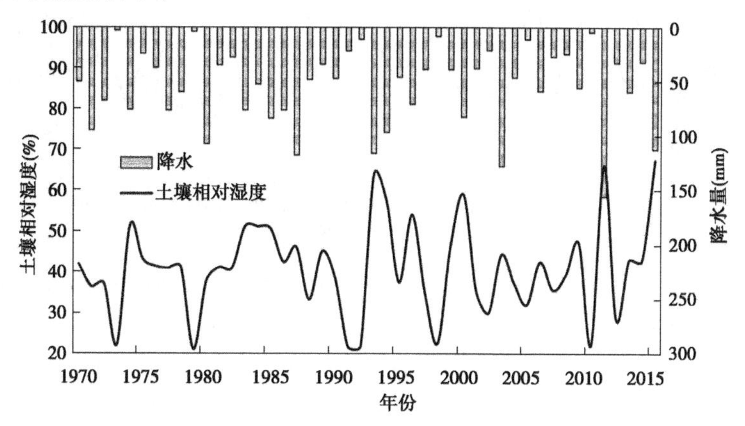

图 6-8　1970~2015 年冬小麦播种—分蘖期总降水量及土壤相对湿度年际变化

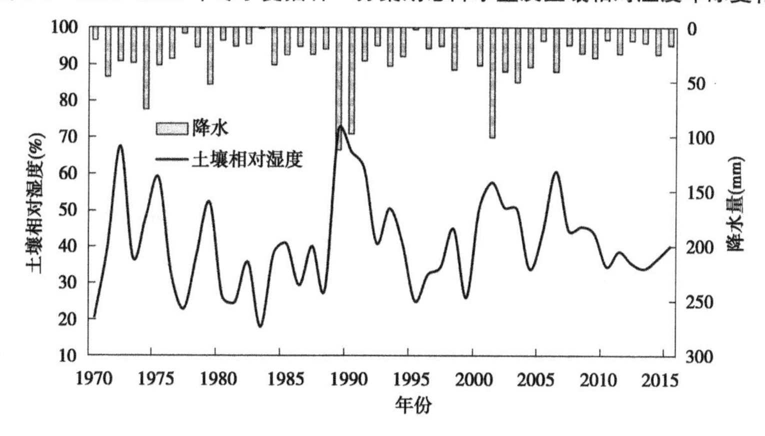

图 6-9　1970~2015 年冬小麦分蘖—返青期总降水量及土壤相对湿度年际变化

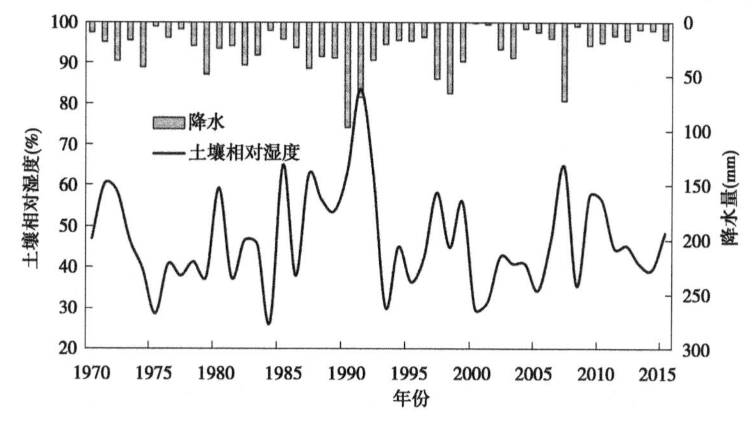

图 6-10　1970~2015 年冬小麦返青—拔节期总降水量及土壤相对湿度年际变化

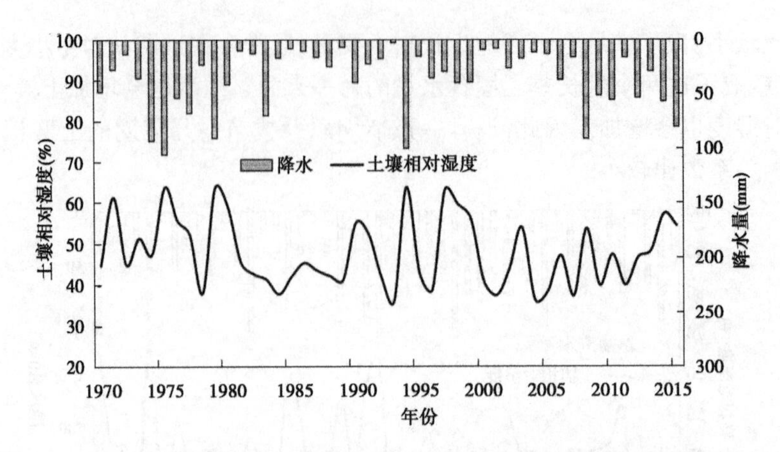

图 6-11　1970~2015 年冬小麦拔节—开花期总降水量及土壤相对湿度年际变化

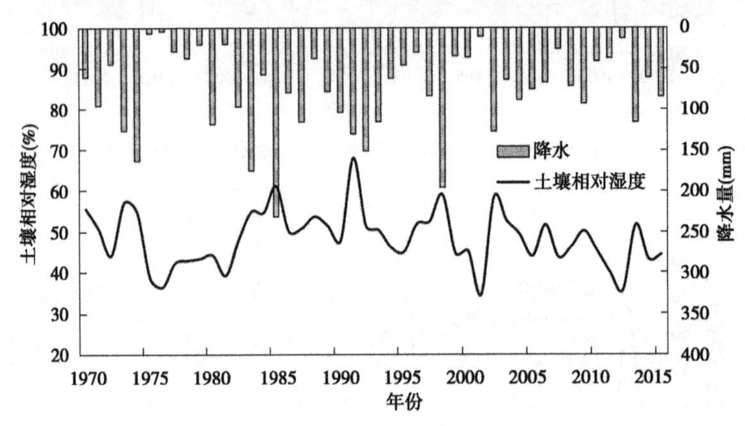

图 6-12　1970~2015 年冬小麦开花—成熟期总降水量及土壤相对湿度年际变化

6.3.1.2　冬小麦不同生长阶段干旱发生频率变化特征

对 1970~2015 年冬小麦不同生育期内土壤相对湿度统计分析可知，冬小麦播种—分蘖期发生干旱的频率平均为93.5%。其中，轻旱发生的频率为 15.2%，中旱发生的频率为 34.8%，重旱发生的频率为 28.3%，特旱发生的频率为 15.2%。

分蘖—返青期发生干旱的频率平均为 89.1%。其中，轻旱发生的频率为 15.2%，中旱发生的频率为 23.9%，重旱发生的频率为 30.4%，特旱发生的频率为 19.6%。

返青—拔节期发生干旱的频率平均为 84.8%。其中，轻旱发生的频率为 17.4%，中旱发生的频率为 37.0%，重旱发生的频率为 23.9%，特旱发生的频率为 6.52%。

拔节—开花期发生干旱的频率平均为 89.1%。其中，轻旱发生的频率为 26.1%，中旱发生的频率为 45.7%，重旱发生的频率为 17.4%。

开花—成熟期发生干旱的频率平均为 95.7%，在所有的生育期内干旱发生频率最高。其中，轻旱发生的频率为 43.5%，中旱发生的频率为 41.3%，重旱发生的频率为 10.9%。

综上分析可知，冬小麦整个生长季都比较容易发生干旱，干旱发生频率在 85%以上，中旱发生频率最高。轻旱最易发生在开花—成熟期，其他依次为拔节—开花期、返青—拔节期、播种—分蘖期，分蘖—返青期轻旱发生频率最低；中旱最易发生在拔节—开花期，其次为开花—成熟期、播种—分蘖期、返青—拔节期，分蘖—返青期中旱发生频率最低；重旱最易发生在分蘖—返青期，其次为播种—分蘖期、返青—拔节期以及拔节—开花期，开花—成熟期重旱发生频率最低；特旱主要发生在分蘖—返青期和播种—分蘖期，返青—拔节期也偶有特旱发生。

6.3.1.3 冬小麦不同生长阶段干旱年际变化趋势干旱特征

1970~2015 年以来，冬小麦在播种—分蘖期的土壤相对湿度的年际变化如图 6-13 所示。从图中可以看出，1970~2015 年冬小麦在播种—分蘖期的平均土壤相对湿度总体以 0.965/10 a 的速度增加，此期间研究区干旱有趋于减轻的趋势，但趋势不显著，M-K 趋势分析表明：此期间干旱的减轻趋势未通过 $\alpha=0.05$ 的显著性检验。

从 5 年滑动平均趋势曲线中可以看出，播种—分蘖期的土壤相对湿度变动比较频繁，呈现上升—下降—上升—下降—上升—下降—上升的变化。具体来看，播种—分蘖期的土壤相对湿度在 20 世纪 70 年代初至 70 年代中后期呈上升趋势，之后至 80 年代初期下降，80 年代初期至 80 年代中后期呈明显上升趋势，之后至 90 年代初后期呈下降趋势，随之至 1997 年土壤相对湿度在波动中上升，之后至 2005 年在波动中下降，2005 年以后又在波动中增加。2010~2015 年的土壤平均相对湿度值最高，1980~1989 年次之，1970~1979 年的土壤平均相对湿度值最小。

分蘖—返青期的冬小麦土壤相对湿度的年际变化如图 6-14 所示。从图中可以看出，1970~2015 年冬小麦在分蘖—返青期的平均土壤相对湿度为 41.2%，在 18.0%~72.1%间变化，总体以 0.716/10 a 的速度增加，此期间研究区干旱有趋于减轻的趋势，但干旱减轻趋势不显著，M-K 趋势分析表明此期间土壤相对湿度的增加趋势并未通过 $\alpha=0.05$的显著性检验。从 5 年滑动平均趋势曲线中可以看出，分蘖—返青期的土壤相对湿度呈现上升—下降—上升—下降—上升—下降的变化。具体来看分蘖—返青期的土壤相对湿度在 20 世纪 70 年代中期以前呈上升趋势，之后至 80 年代末期在波动中下降，随之到 1993 年增加，1993~1999 年明显下降，随之至 2004 年又呈现增加趋势。2005 年以来又在波动中减小。2000~2009 年的平均土壤相对湿度最高，其次为 1990~1999 年，1980~1989 年的平均土壤相对湿度最小。

返青—拔节期的冬小麦土壤相对湿度的年际变化如图 6-15 所示。从图中可以看出，1970~2015 年冬小麦在返青—拔节期的平均土壤相对湿度比较高，为 46.9%，其值在 26.5%~83.6%间变化，总体以 0.328/10 a 的速度减小，表明此期间研究区干旱有趋于增强的趋势，但增强趋势不显著，M-K 趋势分析表明此期间土壤相对湿度的减小趋势并未通过 $\alpha=0.05$ 的显著性检验。从 5 年滑动平均趋势曲线中可以看出，返青—拔节期的土壤相对湿度呈现下降—上升—下降—上升—下降的变化。具体来看返青—拔节期的土壤相对湿度在 20 世纪 70 年代初期至 70 年代末期都呈下降趋势，80 年代初期至 90 年代初期土壤相对湿度在波动中上升，1992~2005 年在波动中下降，之后至 2011 年在波动中上升，2012 年以来又呈现减少趋势。返青—拔节期在 1990~1999 年的平均土壤相对湿度最高，其次为 1970~1979 年，2010 年以来的平均土壤相对湿度最小。

拔节—开花期的冬小麦土壤相对湿度的年际变化如图 6-16 所示。从图中可以看出，1970~2015 年冬小麦在拔节—开花期的平均土壤相对湿度比较高，为 47.9%，其值在 36.2%~64.0%间变化，总体以 0.966/10 a 的速度减小，表明此期间研究区干旱有趋于增强的趋势，但增强趋势不显著，M-K 趋势分析表明：此期间土壤相对湿度的减小趋势并

未通过 $\alpha=0.05$ 的显著性检验。从 5 年滑动平均趋势曲线中可以看出，拔节—开花期的土壤相对湿度呈现下降—上升—下降—上升的变化。具体来看返青—拔节期的土壤相对湿度在 20 世纪 70 年代初期至 80 年代中期都呈下降趋势，80 年代中期至 90 年代后期土壤相对湿度在波动中上升，之后至 2005 年在波动中下降，2005 年以来土壤相对湿度在波动中上升。拔节—开花期在 1970~1979 年的平均土壤相对湿度最高，其次为 1990~1999 年，2000~2009 年的土壤平均相对湿度最小。

开花—成熟期的冬小麦土壤相对湿度的年际变化如图 6-17 所示。从图中可以看出，1970~2015 年冬小麦在开花—成熟期的平均土壤相对湿度比较高，为 48.5%，其值在 34.7%~68.0%间变化，且以 0.67/10 a 的速度减小，表明此期间研究区干旱有趋于增强的趋势，但增强趋势不显著，M-K 趋势分析表明此期间土壤相对湿度的减小趋势并未通过 $\alpha=0.05$ 的显著性检验。从 5 年滑动平均趋势曲线中可以看出，开花—成熟期的土壤相对湿度呈现下降—上升—下降的变化。具体来看开花—成熟期的土壤相对湿度在 20 世纪 70 年代初期至 70 年代末期呈下降趋势，80 年代初期至 90 年代初期土壤相对湿度在波动中上升，之后至 2015 年在波动中下降。开花—成熟期在 1990~1999 年的平均土壤相对湿度最高，其次为 1980~1989 年，2010 年以来的土壤平均相对湿度最小。

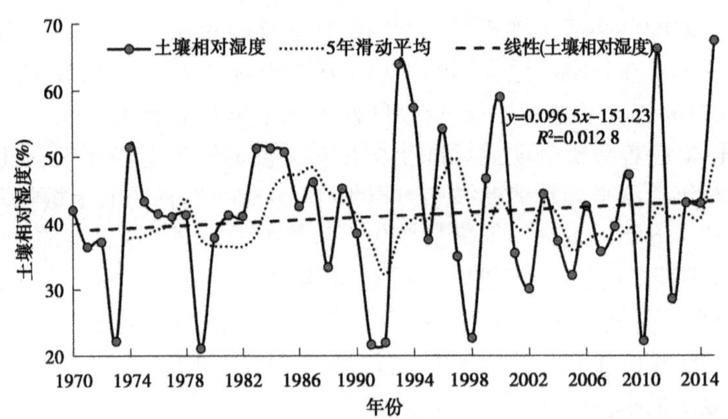

图 6-13 1970~2015 年冬小麦播种—分蘖期土壤相对湿度年际变化趋势

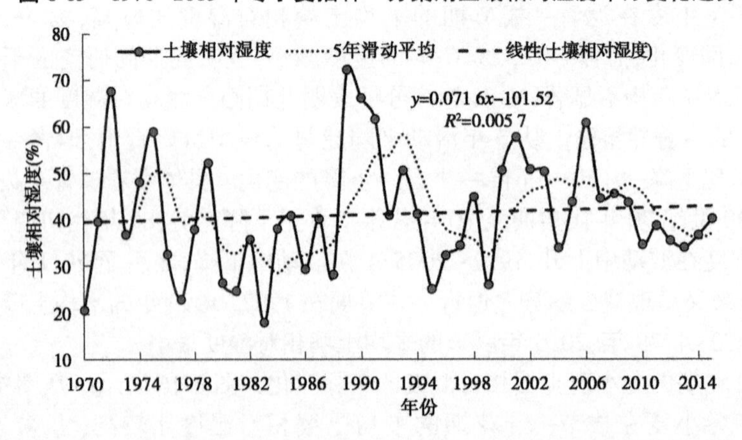

图 6-14 1970~2015 年冬小麦分蘖—返青期土壤相对湿度年际变化趋势

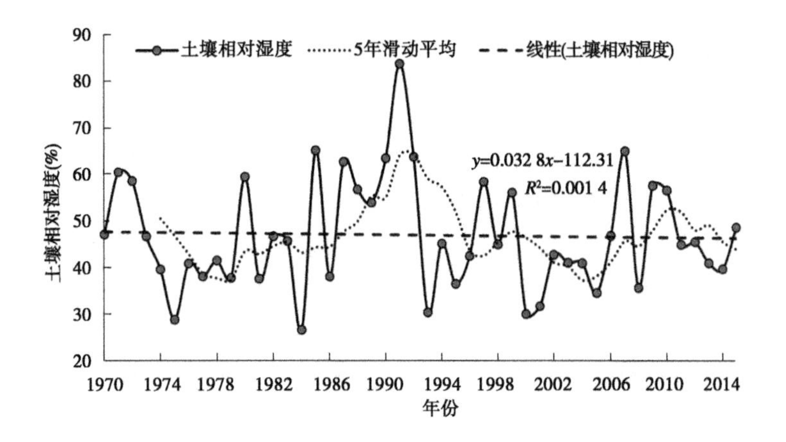

图 6-15　1970~2015 年冬小麦返青—拔节期土壤相对湿度年际变化趋势

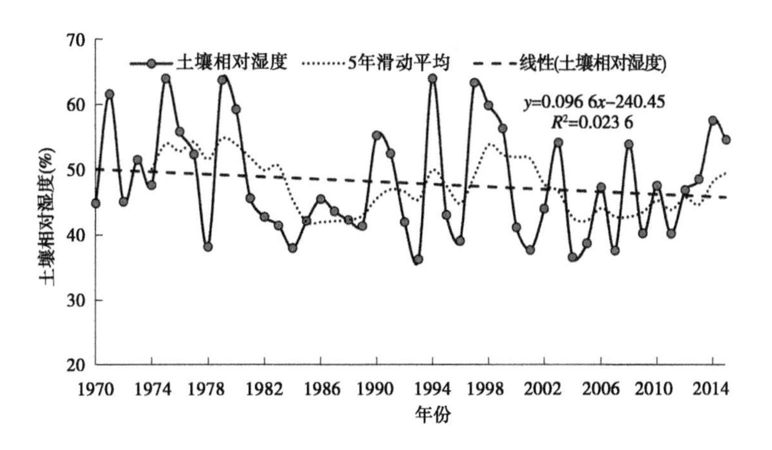

图 6-16　1970~2015 年冬小麦拔节—开花期土壤相对湿度年际变化趋势

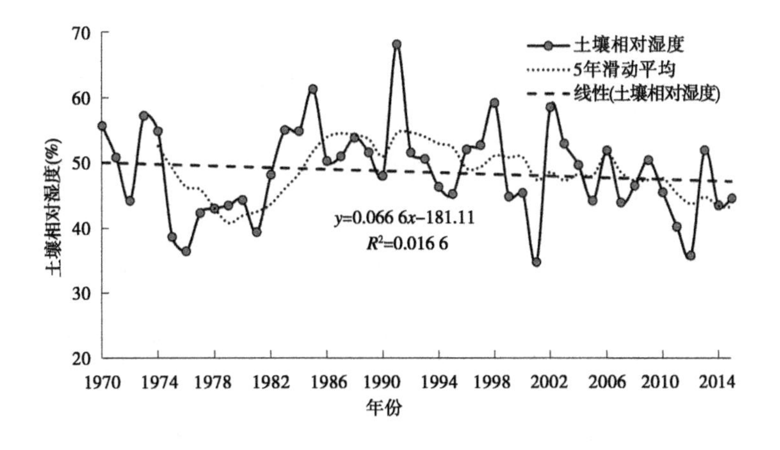

图 6-17　1970~2015 年冬小麦开花—成熟期土壤相对湿度年际变化趋势

6.3.2 夏玉米生长季内干旱评价

6.3.2.1 夏玉米生长季内土壤相对湿度的变化特征

1970~2015年夏玉米在播种—出苗期、出苗—拔节期、拔节—抽雄期、抽雄—乳熟期、乳熟—成熟期的土壤相对湿度以及所对应降水量的年际变化分别如图6-18~图6-22所示。从图中均可以看出,1970~2015年夏玉米不同生育期内的平均土壤相对湿度受降水影响比较大,其变化趋势与对应的降水量动态变化趋势一致,即土壤平均相对湿度随着降水量的增加而增加,随着降水量减小而减小。受夏玉米生长季内降水量大的影响,夏玉米生长季内的土壤相对湿度都比较高,在玉米拔节期以后的土壤相对湿度经常会出现大于100%的情况,有的年份甚至高达135%。

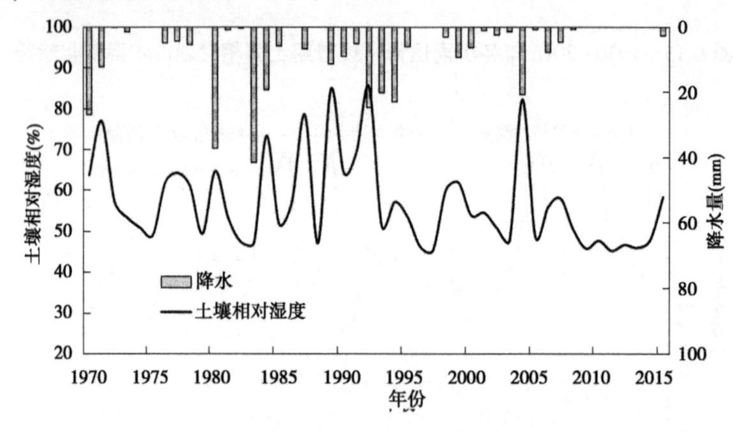

图6-18 1970~2015年夏玉米播种—出苗期土壤相对湿度及降水量年际变化

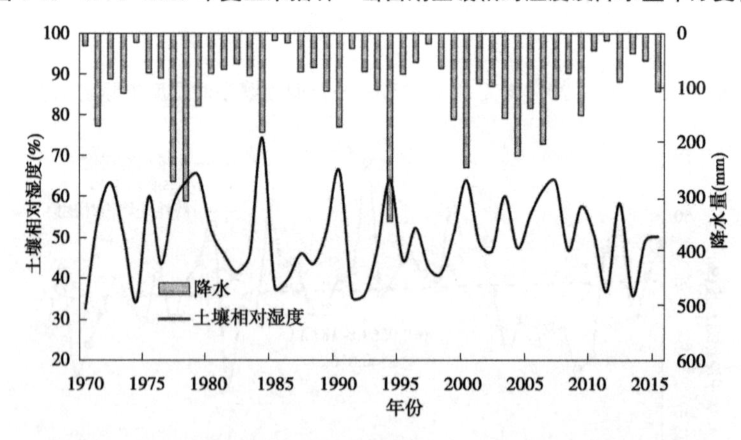

图6-19 1970~2015年夏玉米出苗—拔节期土壤相对湿度及降水量年际变化

1970~2015年夏玉米在播种—出苗期的平均土壤相对湿度为57.0%,其最大值为85.2%,发生在1992年,对应降水量为24.7 mm;最小值为45.1%,发生在2011年,对应降水量为0 mm;年际变异系数为0.19。同期多年平均降水量为7.3 mm,其最大值为41.6 mm,发生在1983年,对应土壤相对湿度为47.1%;最小值为0 mm,其中2011~2014年夏玉米播种—出苗期均无降水,对应的土壤相对湿度为46%;年际变异系数为1.39。

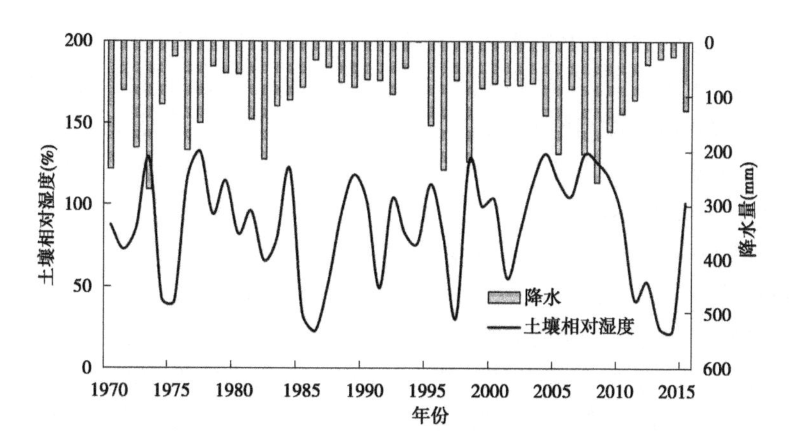

图 6-20　1970~2015 年夏玉米拔节—抽雄期土壤相对湿度及降水量年际变化

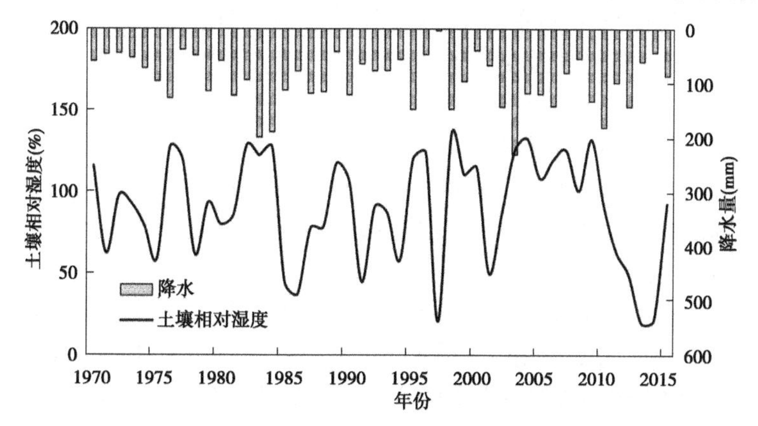

图 6-21　1970~2015 年夏玉米抽雄—乳熟期土壤相对湿度及降水量年际变化

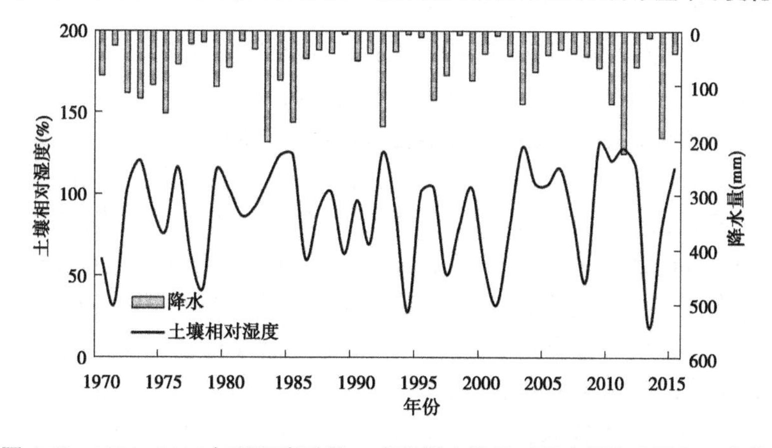

图 6-22　1970~2015 年夏玉米乳熟—成熟期土壤相对湿度及降水量年际变化

进行 Pearson 相关分析可知，播种—出苗期的平均土壤相对湿度与降水量之间的相关系数为0.453，通过了 0.01 的显著性检验。

出苗—拔节期的平均土壤相对湿度为 50.4%，其最大值为 75.3%，发生在 1984 年，对应降水量为 182.3 mm，降水频率为 14.9%；最小值为 32.6%，发生在 1970 年，对应降水量为23.9 mm,降水频率为87.2%;年际变异系数为0.20。同期多年平均降水量为107.6mm,在13.9~344.5 mm间变化,年际变异系数为0.73。通过Pearson相关分析可知,出苗—拔节期的平均土壤相对湿度与降水量之间的相关系数为0.711,通过0.01的显著性检验。

拔节—抽雄期的平均土壤相对湿度为86.2%,其最大值为132.7%,发生在1977年,对应降水量为149.7 mm,降水频率为27.7%;最小值为22.8%,发生在1986年,对应降水量为34.9 mm,降水频率为89.4%;年际变异系数为0.38。同期多年平均降水量为115.2 mm,在1.6~271.5 mm间变化,年际变异系数为0.61。通过Pearson相关分析可知,拔节—抽雄期的平均土壤相对湿度与降水量之间的相关系数为0.534,通过0.01的显著性检验。

抽雄—乳熟期的平均土壤相对湿度为90.1%,其最大值为135.2%,发生在1998年,对应降水量为148.3 mm,降水频率为12.8%;最小值为19.8%,发生在2013年,对应降水量为60.5 mm,降水频率为68.1%;年际变异系数为0.37。同期多年平均降水量为96.3 mm,在3.7~231.3 mm间变化,年际变异系数为0.51。经Pearson相关分析可知,抽雄—乳熟期的平均土壤相对湿度与降水量之间的相关系数为0.412,通过0.01的显著性检验。

乳熟—成熟期的平均土壤相对湿度为89.7%,其最大值为131.6%,发生在2009年,对应降水量为67.6 mm,降水频率为40.4%;最小值为19.7%,发生在2013年,对应降水量为11.9 mm,降水频率为87.2%;年际变异系数为0.34。同期多年平均降水量为77.4 mm,在3.0~105.3 mm间变化,年际变异系数为0.78。经Pearson相关分析可知,乳熟—成熟期的平均土壤相对湿度与降水量之间的相关系数为0.532,通过0.01的显著性检验。

经以上分析可知,与冬小麦生长季土壤相对湿度一致的是,1970~2015年在夏玉米不同生育期内的平均土壤相对湿度也受降水影响比较大,二者之间呈正相关关系,且Pearson相关系数均通过了0.01的显著性检验。不同的是土壤相对湿度与降水之间的Pearson相关系数在夏玉米生长季比冬小麦生长季的小。其主要原因是在冬小麦生长季内考虑的为0~30 cm土层深度内的土壤相对湿度,受降水影响比较大,土壤相对湿度与降水之间的Pearson相关系数在0.612~0.761间变化。而夏玉米在不同生育期内考虑的土壤相对湿度的土层深度也不同,土壤相对湿度与降水量之间的相关系数与所考虑的土层深度成反比,即所考虑的土层深度越深,二者之间的相关系数越小,土壤相对湿度受降水的影响越小。如在出苗—拔节期考虑的土层深度为0~30 cm,此生育期内土壤相对湿度与降水之间的Pearson相关系数为0.711,拔节—抽雄期以及乳熟—成熟期考虑的土层深度为0~60 cm,在这两个生育期内土壤相对湿度与降水之间的Pearson相关系数分别为0.534,而抽雄—乳熟期所考虑的土层深度最深为0~80 cm,但土壤相对湿度与降水之间的Pearson相关系数分别也最小,为0.412。而播种—出苗期考虑的土层深度虽为0~30 cm,应该受降水影响比较大,但土壤相对湿度与降水之间的相关系数却仅为0.453,主要是因为播种—出苗期时间比较短,土壤相对湿度受前期降水的影响比较大,而与其对应的降水量相关系数却比较小。

6.3.2.2 夏玉米不同生长阶段干旱发生频率变化特征

经统计分析可知,1970~2015年夏玉米在播种—出苗期发生干旱的频率平均为84.8%,发生干旱等级包括轻旱和中旱。其中,轻旱发生的频率为30.4%,中旱发生的频率为55.3%。

出苗—拔节期发生干旱的频率平均为78.3%，以轻旱和中旱为主。其中，轻旱发生的频率为28.3%，中旱发生的频率为32.6%，重旱发生的频率为13.0%，特旱发生的频率为5.35%。

拔节—抽雄期发生干旱的频率平均为28.3%。其中，轻旱发生的频率为2.17%，中旱发生的频率为6.52%，重旱发生的频率为2.17%，特旱发生的频率为17.4%。

抽雄—乳熟期发生干旱的频率平均为28.3%。其中，中旱发生的频率为10.87%，重旱发生的频率为2.17%，特旱发生的频率为15.2%。

乳熟—成熟期发生干旱的频率平均为26.1%。其中，轻旱发生的频率为8.69%，中旱发生的频率为5.35%，重旱发生的频率为2.17%，特旱发生的频率为10.86%。

综上分析可知，在夏玉米生长季的播种—出苗期以及出苗—拔节期易发生干旱，干旱发生频率在78%以上，以轻旱和中旱为主。而在拔节—抽雄期、抽雄—乳熟期以及乳熟—成熟期干旱发生频率比较低，发生频率平均为27.6%，特旱发生概率最高。

6.3.2.3 夏玉米不同生长阶段干旱年际变化趋势干旱特征

1970~2015年夏玉米在播种—出苗期土壤相对湿度的年际变化如图6-23所示。从图中可以看出，夏玉米在播种—出苗期土壤相对湿度以2.36/10 a的速度下降，经M-K趋势分析，研究区干旱呈现明显的增加趋势，通过了$\alpha=0.05$的显著性检验。从5年滑动平均趋势曲线中可以看出，播种—出苗期的土壤相对湿度呈现下降—上升—下降—上升—下降—上升—下降的变化。具体是，播种—出苗期的土壤相对湿度在20世纪70年代中期以前呈下降趋势，70年代中期至80年代中期无明显变化，80年代中期至90年代初期呈增加趋势，之后至90年代中后期呈下降趋势，90年代中后期至2008年呈增加趋势，近年来又呈现减少趋势。土壤相对湿度高值在20世纪80年代中期至90年代初期出现频率比较高，而进入21世纪后的土壤相对湿度则比较小。

出苗—拔节期的夏玉米土壤相对湿度的年际变化如图6-24所示。从图中可以看出，1970~2015年夏玉米在出苗—拔节期的土壤相对湿度无明显变化。从5年滑动平均趋势曲线中可以看出，出苗—拔节期的土壤相对湿度呈现上升—下降—上升—下降的变化。具体来看，出苗—拔节期的土壤相对湿度在20世纪70年代初期至70年代末期在波动中上升，70年代末期至80年代末期在波动中呈下降趋势，80年代末期至90年代末期无明显变化趋势，之后至2009年在波动中上升，2010年以来又呈现减少趋势。2000~2009年的平均土壤相对湿度最高，其次为1970~1979年，2010年以来的平均土壤相对湿度最小。

拔节—抽雄期的夏玉米土壤相对湿度的年际变化如图6-25所示。从图中可以看出，1970~2015年夏玉米在拔节—抽雄期的平均土壤相对湿度比较高，为84.8%，但变化范围比较大，在22.8%~132.7%间变化，总体有轻微的下降趋势。从5年滑动平均趋势曲线中可以看出，拔节—抽雄期的土壤相对湿度呈现下降—上升—下降—上升—下降的变化。具体来看，拔节—抽雄期的土壤相对湿度在20世纪70年代初期至70年代中期有下降的趋势，70年代中期至80年代初期土壤相对湿度在波动中上升，之后至1987年下降，1987~2008年又在波动中上升，2008年以来又呈现减少趋势。拔节—抽雄期在2000~2009年的平均土壤相对湿度最高，其次为1970~1979年，2010年以来的平均土壤相对湿度最小。

抽雄—乳熟期的夏玉米土壤相对湿度的年际变化如图 6-26 所示。从图中可以看出，1970~2015 年夏玉米在抽雄—乳熟期的平均土壤相对湿度比较高，为 89.1%，在19.8%~135.2%间变化，变化范围比较大，总体以 1.86/10 a 的速度减小。但经 M-K 趋势检验分析可知，抽雄—乳熟期的土壤相对湿度减小趋势并不显著，未通过 $\alpha=0.05$ 的显著性检验。从 5 年滑动平均趋势曲线中可以看出，抽雄—乳熟期的土壤相对湿度呈现下降—上升—下降—上升—下降的变化。具体来看，抽雄—乳熟期的土壤相对湿度在 20 世纪 70 年代初期至 70 年代中期有下降的趋势，70 年代中期至 80 年代中期土壤相对湿度在波动中上升，之后至 80 年代末期下降，随后至 2008 年土壤相对湿度又在波动中上升，2008 年以来又呈现减少趋势。抽雄—乳熟期在 2000~2009 年的平均土壤相对湿度最高，其次为 1970~1979 年，2010 年以来的平均土壤相对湿度最小。

乳熟—成熟期的夏玉米土壤相对湿度的年际变化如图 6-27 所示。从图中可以看出，1970~2015 年夏玉米在乳熟—成熟期的平均土壤相对湿度比较高，为 89.4%，在19.7%~131.6%间变化，变化范围比较大，且以 2.04/10 a 的速度增加。但经 M-K 趋势检验分析可知，乳熟—成熟期的土壤相对湿度增加趋势并不显著，未通过 $\alpha=0.05$ 的显著性检验。从 5 年滑动平均趋势曲线中可以看出，乳熟—成熟期的土壤相对湿度呈现上升—下降—上升—下降—上升—下降的变化。具体来看，乳熟—成熟期的土壤相对湿度在 20 世纪 70 年代初期至 70 年代中期有上升的趋势，随后至 70 年代末期下降，70 年代末至 80 年代中期土壤相对湿度又在波动中上升，之后至 21 世纪初在波动中下降，随后至 2015 年土壤相对湿度又在波动中上升。乳熟—成熟期在 2010~2015 年的平均土壤相对湿度最高，其次为 1980~1989 年，1970~1979 年的平均土壤相对湿度最小。

综上所述，夏玉米不同生育期内土壤相对湿度变化波动比较频繁，但总体来看，夏玉米的播种—出苗期以及抽雄—乳熟期的干旱频率都有增强的趋势，且播种—出苗期的干旱增强趋势显著；而出苗—拔节期、拔节—抽雄期、乳熟—成熟期的干旱频率有减轻的趋势，但减轻趋势并不显著。除了乳熟—成熟期外，其他几个生育期的干旱频率自 2010 年以来都有增强的趋势。

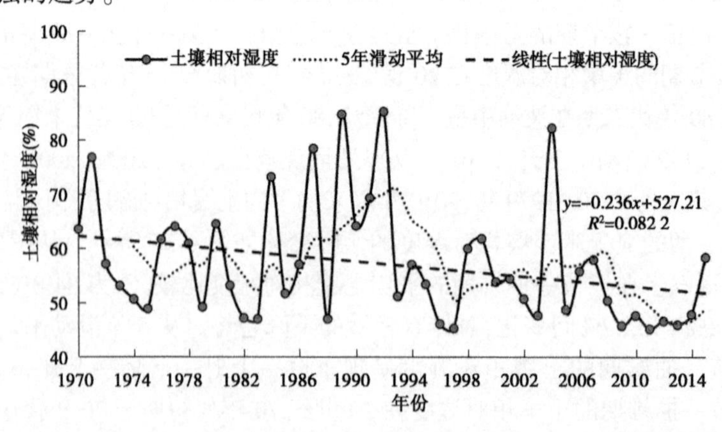

图 6-23　1970~2015 年夏玉米播种—出苗期土壤(0~30 cm 土层)相对湿度年际变化

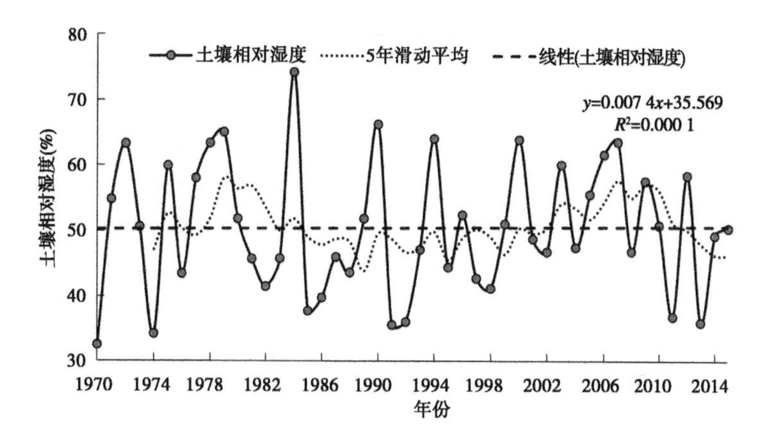

图 6-24　1970～2015 年夏玉米出苗—拔节期土壤(0～30 cm 土层)相对湿度年际变化

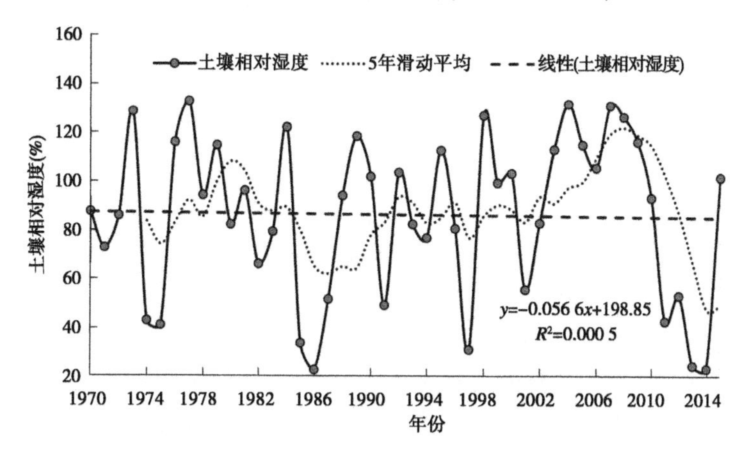

图 6-25　1970～2015 年夏玉米拔节—抽雄期土壤(0～60 cm 土层)相对湿度年际变化

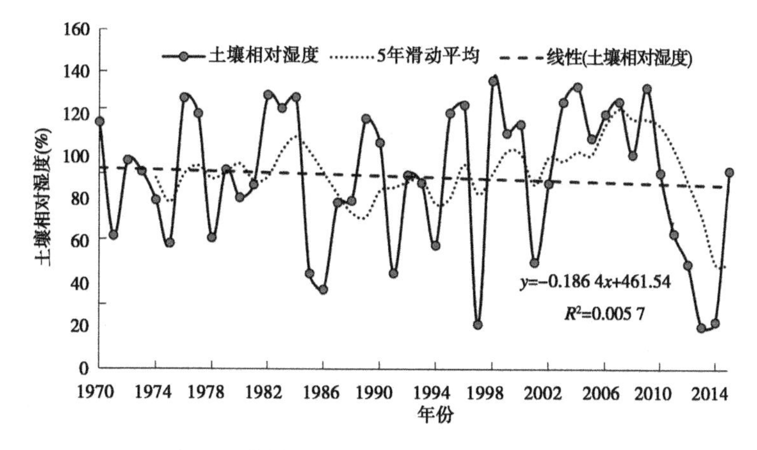

图 6-26　1970～2015 年夏玉米抽雄—乳熟期土壤(0～80 cm 土层)相对湿度年际变化

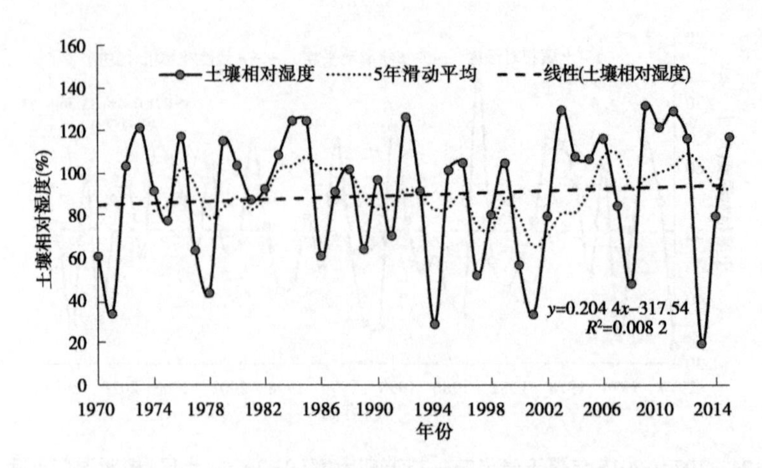

图 6-27　1970~2015 年夏玉米乳熟—成熟期土壤(0~60 cm 土层)相对湿度年际变化

6.4　小　结

本章利用 SWAT 模型模拟了研究区 1970~2015 年的土壤含水量,计算了不同作物不同生育期的土壤相对湿度,并在此基础上对作物不同生育期内的干旱情况进行了评价。研究结果表明:基于 SWAT 模型模拟的土壤相对湿度可以很好地描述研究区的干旱情况,适用于干旱评估。

冬小麦、夏玉米不同生育期内的平均土壤相对湿度与其相对应的降水量之间成正的相关性,其变化趋势与对应的降水量动态变化趋势一致,即土壤平均相对湿度随着降水量的增加而增加,随着降水量减小土壤平均相对湿度也随之减小。

冬小麦不同生长季内干旱发生频率均比较大,干旱发生频率平均在 85%以上,以中旱发生频率最高;夏玉米生长季内播种—出苗期以及出苗—拔节期易发生干旱,干旱发生频率在 78%以上,以轻旱和中旱为主。在其他生育期内发生干旱频率比较低,但易发生特旱。

第7章　基于灌区旱情动态的适应性实时在线灌溉预报技术

传统的灌溉制度是基于特定的历史水文年配水方案预先制订的。由于实际年型与特定水文年型之间存在一定的差异,因此传统灌溉预报很难适应变化多端的天气条件,导致灌溉制度与实际生产需要不匹配;为提高灌水效率,现有学者已逐步开展动态用水计划研究,即考虑短期内的天气预报,根据实测田间数据实施实时配水,制定实时灌水决策。但已有的灌水决策多未考虑不同水分胁迫下作物的适应机制,不考虑或极少考虑到面临阶段的不同干旱状况,往往采用设定的灌水下限值来制定灌水决策。

为进一步提高作物的水分生产率,实现水资源高效利用,研究基于前文中农业干旱评估技术和方法,提出不同干旱等级对应的作物灌水上下限,在作物非充分灌溉预报技术基础上,提出基于旱情动态的适应性实时在线灌溉预报技术,并利用冬小麦灌溉试验数据和模型参数,对冬小麦进行了适应性实时灌溉预报,分析了灌溉预报结果及对冬小麦水分生产率的影响。

7.1　基于旱情动态的适应性灌溉预报技术

我国传统的用水管理一般是依据不同水文年进行配水方案的选取,而传统的灌溉制度又是基于特定的历史水文年配水方案预先制订好的。由于实际年型与特定水文年型之间存在一定的差异,传统的灌溉预报很难适应变化多端的天气条件,导致传统的灌溉制度与实际生产需要不符,从而在实际灌溉中无法得到实施,失去了指导意义,在水资源紧缺的情况下,不利于对降雨的充分利用,对水资源是一种浪费。

面对水资源的不合理利用和干旱的频繁发生,科学的用水管理是节约用水,提高灌区农业产量和充分发挥灌溉工程效益的重要环节。为改进传统用水管理造成的弊端和不足,农业用水管理开始采用动态的用水计划指导用水。它是以实时灌溉预报为依据,在充分利用实时信息的基础上确定的短期用水计划。动态用水计划的关键问题是如何高效的开展实时灌溉预报。实时灌溉预报是以灌区实测资料,如预报开始时段的土壤水分状况、作物生长情况等为基础,根据短期天气预报信息对预测时段末的土壤水分状况进行预报,并做出是否需要灌水的决策,是一种动态的预报。具体过程为利用天气预报并结合作物实际生长状况,根据水量平衡原理,以预报时段内的土壤含水量变化为主要研究对象,以确定时段末的土壤含水量,以及确定其达到含水量下限的具体时间,判断作物是否需要进行补充灌溉,如果需要灌溉则计算灌水量。实时灌溉预报中,预报时段内的实时信息的精度是影响灌溉预报准确程度的主要因素,其中包括许多不确定性因素,如预报时段内的天气情况、作物生长发育状况等。

目前,已有部分学者针对实时灌溉预报开展研究,即在短期未来天气预报的基础上进行灌溉预报,但并未考虑不同水分胁迫下作物的适应机制,即在不同的干旱程度下,作物不同生育期的需水响应以及适应性灌水。相关研究表明,作物受干旱胁迫后有一定的“补偿效应”,连续干旱不超过 12 d 有利于作物生长;作物在不同生育时期对水分的生理响应有所不同,抵抗干旱胁迫的内在机制也不同。基于旱情动态变化对作物需水的影响,研究适应不同干旱条件下的实时灌溉预报方法,对实施节水优化灌溉方案、保障北方粮食产量、提高田间灌水质量具有重要意义。

适应性实时灌溉预报是一种随气候变化的动态灌溉预报,是在构建旱情评价指标体系和划分旱情等级标准的基础上,通过建立实时土壤墒情预测模型,结合短期天气预报来预测未来 5~10 d 的土壤墒情和其他干旱指标,利用干旱等级标准判断未来 5~10 d 的干旱状况,进而制定合理的灌溉制度,为农业用水提供指导和参考,为节约农业水资源、提高灌溉利用率提供技术支撑。适应性灌溉制度考虑未来灌溉供水量的可能限制,在保证作物生理和产量的基础上,制定各种情况下的适应性灌溉条件。各阶段的灌溉条件随着干旱情况不断发生变化,以适应环境及可利用水量等条件,通过适应性灌溉实现水资源的节水高效利用。因此,进行适应性灌溉研究的两个关键问题是:未来干旱等级判别和适应性灌水阈值的确定。

7.2 农业干旱评价指标及等级

农业干旱指以土壤含水量和植物生长形态为特征,反映土壤含水量低于植物需水量的程度,是土壤水分供给无法满足作物水分需求而导致的作物水分亏缺现象。

干旱作为一种复杂的现象,难以直接观测其发生时间、发展过程和影响范围,因而常采用干旱指标对干旱事件进行描述。干旱指标是描述旱情的一种量化表达方式,是监测、评价和研究干旱发生、发展的基础。

农业干旱通常最先表现为降水减少导致的土壤缺墒,同时伴随着作物蒸腾的不断失水,最终作物体内水分无法满足正常生理活动,表现为限制作物生长,进而会出现农作物减产或绝收,且干旱对农作物不同生育期的影响存在显著差异。

农业干旱评估为节水灌溉提供了基础信息。目前针对农业干旱评估和预测方面,已开展了大量研究,可如何根据干旱评估和预报结果,考虑作物不同生育期在不同水分胁迫下的生理过程,进行实时适应性灌溉则鲜有人涉及。基于旱情动态的适应性灌溉对北方干旱区在缺水条件下的农田灌溉管理具有重要意义,可为节约农业水资源、提高灌溉利用率提供技术支撑。

本书以冬小麦为例,基于农业干旱评估技术和方法,以及作物实时灌溉预报模型,提出了基于旱情动态变化的实时灌溉技术方法,并利用试验数据进行了应用和验证。

本章依据第 2 章提出的干旱评价指标和等级划分方法,选择干旱指标为土壤含水量,公式如下:

$$\theta = \frac{SW}{d_{z_{\text{soil}}} \times \rho_{\text{soil}} \times 10} \times 100\% \tag{7-1}$$

式中,θ 为土壤平均重量含水量,%;SW 为水文模型模拟的某土层深的土壤含水量,mm;

$d_{z_{soil}}$ 为土壤层厚度,cm;ρ_{soil} 为土壤容重,g/cm^3。

冬小麦生育期旱情等级划分如表 7-1 所示。

表 7-1 土壤相对湿度等级划分表

旱情等级	轻度干旱	中度干旱	严重干旱	特大干旱
土壤相对湿度 W(%)	$50<W\leqslant60$	$40<W\leqslant50$	$30<W\leqslant40$	$W\leqslant30$

7.3 适应性灌溉预报原理及步骤

7.3.1 适应性灌溉预报原理

传统的农田灌溉目标主要是获得高额稳定的单位面积产量,灌水量以控制土壤湿度为约束条件。即将一定耕层深度(H)土壤含水率(θ)或土水势(Ψ)控制在某一适宜区间,对于天然水分不足的进行人工补充,作为单位面积高产条件下灌溉设计和灌溉管理的基本理论依据。

充分灌溉是当土壤水分达到或接近适宜土壤含水率下限前进行灌溉,达到田间持水率则停止灌水。这种灌溉制度是使土壤含水量从允许最小值一次人工增大到最大值,使每次灌水数量充分供给,达到区间极限值,它具有灌水定额大的特点。在水资源取用不受限制的地面灌溉条件下,灌溉工程规划设计和计划用水管理至今仍继续沿用。

为更高效地利用水资源,实现节水灌溉,陈亚新、康绍忠在 1995 年提出了非充分灌溉理论,即在来水不充分的条件下,或者为了节约水资源,不能充分满足作物需水量要求时,允许作物有一定的水分亏缺,以较小的灌水获得相同的产量;或者在一定水量条件下使农田总效益最大,以此来确定的灌溉制度,也叫蒸发蒸腾量亏缺灌溉,是作物实际蒸发蒸腾量小于潜在蒸发蒸腾量的一种灌溉。

非充分灌溉允许作物承受一定的水分胁迫,利用作物不同生育期对水分胁迫的水分生理特性,使作物在产量不明显降低的情况下有较高的水分利用效率和边际产量。它不以获取单位产量最高为目标,而是以有限水量的投入获得最大效益为目的。其理论基础是作物自身具备的一系列对水分亏缺的适应机制和有限缺水效应,作物在遭遇水分胁迫时具有自我保护作用,而在水分胁迫解除后,对在胁迫条件下生长发育所造成的损失又能进行补偿,这样,在适度的水分亏缺情况下并不一定会显著降低产量,反而能使作物水分利用效率明显提高。

要把非充分灌溉理论应用于生产实际,有效提高水分生产率,首先就必须要知道在水分胁迫条件下作物各时段的需水量,再次就是如何确定适宜的土壤水分上、下限指标,来准确计算作物所需灌溉水量,制定合理的作物灌溉制度,为作物在线实时灌溉提供准确依据。

目前,基于非充分灌溉理论的灌溉制度研究多基于作物在不同生育期对同一程度的缺水的适应程度研究,基于此提出作物在不同生育期灌水上下限,计算灌溉水量,而未考虑作物对不同缺水胁迫的响应机制,尤其是在北方地区,不同程度的干旱频繁发生,不同生育期作物缺水程度也不同,作物对不同干旱胁迫的适应性机制也不同,在干旱缺水的条件下,如何针对干旱动态变化进行更高效、更节水高产的灌溉是北方灌区农田灌溉面临的重要问题。

适应性灌溉是基于非充分灌溉原理提出的灌溉方式,它基于作物对不同水分胁迫下的适应机制,提出作物不同生育期针对不同干旱等级的适宜灌水上下限,根据灌水上下限对作物进行实时在线灌溉预报。它也是利用作物自身具有一系列的有限缺水效应和对水分亏缺的适应机制,即作物在遭遇水分胁迫时具有自我调节和保护作用,而在水分胁迫解除后,作物对以前在胁迫条件下生长发育所造成的损失具有"补偿作用"。

适应性灌溉制度考虑未来灌溉供水量的可能限制,制定各种情况下的适应灌溉条件,是随着干旱情况不断变化的,它在保证一定程度上高产的基础上,实现水资源的节约,是实现节水高产的最有效途径。本研究中,是在构建旱情评价指标体系和划分旱情等级标准的基础上,结合短期天气预报来预测未来缺水程度,利用干旱等级标准判断未来5~10 d的干旱状况,选取合理的灌溉下限,进而制定合理的适应性灌溉制度。

基于旱情动态变化对作物需水的影响,研究适应不同干旱条件下的实时灌溉预报方法,对实施节水优化灌溉方案、保障北方粮食产量、提高田间灌水质量具有重要意义。

7.3.2 适应性灌溉阈值确定

适应性灌溉制度确定的关键问题是作物土壤水分适宜上、下限值,即灌溉阈值的确定。

土壤水分适宜下限值,是指适宜于作物生长的最低的土壤水分含量指标,是灌溉制度确定的关键指标。土壤含水率的大小与作物的生长有着密切的关系。当气候和土壤类型已定时,土壤含水率降到一定的范围,会对作物生长有限制作用。一般情况下,当土壤含水率在田间持水率与作物生长阻滞含水率之间时,作物正常生长;当土壤含水率介于作物生长阻滞含水率与凋萎含水率之间时,作物将中度受旱;而当土壤含水率接近凋萎系数时,作物处于严重受旱状态。不同灌水下限,一方面影响次灌水定额和灌水时间,另一方面不同下限引起的一定时段土壤水分亏缺和复水过程也会影响作物生长、产量与水分利用效率。在作物某些发育时期,减少土壤水分,诱导轻度到重度水分胁迫,可避免植株旺长,改变植株体内养分和水分的分配,使同化物从营养器官向生殖器官转移,当水分胁迫解除后作物通过外部形态的改变和生长速度的调整而对水分变动环境做出响应。因此,灌水下限的确定对作物在线实时灌溉制度的实行有很大影响,可以通过制定适宜的水分下限来调控土壤水分,减少灌水量与灌水次数,进而提高作物水分利用效率。

作物种类不同,对土壤水分下限的要求也不同。在非充分灌溉适宜的土壤水分下限指标的确定上,针对不同的作物,国内学者已进行了大量的研究。蔡焕杰等(2000)以春小麦为研究对象进行试验,表明甘肃民勤地区春小麦在分蘖—拔节阶段0~60 cm的土壤含水量可降到田间持水量的45%。朱成立等(2003)研究表明,冬小麦在拔节—抽穗期适宜的水分胁迫指标为田间持水量的65%。王友贞等(2001)通过研究得出水稻在旱作覆膜条件下拔节—孕穗期时适宜的灌水下限为田间持水量的85%。孙俊环等(2006)通过大田试验,研究了地下滴灌条件下不同土壤水分控制下限对番茄生长发育以及产量、根系的影响。结果表明,只有在生育阶段末期采用田间持水量45%~50%的水分下限处理不仅能获得高产量,而且水分生产率也高。张喜英等(2000)研究表明,高粱在大于田间持水量42%~45%的根层土壤湿度条件下,水分对高粱的光合、气孔、叶水势是等效的,谷子的这个指标在50%左右。

土壤水分对作物生长的作用随作物生长发育阶段的变化而变化。作物生育前期,土壤水分可促进营养生长,对苗数的多少和强弱起决定作用;作物生育中期,充足的水分会促进作物的生长发育,决定作物穗数的多少;生育后期,为保证作物正常灌浆充实,也必须有水分保证。同一作物的不同生育阶段对水分亏缺的敏感性也不同,敏感性越大,其缺水减产的损失越大。茆智等(1994)对水稻进行非充分灌溉试验,研究表明水稻适宜的灌水下限在拔节—孕穗期最大,其次是抽穗—开花期及分蘖期,成熟期最小。俞希根等(1999)研究了节水灌溉条件下棉花各生育阶段土壤水分下限指标,结果显示,在棉花苗期土壤水分下限指标为田间持水量的55%、蕾期为60%、花铃期为70%、成熟期为55%,认为按此指标实施水分管理既能节约用水,又能保障棉花取得较高收成。梁银丽等(2000)对以夏玉米为例进行非充分灌溉研究,表明黄土高原旱区夏玉米在拔节—抽穗期和灌浆期对缺水最为敏感,此时灌水下限不宜太低。王宝英等(1996)研究表明,夏玉米在孕穗之前,土壤水分下限可控制在田间持水量的60%~65%间,灌浆期后,对水分要求不高,下限可保持在田间持水量的60%左右,而在孕穗—灌浆期间,玉米生殖活动旺盛,对水分需求较高,下限一般控制在田间持水量的70%为好。

另外,土壤质地不同,其含水量及持水能力也不同,对土壤含水率下限的要求也不同。对于不同地区、不同种类的作物,在进行非充分灌溉时,制定合理的土壤水分下限指标对于指导作物适时、适量的灌溉和节约水资源具有重要的意义。

因此,不同干旱等级下的适应性灌溉下限值的确定也是进行适应性灌溉预报的关键问题。

作物土壤水分上限值即为在作物达到一定水分亏缺程度时,进行灌溉。研究中考虑作物需水规律及水分胁迫的适应机制,通过模型模拟选取适宜数值。

本章利用前文中构建的SWAT模型,假设不同灌溉阈值情景,模拟了各种情景下作物产量,根据作物产量与缺水量之间的关系,结合干旱等级划分,划分出冬小麦各生育期不同干旱等级所对应的灌溉阈值,如表7-2。

表7-2　不同干旱等级所对应的灌水阈值

生育阶段	特大干旱	严重干旱	中度干旱	轻度干旱
播种—分蘖	$55\%\theta_{max}\sim75\%\theta_{max}$	$55\%\theta_{max}\sim75\%\theta_{max}$	$60\%\theta_{max}\sim80\%\theta_{max}$	$60\%\theta_{max}\sim85\%\theta_{max}$
分蘖—越冬	$55\%\theta_{max}\sim75\%\theta_{max}$	$60\%\theta_{max}\sim75\%\theta_{max}$	$60\%\theta_{max}\sim80\%\theta_{max}$	$60\%\theta_{max}\sim85\%\theta_{max}$
越冬—返青	$60\%\theta_{max}\sim75\%\theta_{max}$	$60\%\theta_{max}\sim80\%\theta_{max}$	$60\%\theta_{max}\sim85\%\theta_{max}$	$65\%\theta_{max}\sim85\%\theta_{max}$
返青—拨节	$60\%\theta_{max}\sim75\%\theta_{max}$	$60\%\theta_{max}\sim80\%\theta_{max}$	$60\%\theta_{max}\sim85\%\theta_{max}$	$65\%\theta_{max}\sim85\%\theta_{max}$
拨节—抽穗	$60\%\theta_{max}\sim80\%\theta_{max}$	$60\%\theta_{max}\sim85\%\theta_{max}$	$65\%\theta_{max}\sim90\%\theta_{max}$	$70\%\theta_{max}\sim90\%\theta_{max}$
抽穗—成熟	$60\%\theta_{max}\sim80\%\theta_{max}$	$60\%\theta_{max}\sim85\%\theta_{max}$	$65\%\theta_{max}\sim90\%\theta_{max}$	$70\%\theta_{max}\sim90\%\theta_{max}$

注:θ_{max}为田间持水率。

7.3.3 适应性实时灌溉预报步骤

适应性灌溉条件下作物实时灌溉预报,主要是在农业水资源短缺的情况下,利用作物本身对水分亏缺的适应机制,结合短期天气状况,判断预报期内的干旱等级,对作物在适应天气条件下生长过程中的灌溉情况进行实时预报,包括未来 5~10 d 内的灌溉日期和灌水量的预报。

根据作物适应性实时灌溉预报原理,作物适应性实时灌溉预报的具体步骤如下:

(1)假设预报时段为 M 天,根据式(5-8)可递推出预报时段内每天预测的土壤含水率,用 θ_i 表示,其中 $i = 1,2,3,\cdots,M$,表示预报时段内的天数。

(2)根据天气预报来预测预报时段内的降雨情况和作物需水情况,利用 SWAT 模型模拟出预报时段内的土壤含水量,判断出预报期内的干旱等级,由作物生育期和预报期的干旱等级确定预报时段内所对应的灌水阈值 θ_{c2}。

(3)在预报时段内可将递推出的逐日土壤含水率 θ_i 与通过干旱等级判断来制定的灌水下限值 θ_{c2} 进行比较。如果 $\theta_i \geqslant \theta_{c2}$,则证明预报时段内不需要灌水;如果 $\theta_i \leqslant \theta_{c2}$,则证明预报时段内第 i 日需要灌水,灌水量可按式(5-11)计算。

(4)当遇到预报时段内第 i 日需要进行灌溉,而根据天气预报在第 $j(i<j<M)$ 天将有降水时,则可以先不做灌溉预报,继续递推逐日的土壤含水率,若第 $k(i<k<j)$ 日的土壤含水率值达到土壤凋萎含水量,且 $j-k>2$,则在第 i 日即进行灌溉;若 $j-k \leqslant 2$,可考虑不灌溉。当在预报时段内有较大降雨,使预报时段内出现土壤含水率超过田间持水率时,则将该日土壤含水率按田间持水率来处理,多余的水量渗入深层土壤。

(5)以该预报时段末实测的土壤含水率值作为下一预报时段的土壤含水率初始值,根据式(5-8)预测下一预报时段内逐日的土壤含水率值,结合天气预报来判断下一预报时段内的灌溉预报,如此即可进行冬小麦全生育期的灌溉预报。

适应性实时灌溉预报流程图如图 7-1 所示。

7.4 冬小麦适应性实时灌溉预报结果与分析

7.4.1 冬小麦逐日土壤含水率预报

以冬小麦为例,利用试验数据对冬小麦适应性灌溉预报技术进行了应用和检验。选取 2015~2017 年期间数据对冬小麦不同水分处理灌溉试验进行灌溉预报,其中预报步长为 15 d。

由于冬小麦全生育期较长,本书选取 2015 年 3 月 22 日至 5 月 4 日期间的预报和实测数据进行对比,检验适应性节水灌溉预报模型的预报精度。根据式(5-3)来预测逐日土壤含水率,预报结果与实测值如表 7-3 所示。

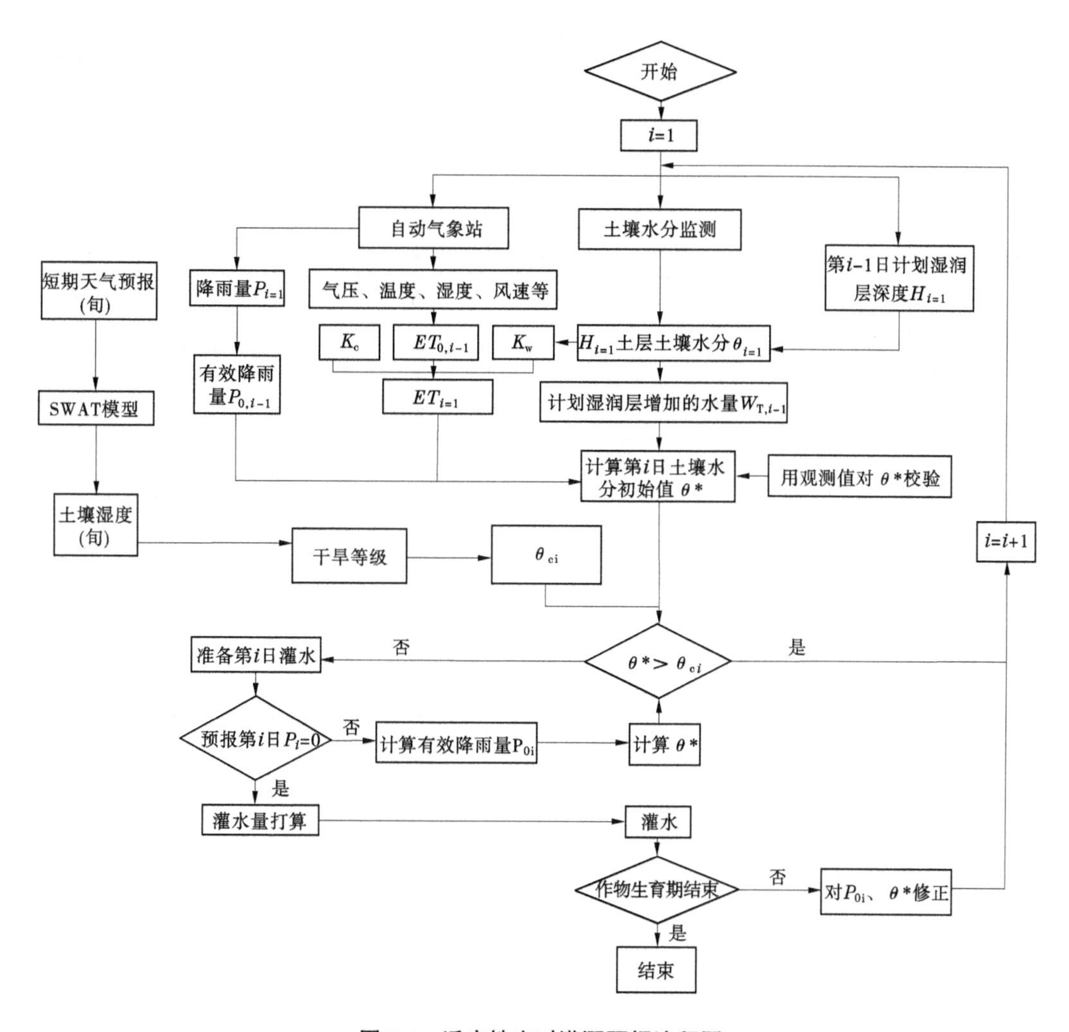

图 7-1　适应性实时灌溉预报流程图

表 7-3　冬小麦逐日土壤含水率预报结果

项目	方案	日期(月/日)						
		3/22	3/23	3/24	3/25	3/26	3/27	3/28
土壤含水率预测值(%)	A	25.871 4	25.610 3	25.405 6	25.101 2	24.820 1	25.439 2	24.157 9
	B	24.871 4	24.610 3	25.349 2	24.058 1	23.827 2	23.565 9	23.304 8
	C	22.628 9	22.621 7	22.451 9	21.978 8	21.957 0	21.979 3	21.852 2
	D	28.171 4	27.810 3	27.449 2	27.088 1	26.727 3	26.365 9	26.004 8
土壤含水率实测值(%)	A	25.991 9	25.506 4	25.235 7	24.919 5	24.642 0	25.384 7	23.959 2
	B	24.753 2	25.487 6	25.246 1	23.984 8	23.733 6	23.613 8	23.356 3
	C	22.970 1	22.653 4	22.451 9	22.280 7	22.094 7	22.000 8	21.754 2
	D	27.963 4	27.581 1	27.307 0	26.996 4	26.687 9	26.402 2	25.997 5

续表 7-3

项目	方案	日期(月/日)						
		3/22	3/23	3/24	3/25	3/26	3/27	3/28
相对误差(%)	A	0.46	0.41	0.67	0.73	0.72	0.22	0.83
	B	0.48	0.50	0.43	0.31	0.39	0.20	0.22
	C	1.48	0.07	0.41	1.35	0.62	0.09	0.45
	D	0.74	0.83	0.52	0.34	0.15	0.14	0.03

项目	方案	日期(月/日)						
		3/29	3/30	3/31	4/1	4/2	4/3	4/4
土壤含水率预测值(%)	A	23.776 8	23.295 7	23.014 6	22.633 5	22.452 4	24.057 1	25.290 2
	B	23.043 7	22.782 6	22.521 5	22.260 4	21.999 3	21.738 2	21.477 1
	C	21.820 7	20.693 5	22.017 5	22.040 5	22.346 9	22.101 3	21.089 7
	D	25.643 7	25.282 6	24.921 5	24.560 4	24.199 3	23.838 2	23.477 1
土壤含水率实测值(%)	A	23.520 8	23.141 2	22.870 1	22.392 7	22.346 9	25.249 9	25.382 5
	B	23.098 7	22.743 7	22.578 6	22.365 6	21.942 6	21.622 2	21.360 3
	C	21.485 3	21.372 3	21.222 3	20.944 7	20.780 3	20.527 5	20.286 3
	D	25.512 3	25.178 3	24.947 2	24.529 6	24.184 1	23.753 5	23.450 6
相对误差(%)	A	1.09	0.67	0.63	1.08	0.47	0.80	0.38
	B	0.24	0.17	0.25	0.47	0.26	0.54	0.55
	C	1.56	3.17	3.74	5.23	7.54	7.67	3.96
	D	0.51	0.41	0.10	0.13	0.06	0.36	0.11

预报时期内 A、B、C、D 四种试验方案的土壤含水率预测值与实测值较为接近(见图 7-2),除个别误差较大外,其余的误差均较小,预报时期内土壤含水率预测值与实测值的平均相对误差多低于 1%。其中 C 方案预测误差最大,平均为 2.67%,在 4 月 3 日土壤含水率实测值为 20.53%,预测值为 22.1%,相对误差为 7.67%,预测值与实测值相差较大,这主要是由于前一天有降雨发生,而实测的降雨量有误差,导致土壤含水率预测值与实测值相差较大,但相对误差小于 10%,基本符合预报精度的设计要求;A 方案土壤含水量预测精度高于 C 方案,平均误差为 0.65%,误差范围 0.22%~1.09%;B 方案平均误差为 0.36%,小于 A 方案,误差范围 0.2%~0.55%;D 方案误差最小,平均误差为 0.31%,误差范围 0.1%~0.83%。由此可见,四种方案下,冬小麦逐日土壤含水率预报结果良好,满足预报精度要求。

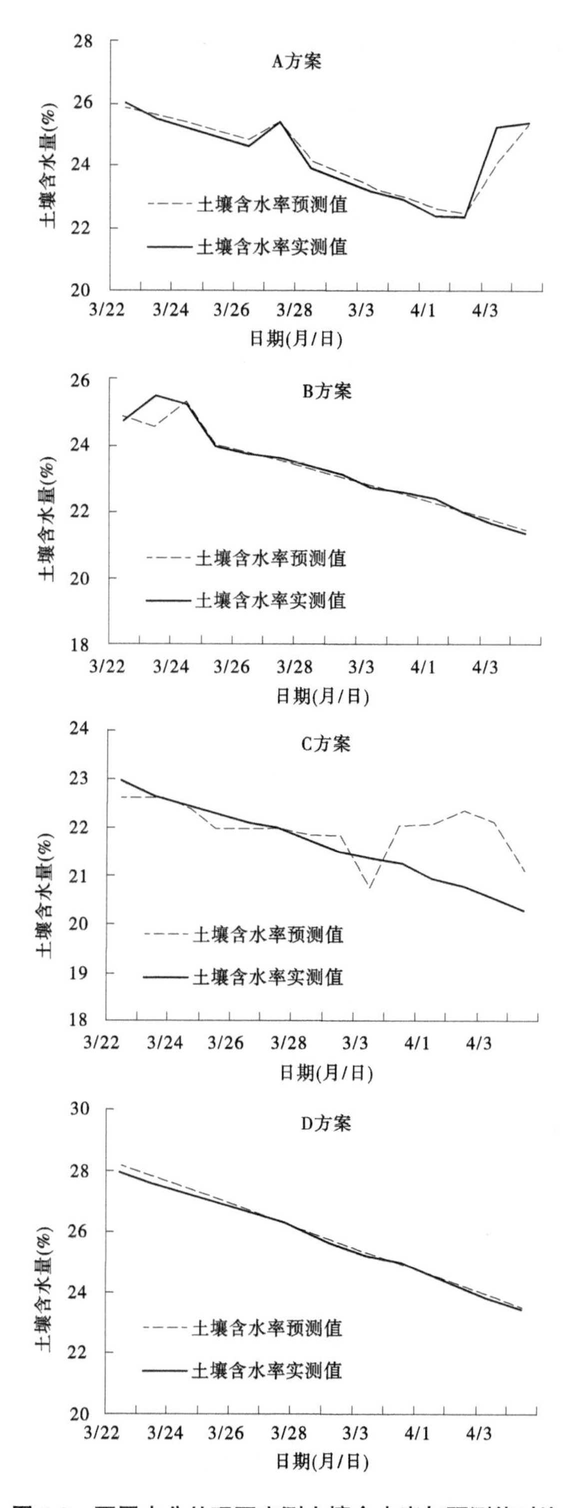

图 7-2　不同水分处理下实测土壤含水率与预测值对比

7.4.2 冬小麦不同水分处理下的灌溉预报

本书利用适应性实时在线灌溉模型对冬小麦生长进行实时在线灌溉,并与其他几种方案灌水结果进行比较,见表 7-4。

表 7-4 冬小麦不同试验方案灌溉模拟

年份		2015~2016 年	2016~2017 年
A 方案	灌水日期(月/日)	10/25 11/28 3/14 4/8 4/24 5/16	10/27 11/22 3/8 4/1 4/24 5/14
	灌水量(m^3/hm^2)	237.96 269.76 449.14 511.09 589.21 628.23	226.79 254.88 449.47 562.45 566.77 601.61
	灌溉次数	6	6
	总灌水量(m^3/hm^2)	2 685.39	2 661.97
B 方案	灌水日期(月/日)	3/21 4/4 5/6	3/18 4/3 5/9
	灌水量(m^3/hm^2)	354.11 440.99 623.37	356.58 471.47 580.18
	灌溉次数	3	3
	总灌水量(m^3/hm^2)	1 418.47	1 408.23
C 方案	灌水日期(月/日)	4/19 5/7	4/2 5/5
	灌水量(m^3/hm^2)	572.12 664.55	492.11 650.28
	灌溉次数	2	2
	总灌水量(m^3/hm^2)	1 236.67	1 142.39
D 方案	灌水日期(月/日)	11/25 1/2 3/15 3/29 4/12 4/26 5/10 5/17	1/5 4/2 4/16 5/10 5/27
	灌水量(m^3/hm^2)	150.50 196.35 235.36 352.25 408.92 386.74 501.50 385.25	198.64 320.20 416.92 484.56 348.74
	灌溉次数	8	5
	总灌水量(m^3/hm^2)	2 616.87	1 769.06

从表 7-4 可以看出,4 种试验方案的灌水情况有显著的差别。A 方案,由于灌水下限值设置较高,为田间持水量的 80%,属于充分灌溉。在 2015~2017 年冬小麦每个全生育期灌溉次数均为 6 次,其中播种—分蘖期 1 次,分蘖—越冬期 1 次,返青—拔节期 1 次,拔节—抽穗期 2 次,抽穗—成熟期 1 次,全生育期总灌水量分别为 2 685.39 m^3/hm^2 和 2 661.97 m^3/hm^2。

对于 B 和 C 方案,灌水下限值设置较低,分别为田间持水量的 60%和 50%,属于非充分灌溉。相比 A 方案,冬小麦灌水量较小,每个全生育期灌溉次数为 3 次,其中返青—拔节期 1 次,拔节—抽穗期 1 次,抽穗—成熟期 1 次。B 方案在 2015~2017 年全生育期总灌水量分别为1 418.47 m^3/hm^2 和 1 408.23 m^3/hm^2,分别比 A 方案总灌水量减少了 47.2%和

47%,而 C 方案全生育期总灌水量分别为 1 236.67 m^3/hm^2和 1 142.39 m^3/hm^2,分别比 A 方案总灌水量减少了 54%和 57%,灌溉节水效果显著。

D 方案,由于是适应性实时灌溉,灌水下限值随着干旱程度的变化而改变,冬小麦两个全生育期的灌水情况相差较大。在 2015~2016 年,冬小麦总灌水量较大,灌水上、下限值设定虽与 A 方案不同,但灌水情况与 A 方案相似,D 方案全生育期灌溉次数为 8 次,总灌水量为 2 616.87 m^3/hm^2,比 A 方案总灌水量少了 68.52 m^3/hm^2,结合气象资料可知,全年降雨量较少,属于比较干旱的年份,总灌水量较大,符合冬小麦生长的需水变化;相比于 2015~2016 年冬小麦灌水情况,2016~2017 年冬小麦总灌水量明显减少,灌溉次数为 5 次,总灌水量为 1 769.06 m^3/hm^2,这主要是由于当年的降雨量较多,冬小麦生长所需水量通过降雨得到补充。D 方案适应多变的天气条件,符合生育期内降雨情况。4 种不同试验条件的灌水总量对比图见图 7-3。

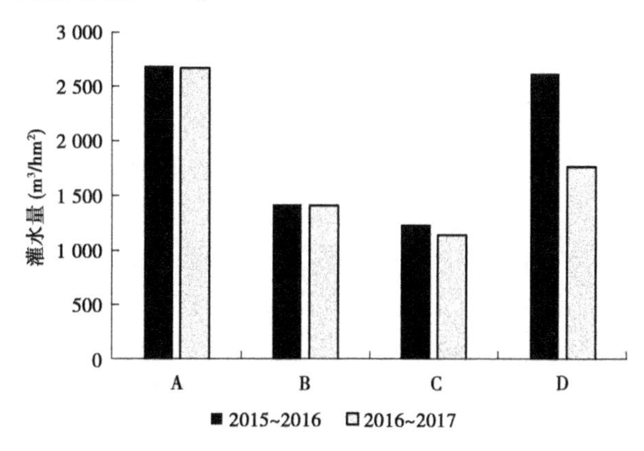

图 7-3　不同水分处理下作物灌水量

7.5　适应性实时灌溉预报对冬小麦产量的影响分析

作物水分利用效率(WUE)又称水分生产效率,指在一定的耕作和栽培条件下,一定的作物品种消耗单位的田间水资源量所获得农作物产量。其值等于作物单位面积平均产量与单位面积平均消耗水资源量的比值,单位一般用 kg/m^3。

作物水分生产率计算如下:

$$WPc = Y/(W_{净} + p + d) \tag{7-2}$$

式中, WPc 为作物水分生产率, kg/m^3; Y 为作物产量, kg/hm^2; $W_{净}$ 为净灌溉水量, m^3/hm^2; p 为有效降雨量, m^3/hm^2; d 为地下水补给量, m^3/hm^2。

作物水分生产率反映灌溉水量的投入产出效率,是衡量作物田间水分利用情况的重要指标,也是节水灌溉与高效农业发展的重要指标之一。研究采用作物水分生产率为指标,对比分析不同灌水方案下作物水分利用效率。

根据 2015~2017 年冬小麦灌溉试验方案中不同水分处理方案的灌溉用水量和产量数据,计算可得不同试验方案的水分生产率和单位产量。由于冬小麦灌溉试验采用微喷灌方式,故灌溉水利用系数 $\eta_{水}$ 设取值为 0.85,试验区地下水补给量忽略不计。各指标计算结果见表 7-5。

表 7-5　冬小麦产量指标对比结果

试验方案	毛灌水量（m^3）	净灌水量（m^3）	小区灌溉面积（亩）	亩均净灌水量（m^3）	生育期有效降水量(mm)	粮食单产（kg/亩）	水分生产率（kg/m^3）
A	31.94	27.15	0.18	150.83	131.06	436.13	1.83
B	16.89	15.36	0.18	79.78	131.06	376.54	2.25
C	13.71	11.65	0.18	64.72	131.06	223.27	1.47
D	21.05	17.89	0.18	99.39	131.06	402.56	2.15

如表 7-5 所示,冬小麦水分生产率并不是随着灌溉水量的增加而增加。A 方案亩均粮食单产为 436.13 kg,从粮食产量角度考虑,本试验方案粮食产量最大,比较适合实际生产,但同时灌溉水量也是 4 个试验方案中最大的,水分生产率比较低,有片面追求粮食增产而不惜大量增加用水量的倾向,在农业水资源急剧紧缺的情况下是不可取的。B 方案虽然亩均粮食单产相比于 A 方案少了 59.59 kg,但灌溉水量比 A 方案少了 15.05 m^3,仅占 A 方案灌溉水量的 52.88%,水分生产率为 2.25 kg/m^3,是 4 个试验方案中最高的,节水效果显著,在少量粮食减产的情况下,节约大量农业水资源是切实可行的。C 方案由于土壤水分下限值设置较低,不利于冬小麦生长,亩均粮食单产最小,水分生产率最低,不利于实际生产。而 D 方案亩均粮食单产为 402.56 kg,相比于 A 方案少了 33.57 kg,但比 B 方案多了 26.02 kg,通过比较灌溉用水量可知,D 方案比 A 方案少了 10.89 m^3,但比 B 方案多了 4.16 m^3,水分生产率较高,节水效果较明显,在适应天气变化的条件下该方案是可行的,各方案产量、灌水量及水分生产率对比图见图 7-4、图 7-5。

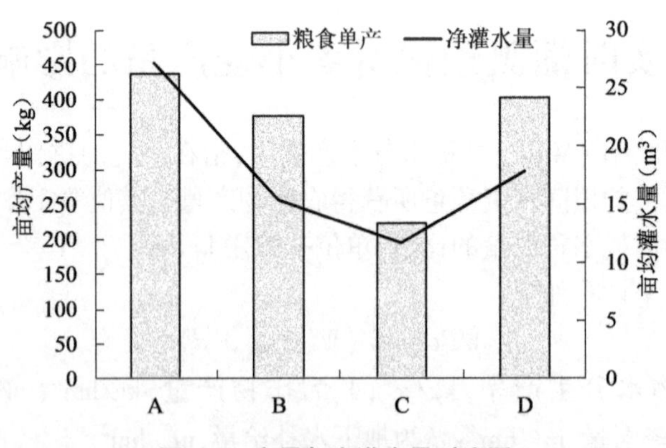

图 7-4　产量与净灌水量对比图

综合比较各试验方案的指标可得,B 方案有利于提高农业水资源利用效率,增加作物经济效益,使得农业水资源实现可持续发展,适宜在冬小麦生产种植中进行推广。而 D 方案在充分考虑天气变化的情况下,灌溉水资源利用效率较高,为农业用水提供指导,为适应天气变化、提高灌溉水资源利用效率提供技术支撑。

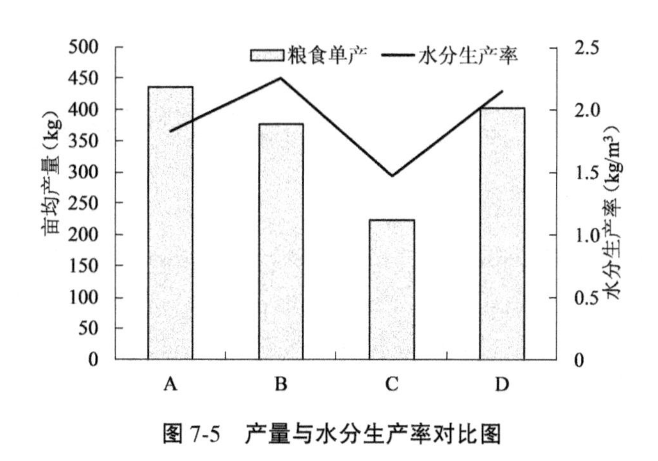

图 7-5　产量与水分生产率对比图

7.6 小　结

本章阐述了作物适应性实时灌溉预报模型,并以冬小麦为例,采用 2015～2017 年实测土壤含水率和气象资料,进行了不同试验方案的灌溉预报。随后对四种试验方案冬小麦产量和水分生产率进行了对比分析,结果表明:A 方案亩均粮食单产最大,但水分生产率较低;B 方案水分生产率最高,亩均粮食单产仅次于 A 方案;C 方案亩均粮食单产和水分生产率最低;D 方案亩均粮食单产和水分生产率较高。作物适应性实时灌溉预报不同于传统的灌溉预报,将实时气象数据作为输入,根据天气变化来制定合理的灌溉制度,充分利用降雨,解决了作物实时灌溉的科学问题,为农业水资源短缺地区制订合理灌水计划提供技术指导。

第 8 章 灌区多水源实时配置技术

灌区水资源合理配置是解决灌区水资源供需矛盾、提高灌区水资源利用效率,从而保障粮食安全的重要途径,也是维持灌区生态系统健康、实现水资源可持续利用的有效调控措施。随着我国经济和社会的快速发展,水资源短缺的问题愈发突出。目前,中国农田有效灌溉面积达 0.6 亿 hm^2,在占耕地面积一半的有效灌溉面积上,生产了占全国 75%的粮食和 90%以上的经济作物。在灌区缺水越来越严重的情况下,如何实现灌区水资源的优化配置,使其发挥最大效益,进而保障中国粮食安全是值得关注的重要问题。

8.1 灌区水资源优化配置研究现状

水资源配置理论是在资源配置理论基础上,根据水资源的特性而产生的特定理论体系。一般来说,水资源配置是以某一特定区域为对象,遵从一定配置原则,通过一定手段措施,将可利用的水资源分配给不同用水部门。基于可持续发展的水资源配置是以人口、资源、环境和经济协调发展为原则,以经济发展和生态环境保护相协调为目标,而进行的可持续发展的水资源配置,是目前进行水资源配置的主导思想。

灌区水资源优化配置是在流域或特定的区域范围内,遵循公平、高效和可持续利用的原则,以水资源的可持续利用和经济社会可持续发展为目标,通过各种工程与非工程措施,考虑市场经济规律和资源配置准则,通过合理抑制需求、有效增加供水、积极保护生态环境等手段和措施,对多种可利用水资源在区域间和各用水部门间进行的合理调配,实现有限水资源的经济、社会和生态环境综合效益最大,以及水质和水量的统一和协调。

灌区水资源配置,不论从配置水源,还是配水对象来讲,都和流域水资源配置都有很大的区别。传统水资源配置的对象为工业用水、农业用水和生活用水,而在灌区,灌溉是灌区的核心和主体,工业和生活只占到很小的比例,农业生产发展消耗了绝大部分的水资源,其他部门用水相较于农业可忽略不计。因此,就灌区而言,仅对农业水资源进行合理配置,而灌溉水资源约占农业水资源总量的 90%,灌区水资源配置主要研究范畴为灌溉水资源;就配置水源来说,在灌区只是对地表水、地下水及降水的宏观分配,显然是不充足的,因为对于作物来说,对其生长影响最直接、最重要的水分当属土壤水,土壤水的含量多少,直接决定着作物的生长状况及产量情况。传统的宏观配置方法无法体现土壤水这一重要组分,导致水资源配置结果无法直接表现出灌溉水资源的利用效率。

在灌区水资源配置过程中,既要考虑水资源的利用效率,也要考虑作物生长过程及作物产量。所以,灌区水资源配置中要充分考虑作物生长过程中对水资源的需求这一重要因素,水资源配置最大可能地响应作物需水,以水资源节约和作物的高产为目标,达到水资源的高效利用。对灌区水资源配置来说,应建立在作物需水模型的基础上,根据土壤墒情动态，充分利用降水，并尽可能将地表水、地下水的灌溉结果高效地转化为土壤水的存在形式供作物吸收，同时减小输水、蒸发等无效的水资源浪费。

灌区灌溉水资源优化配置是指在满足一定约束条件下，在整个灌溉季节，如何将可利用的、有限的农业灌溉水资源在时空上进行合理的分配，达到预先设定的某种目标，其不仅直接关系到水资源的高效利用，而且还可能影响到二、三产业结构发展与生态环境保护等重大问题，需要以可持续发展战略为指导，通过对水资源时空变化规律的科学分析，提出灌溉水资源系统内部最佳的配水方法。

8.1.1 灌溉水资源优化配置

灌溉水资源优化配置属水资源优化配置范畴。国外对水资源优化配置的研究始于20世纪60年代初期，1960年科罗拉多的几所大学对计划需水量的估算及满足未来需水量的途径进行了研讨，体现了水资源优化配置的思想。伴随着数学规划和模拟技术的发展及其在水资源领域的应用，水资源优化配置的研究成果不断增多。Yaron 和 Dinar 应用分解原理，提出了 LP-DP 模型，用于求解多种作物灌溉水量最优分配。美国学者 Norman 将作物生长模型和具有二维状态变量的随机动态规划相结合，对灌区的季节性灌溉用水量分配进行了研究。1982 年，Romijn 和 Tamiga 考虑了水的多功能性和多种利益的关系，强调决策者和决策分析者间的合作，建立了水资源量分配的多层次模型，体现了水资源配置问题的多目标和层次结构的特点。Shayma 等(1994)采用线性规划模型进行渠道配水研究，以灌区净灌溉效益最大为目标，并考虑了各级渠道实际放水时间、渠道输水、最小流量等约束条件，其成果已成功地应用在印度的 Golawar 和 Golapar 渠灌区。

20 世纪 90 年代以后，由于水污染和水危机的加剧，传统的以供水量和经济效益最大为目标的水资源优化配置模式已不能满足需要。国外开始在水资源优化配置中注重水质约束、水资源环境效益以及水资源可持续利用研究。为此，国外学者建立了一些管理决策模型，针对一些地区水资源量与质统一管理的特殊问题进行了研究。1996 年，Martin 等针对巴基斯坦的某个地区的灌溉系统建立了线性规划模型，对不同水质的水量使用问题进行优化。在劣质地下水和有限运河水可供使用的条件下，模型能得到一定时期内最优的作物耕种面积和地下水开采量等成果，在一定程度上体现了水质水量统一优化配置的思想。Ghossan 和 Richard 建立的灌溉系统水资源管理模型，以土壤控制断面水势变幅最小为目标，控制灌溉水的盐分不致淋至地下水，采用模拟优化技术确定灌水定额。随着新优化算法的研究和完善，遗传算法(GA)、模拟退火算法(SA)等进化算法开始在水资源配置中应用，并在应用过程中使优化算法自身得到了改进和完善。

在国内，如何实现灌区有限水资源量的最大效益，成为广大学者较早涉足的研究领域之一。我国于 20 世纪 60 年代开展水资源科学分配方面的研究，初期的研究方向主要为水库优化调度和区域水资源优化配置。80 年代初，华士乾教授研究小组利用系统工程方法对北京地区的水资源配置进行了研究。我国水资源合理配置概念于 90 年代初提出，并开始初步应用于水资源规划与管理中，包括“以需定供”“以供定需”“基于宏观经济”“可持续发展”等多种水资源配置理论。在借鉴国外水资源管理的先进理论、方法和技术的基础上,陈志惜和王浩等在1991~1993年间,首次在我国提出了华北宏观经济水资源优化配置模型,开发出京、津、唐地区宏观经济水资源规划决策支持系统。唐德善进行了大流域水资源多目标优化分配模型研究。陈守煜等以大连市水资源开发利用与宏观经济协调可持续发展为研究背景,建立了大连市宏观经济水资源发展规划多目标群决策模型。

灌区水资源配置方面的研究成果较早出现于20世纪90年代。1990年,曾赛星、李寿声在对内蒙古河套灌区地表水地下水联合优化调度中,采用动态规划方法确定各种作物的灌水定额及灌水次数;针对江苏徐州欢口灌区的实际情况,建立了一个既考虑灌溉排水、降低地下水位的要求,又考虑多种水资源联合调度、联合管理的非线性规划模型,以确定农作物最优种植模式及各种水源的供水比例。

随着系统工程理论的发展、应用和经济社会发展对水资源需求的变化,水资源优化配置方法开始向确定性优化技术、模糊优化、多目标优化等方向发展。1992年,唐德善以黄河中游某灌区为例,运用递阶动态规划法,确定水资源量在工业和农业之间的分配比例,研究中作者主要侧重于递阶动态规划模型的建立和模型的求解,没有考虑地下水和地表水的联合优化调度。刘肇祎针对我国山区较为普遍的长藤结瓜式的灌溉系统,建立了以干库容最小、灌溉面积最大、已建工程作用最大为目标的多目标非线性优化模型。袁宏源等以黑龙港地区为背景,利用临西试验站的灌溉试验资料,建立了一个二维状态及二维决策变量的多维动态规划模型,进行农业灌溉制度的研究。徐建新采用动态规划法进行了已定种植结构下、作物水量优化分配及渠系实时灌溉的研究,并研制开发了相应的软件程序。向丽等和马斌等对多库多目标最优控制运用的模型与方法、灌区渠系优化配水、大型灌区水资源优化分配模型、多水源引水灌区水资源调配模型及应用进行了研究。付强和王立坤(2003)将改进的加速遗传算法与多维动态规划法相结合,构建了遗传动态规划模型并将其应用于作物非充分灌溉制度的优化中。Yang等(2009)将DP、MOP和GA耦合起来进行地表水和地下水的联合优化调配。陈迷等(2014)提出了基于粒子群人工蜂群算法的灌区渠-塘-田优化调配耦合模型,所开发的粒子群-人工蜂群混合算法能够快速求解优化调配耦合模型,有利于解决复杂情况下高效用水模型的求解问题。

总体来讲,从20世纪60年代至今,国内外关于农业灌溉水资源优化配置的研究很多,通过多年的研究,基本实现了从单纯的对水资源量进行调配到对水资源数量和质量进行综合管理研究;从将有限的水量在单一作物生育阶段内进行优化配置到对作物生育阶段内、作物间、渠系、灌区间、区域间等组成的“大系统”进行农业灌溉水资源优化配置;从单一的数学规划方法到将数学规划与模拟技术、人工智能算法、向量优化理论、空间技术等相结合对农业灌溉水资源配置模型及方法进行研究;从单一的时间尺度发展到时空尺度配置;从单目标转向为多目标等。发展至今,农业灌溉水资源优化配置模型和方法的研究已日渐成熟。

8.1.2 传统水资源优化配置存在的问题

水资源配置理论和方法研究已取得了长足的进展,水资源优化模型也由单一功能、单一目标向多功能、多目标方向发展。但在水资源配置方面应用的模型大多不能很好地模拟流域的水文过程，不能很好地反映出流域水资源形成、转化、消耗规律；同时，也不能很好地反映气候变化引起的水资源在时空上的重新分布，及水资源水量的改变对水资源优化配置带来的影响。

SWAT(Soil and Water Assessment Tool)模型是由 Jeff Arnold(1994)为美国农业部(USDA)农业研究中心(ARS)开发的一个具有很强物理机制的、长时段的分布式水文模型，该模型在国内外都得到了广泛的应用。其不仅能够模拟流域内的水文学过程，也可以对植物(作物)的生长过程进行模拟，通过模拟来分析灌溉等农业生产管理措施对流域土壤水文过程的影响。该模型综合考虑了水文、水质、土壤、气象、植物生长、农业管理等多种过程，使其具有以水为主导的生态水文模型或环境水文模型的特征，而不再是传统意义上的水文模型。从模型应用领域方面来看，SWAT 已被广泛应用于众多领域，在径流预测、融雪产流、ET 模拟、土地利用变化、气候变化等领域均已有大量成功的尝试并已取得许多可喜的研究成果；因其显著的优势，SWAT 模型在水土保持、水资源评价、水资源管理、水量平衡分析等水资源开发利用的活动中也表现出很好的适用性；同时，在模型耦合研究、模型改进研究、参数敏感性分析研究等方面，前人也做了大量的工作。但将 SWAT 模型应用于农业多水源配置方面的研究较为鲜见。因此，本研究在本章将以濮阳渠村灌区为研究对象，将 SWAT 模型与水资源配置模型相耦合，利用 SWAT 模型与水资源配置的耦合模型进行濮阳渠村灌区多水源的优化配置研究。

8.2 典型灌区基本情况

8.2.1 自然地理概况

渠村引黄灌区始建于 1958 年，位于濮阳市西部，东经 114°49′至 115°18′，北纬 35°22′至 36°10′。南起黄河，北抵卫河及省界，西至滑县境内黄庄河及市界，东抵董楼沟，潴龙河、大屯沟，南北长约 90 km，东西宽约 29 km。灌区地跨两个流域，以金堤河为界，金堤以南为黄河流域，是正常灌区；金堤以北为海河流域，是补水灌区。灌区内地势南高北低，自西南向东北倾斜，地面自然坡降 1/5 000~1/10 000，地面高程 57.50~46.00 m。渠村引黄灌区位置见图 8-1。区域总面积 2 018.7 km^2，耕地面积 12.87 万 hm^2，其中正常灌区 4.97 万 hm^2，补水灌区 7.9 万 hm^2。

灌区内土壤肥沃，适宜粮食、经济作物种植。灌区内作物种植面积已达 22.91 万 hm^2，其中水稻 0.23 万 hm^2，小麦 9.02 万 hm^2，棉花 1.14 万 hm^2，玉米 4.66 万 hm^2，果林0.75 万 hm^2，其他经济作物 3.6 万 hm^2，其他粮食作物 3.51 万 hm^2。复种指数达到 1.78。渠村灌区正常灌区现状以小麦、玉米、棉花、水稻为主，其他还有花生、大豆、红薯、高粱、谷子、蔬菜等，补水灌区除不考虑水稻种植外，其他同正常灌区。灌区现状年作物的种植面积见表 8-1。

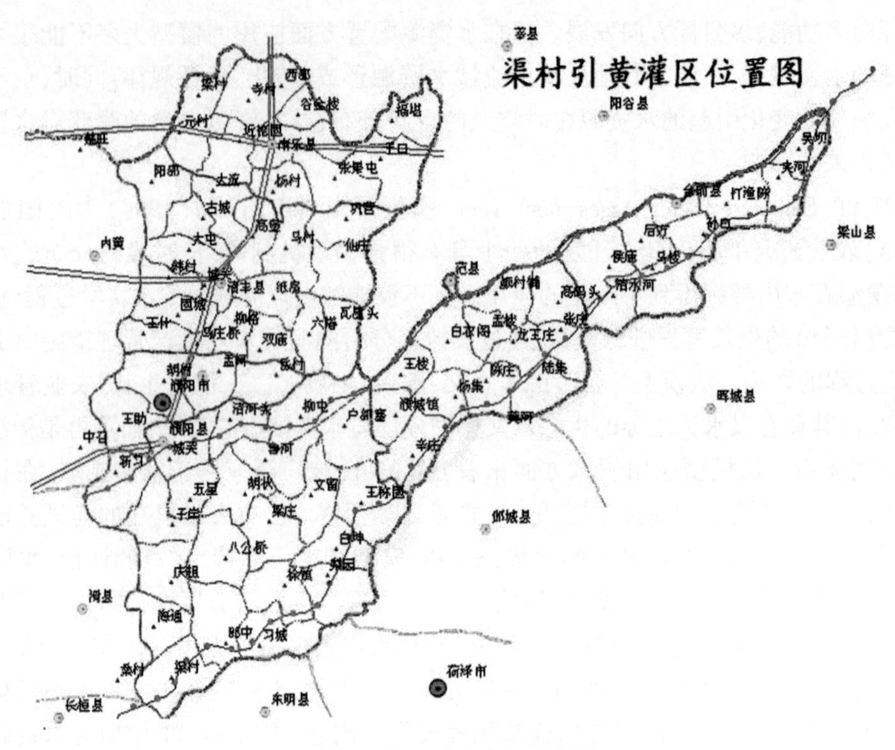

图 8-1　渠村引黄灌区位置图

表 8-1　灌区现状年作物种植面积

作物名称	种植面积(万 hm^2)		说明
	正常灌区	补水灌区	
小麦	3.88	6.16	包括果林、蔬菜等
玉米	3.23	5.53	包括豆类、蔬菜等
棉花	1.49	2.37	包括花生等
水稻	0.25	0	—

8.2.2　水文气象概况

8.2.2.1　气象概况

灌区多年平均降雨量 581 mm,多年平均蒸发量 1 663 mm。降雨特点是雨量由北向南递增,年际变化较大,最大年降雨量为 1 067.9 mm(1963 年),最小年降雨量为 264.5 mm(1966 年)。降雨年内分布不均,雨量主要集中于夏秋两季,春季降雨量占年降雨量的 14%,夏季占 61%,秋季占 21%,冬季占 4%。因此,冬春两季干旱发生频繁,有十年九旱,先旱后涝,涝后又旱,旱涝交替的特点,严重影响夏粮生产和春季播种,旱灾为该区的主要自然灾害。

灌区属北温带大陆性季风气候区,是半干旱、半湿润地区,四季分明,光、热资源丰富,多年平均气温 13.4 ℃,历年最高气温 42.2 ℃,最低气温-27 ℃,1 月平均气温-2.2 ℃,7

月平均气温 27 ℃,无霜期多年平均 210 d 左右,最长 278 d,最短 185 d,年均干旱天数为 148 d,年均日照 2 585 h,日照时间长,且雨热同期,适宜小麦、玉米、棉花、大豆、红薯等多种作物生长。

8.2.2.2 水资源概况

1)当地水资源

灌区内多年平均水资源量为 3.982 亿 m^3,其中地下水资源量为 3.6 亿 m^3,地表径流量为 0.875 亿 m^3,地表水与地下水重复计算量为 0.493 亿 m^3。人均水资源量只有253 m^3。

(1)地表水。

地表水资源量是指降雨所产生的径流量。灌区内多年平均径流量为 0.875 亿 m^3,由于拦蓄工程少,且降雨集中,故当地地表径流可利用量小。依据河南省各地市水资源量表,采用面积比法计算,得出灌区内可供利用的当地地表径流量,在频率 $P=75\%$时为0.15 亿 m^3。多年的降雨情况见图 8-2。

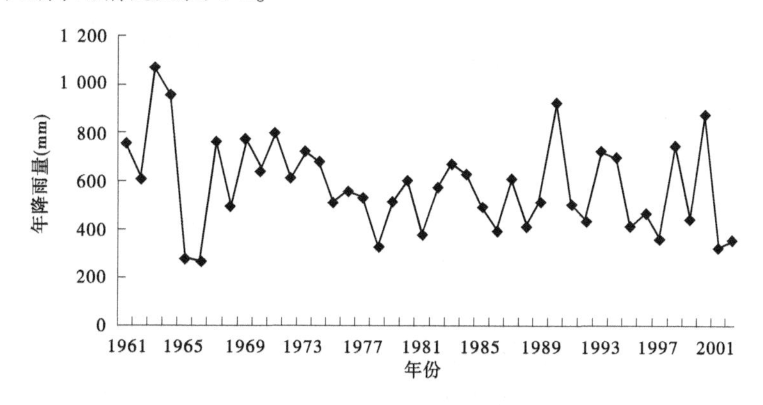

图 8-2 渠村灌区降雨图

(2)地下水。

依据河南省各地市水资源量表,用土地面积之比计算,可得渠村灌区地下水资源量为 3.6 亿 m^3,其中可利用量为 3.58 亿 m^3,潜水蒸发量为 0.02 亿 m^3。灌区金堤河以南部分,由于取用黄河水方便,加上抽取地下水成本较高,因此该部分的作物灌溉多取用地表水。然而,金堤河以北部分引黄水供给不足,地下水在灌溉用水中所占比例较大。因此,长期以来形成了正常灌区地下水位较高,而补水灌区地下水位较低的现象。根据研究区地下水观测井观测资料的统计情况,选取了四个典型站的资料作为研究的数据。金堤河以南的正常灌区选取南乐县濮阳县站,并以 9、11、22 号观测井的数据进行研究。金堤河以北的补水灌区分别选取濮阳市站研究。观测井的选取为:南乐县站取 5、14、20 号观测井;濮阳市站取 1、15、25 号观测井。灌区内典型站点的地下水埋深观测值见图 8-3、图 8-4。

(3)客水资源。

客水指外流域流经本区域内的地表水,本研究区内的客水主要有黄河、卫河及金堤河。

黄河是区内主要的客水资源,目前,黄河流域施行用水许可制度对黄河水资源进行统一调配,即各省或各个用水部门首先上报预计需水量,然后由黄河水利委员会根据各部门具体

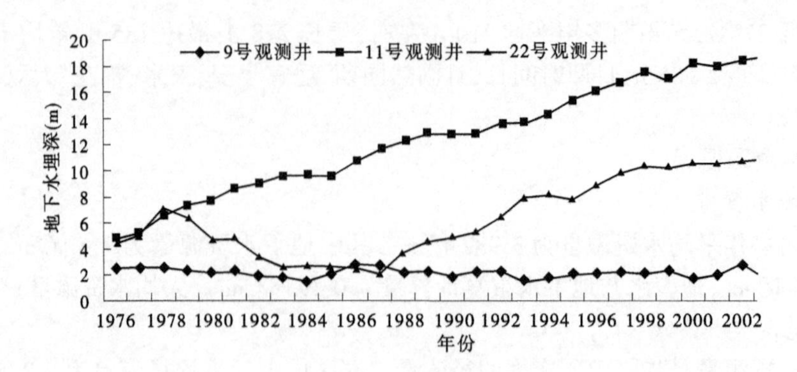

图 8-3 濮阳县地下水埋深图

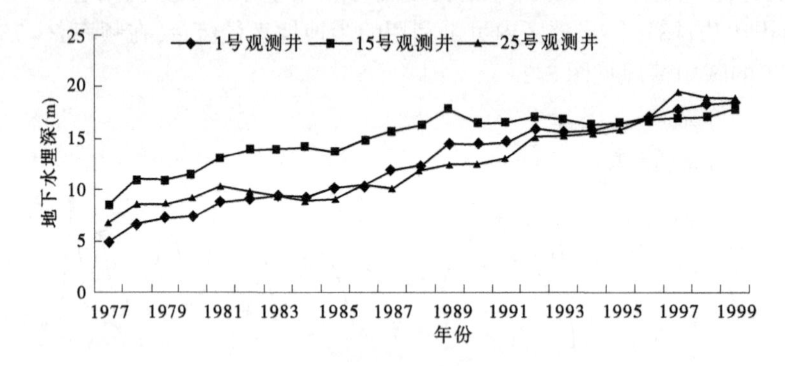

图 8-4 濮阳市地下水埋深图

情况和黄河的总来水量统一对各省和各部门进行配水。据高村水文站观测资料,多年平均流量 1 380 m^3/s,多年平均径流量为 420.71 亿 m^3。灌区历史引黄水量情况见图 8-5。

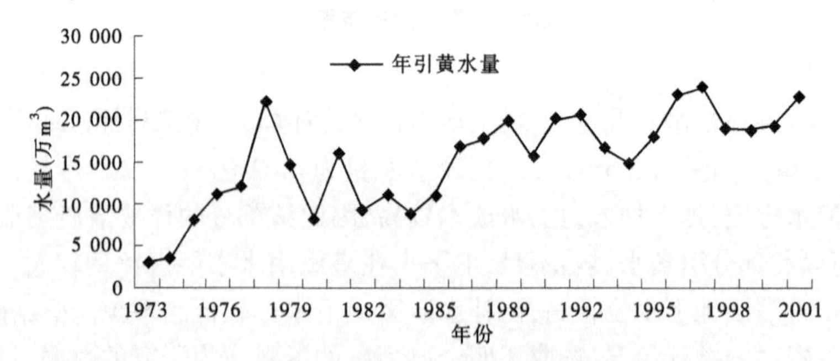

图 8-5 灌区历史引黄水量图

卫河流经灌区北部,区内长度 29.4 km,据南乐县元村站资料分析,卫河多年平均径流量为 27.47 亿 m^3,但卫河水大部分在汛期下泄排出,故实际利用量很小。

金堤河为黄河的一条支流,据濮阳县水文站资料分析,多年平均径流量为 1.66 亿 m^3,实际上金堤河在干旱季节的径流主要是引黄灌溉退水,可利用量很小。

8.2.3 灌区存在的问题

中华人民共和国成立以来,灌区内农业灌溉取得了显著的成绩,使得农业稳定增产,但仍存在着许多问题。

(1)水资源天然时空分布与生产力布局严重不相适应。灌区降雨年际间变化剧烈,年内雨量分配极不均匀,7月、8月两个月的降雨量占全年降雨量的50%左右。但由于调蓄工程少,降雨利用率很低。在作物生长需水量最大的5月、6月两个月,作物蒸发量高达降雨量的2.5倍。水量分配不均且与作物需水耦合性差,对农业生产极为不利。

(2)农业水资源缺乏合理规划协调。正常灌区由于用水条件好而大量引黄灌溉,致使地下水位偏高,土壤存在次生盐碱的威胁;补水灌区由于引黄灌溉条件相对差,引水量小,多年来大部分土地利用井水灌溉,致使地下水超采严重,甚至产生降落漏斗,部分耕地呈现沙化趋势。水资源不足的问题十分突出。

(3)水资源管理功能低下。灌区有效灌溉面积发展不平衡,抗旱、灌溉能力较差。

8.3 典型灌区多水源优化配置

灌区水资源优化配置的最终目的,是提高农业水资源的利用效率,以水资源的可持续利用支持当地农业及社会经济的可持续发展。通过对渠村灌区水资源现状分析可知,渠村灌区可利用水量主要来自于降水、引黄水和当地地下水。但由于农业水资源缺乏合理规划协调,正常灌区由于用水条件好而大量引黄灌溉,致使地下水位偏高,土壤存在次生盐碱化的威胁;补水灌区由于引黄灌溉条件相对差,引水量小,多年来大部分土地利用井水灌溉,致使地下水超采严重,甚至产生降落漏斗,部分耕地呈现沙化趋势。而采取井渠结合灌溉的方式,联合运用引黄水和地下水,是提高灌区水资源利用率、防治灌区渍涝和盐碱化和提高作物产量的有效方式。因此,如何对灌区引黄水和地下水进行合理配置,使有限的水资源发挥最大效益,是本研究解决的主要问题。

引黄水与地下水是可以互相转化和补给的。但现有的水资源配置方面的研究大多只是在考虑社会需求、环境以及经济效益等的前提下进行的水资源优化配置,并没有考虑灌区不同类型的水资源的形成、转化与消耗规律;同时也不能很好地反映气候变化引起的水资源在时空上的重新分布及水资源水量的改变对水资源优化配置带来的影响。20世纪80年代以来,分布式水文模型因为能反映气候和下垫面等因素的时空变异性对流域水文过程的影响,从而成为流域水资源研究的重要工具,其中SWAT模型以其先进的模型结构和强大的功能在分布式水文模型中占有重要地位。尽管模型研发的目的是为了长时间、连续地模拟预测不同土地利用、土壤类型、管理方式、气候变化等对自然流域水循环等方面的影响,但模型已被成功地应用在农业流域。由于SWAT模型是开放的,具有扩展性,在灌区运用时只需对模型相应的模块进行必要的修改和补充,就可以用于模拟灌区水分循环转换关系、作物生长过程,以及作物产量、灌溉管理对灌区水资源利用效率、气候变化对灌溉的影响、灌溉对径流的影响,以及气候、作物、土壤、水之间的相互作用等,因此SWAT模型被广泛应用于径流模拟。针对灌区存在的问题,本研究将利用SWAT模型在灌区多水源优化配置方面进行深入研究。

8.3.1 SWAT 模型与水资源配置模型的耦合

8.3.1.1 SWAT 模型的改进

在实际灌溉过程中,受降水时空变化和河道来水量的影响,灌区农业灌溉取水的水源在年内和年际间会经常发生变化或同时使用多种水源。虽然 SWAT 模型中规定了 5 种水源地,河道、浅层地下水、深层地下水、水库以及外流域水等,但在该模型的灌溉模块中规定了每个水文响应单元(HRU)内的作物在多年生长过程中的灌溉水源只有一种,即模型不能实现作物生育期内的多水源灌溉,这种设定使得模型在作物灌溉方面的模拟与现实严重脱离,即每个 HRU 在全部计算时段只能固定在单一水源地取水, 若该水源地在某些时段供水不足, 即使流域中其他水源地有盈余水量, 也无法保证该 HRU 的灌溉取水需求。因此,实现模型对同一作物在灌溉过程中可以根据需要采用不同的水源灌溉是 SWAT 模型在进行多水源配置中亟待研究的突出问题之一。

为了实现模型对作物的多水源灌溉,本研究对 SWAT 模型的灌溉模块进行了改进,通过对 SWAT 模型灌溉模块源代码的二次开发,将每个 HRU 内的单水源灌溉改为多水源灌溉,用户可以在 HRU 输入文件中指定若干个灌溉水源,根据相应的用水规则,可以实现在不同时段从不同水源地取水灌溉,改变了 SWAT 模型在灌溉用水方面水源的单一化和灌溉水来源子流域的单一化,使模型实现多水源灌溉的功能。这种改变避免了某一水源过度利用,而其他水源未被利用的局面,同时也适应了配置模型的多种水源和水源地供水量时间变异性大的特征,能够保证所配置的各水源得到充分利用。

研究区实行多水源灌溉,灌溉水源为地下水和引黄水。若在某一时段为研究区作物指定的灌溉水源为地下水,则在该时段采用地下水灌溉,在灌溉过程中只需控制使地下水灌溉量不超过地下水可开采能力即可。SWAT 模型中有专门的地下水灌溉模块,本研究在模型中通过修改地下水灌溉模块中的源代码,控制地下水的灌溉量,使研究区的地下水灌溉量不超过地下水的可开采能力。若在某一时段为研究区作物指定的灌溉水源为引黄水,则在该时段采用引黄水灌溉。在黄河下游引黄灌区,渠系系统从黄河引水输送到田间渠系系统,田间渠系内的水最后用于灌溉农作物,在这个过程中田间渠系可以输送和储存水,但由于黄河进入河南后已成为地上悬河,不能接收地表径流和农田排水量。因此,在渠村灌区进行 SWAT 模型建模的过程中,设计增加了渠系模块,用于模拟渠系的输水和蓄水功能。在使用引黄水灌溉的过程中,如果当月渠系供水量大于某一子流域所控制的灌溉面积的需水量,则富余水量重新排入原渠系中,并作为次月渠系可供水量的一部分;如果当月渠系供水量小于某一子流域所控制的灌溉面积的需水量,不足的部分则按弃灌处理。

8.3.1.2 SWAT 模型对引黄水在时间和空间上的分配

受限于研究资料的不足,一般情况下,只能获得总干渠渠口引水处的引水量或过程,因此就需要采取一定的方式将总引水量在各个干渠上进行时间上以及空间上的分配。为解决黄河流域日益尖锐的水资源供需矛盾,缓解黄河流域的水资源短缺问题,使有限的黄河水资源得到科学合理的分配,水利部黄河水利委员会从 1999 年开始在黄河流域,特别是黄河下游段实行黄河水量统一调度。黄河水利委员会根据每月黄河可供耗水量及各省(区)用水计划建议对黄河水量进行分配。因此,在研究渠村灌区历年的引黄水量的过程中,首先将历年的引黄水分配到渠村灌区,其中1972~2001年按实际每月引黄灌溉水量进行灌溉(见图8-5),2002~2011年根据黄河水资源公报中河南的黄河取水量按有效灌溉面积比分配到渠村灌区,2012~2015年将黄河水利委员会按月分配给河南的可供耗水量根据有效灌溉面积比分配到渠村灌区,作为渠村灌区每个月的渠系总可供水量;其次将渠村灌区每月的渠系总供水量按有效面积分配到各个子流域,最后各个子流域在此基础上完成引黄水量时间和空间上的分配。

8.3.1.3 SWAT模型与水资源配置模型的耦合

水资源调配的最终目标是提高水资源的利用效率和综合效益。经济效益目标是实现灌溉净效益最大,社会效益目标是实现粮食安全,环境效益目标是提高灌溉水的利用系数。本研究将在获得不同的情景条件下引黄水和地下水在作物不同生长阶段的分配结果后,判定不同情景条件下的灌溉净效益,并以灌溉净效益年值最大为择优准则,同时以粮食产量和灌溉水利用系数为参考,确定最优的多水源配置方式。

研究区灌溉净效益为灌溉年效益与抽取井水和引黄水的年费用之差,可以表示为

$$\max f = \sum_{i=1}^{m}(\varepsilon_i Y_i A_i - \varepsilon_i Y_{i0} A_i) - \sum_{i=1}^{m}(c_1 b_{i1} + c_2 b_{i2}) \tag{8-1}$$

式中,f为研究区灌溉净效益,元;Y_i为研究区第i种作物在灌水量为Q_i时的产量,kg/hm^2;Y_{i0}为研究区第i种作物在不灌水时的产量,kg/hm^2;ε_i为研究区第i种作物的单价,元/kg;A_i为研究区第i种作物的种植面积,hm^2;c_1为引黄水灌溉费用,元/m^3;c_2为地下水灌溉费用,元/m^3;b_{i1}为第i种作物整个生长阶段的引黄水灌溉量,m^3;b_{i2}为第i种作物整个生长阶段的地下水灌溉量,m^3;m为作物种类。

除了要达到灌溉净效益最大以外,还有以下约束条件:

(1)引黄水灌水量约束:$0 \leqslant \sum_{i=1}^{m} b_{i1} \leqslant b_{总1}$

(2)地下水灌水量约束:$0 \leqslant \sum_{i=1}^{m} b_{i2} \leqslant b_{总2}$

即要满足年总引黄水灌溉量不能超过研究区的总引黄水量$b_{总1}$,年地下水灌溉总量不能超过研究区的地下水可开采量$b_{总2}$。

式(8-1)中所需要的年引黄灌溉水量、地下水灌溉量以及作物在灌水量为Q_i时的产量均由SWAT模型模拟得到,由此完成SWAT模型与水资源配置模型的耦合。

8.3.2 SWAT模型构建

8.3.2.1 灌区SWAT建模所需基本数据

1)所需基础数据准备

研究区域内模型的建立需要大量的基础数据做支撑,数据的收集和合理的处理是模型构建的基础和首要工作,是直接影响模型精度的关键要素。需求数据主要包括:能真实反映现状数字高程和精度的DEM图、河网水系图、土地利用图、土壤图和水闸地理信息、气象站点、水文水质站点、点源污染排污口分布等GIS数据;降水、气温、风速、极辐射、相对湿度等气象资料及其站点信息;水文水质站点流量资料;农田管理、灌溉、施肥、种植结

构等其他资料。

本研究所采用的数字高程模型(DEM)数据为 ASTER GDEM 30 m 分辨率高程数据(见图 8-6),来源于中国科学院计算机网络信息中心国际科学数据镜像网站(http://www.gscloud.cn)。

图 8-6 濮阳渠村灌区 DEM 图

2)土地利用/土地覆盖

本书所采用的土地利用/土地覆盖数据来源于中国科学院资源与环境数据库 2010 年 1∶10 万土地利用图。研究区土地利用类型主要包括耕地、林地、草地、城镇用地以及水域等(见图 8-7)。研究区耕地面积为 26.88 万 hm^2,占研究区总面积的 85.19%;林地面积为 0.184 万 hm^2,占总面积的 0.58%;草地面积为 0.027 万 hm^2,占总面积的 0.09%。水域面积为 0.316 万 hm^2,占总面积的 1.00%;城镇居民建设用地面积为 4.15 万 hm^2,占总面积的 13.14%。

3)土壤数据

研究区土壤类型(见图 8-8)主要为壤土,壤土面积为 24.19 万 hm^2,约占研究区总面积的 76.6%;其余为沙土,沙土面积为 7.40 万 hm^2,占研究区总面积的 23.4%。SWAT 模型所需要的土壤数据包括土壤纵剖面的土壤参数,而现有的土壤质地分布图只给出了研究区表层土的土壤质地类型,且模型自带的土壤数据库与中国的实际情况不一样,为了获得研究区的土壤参数,国内在应用 SWAT 模型时对土壤参数的处理,一般是在相关文献的基础上来确定土壤参数。模型所需要的土壤物理属性参数主要有饱和导水率、土壤容重、土壤有机碳含量、黏土/壤土/砂土含量等土壤参数。在获取土壤质地、容重等参数后,利用美国华盛顿州立大学开发的土壤水特性软件 SPAW 估算研究区域土壤的水力参数,完成土壤文件(*.sol)的编写。

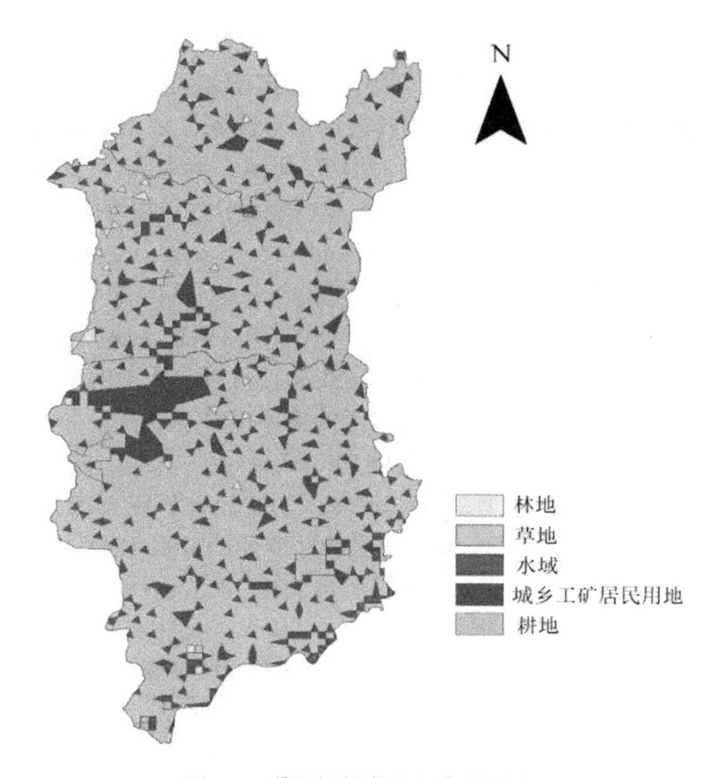

图 8-7　濮阳渠村灌区土地利用图

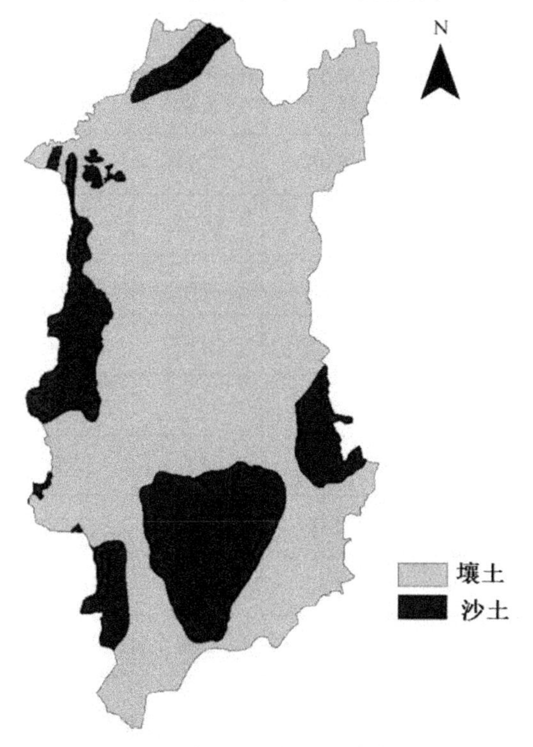

图 8-8　濮阳渠村灌区土壤类型图

4）气象资料数据

由于渠村灌区内缺乏气象站，在研究中采用距离研究区比较近的安阳站的气象资料，来进行模型的建模和研究分析。气象资料数据选自国家气象站安阳站点1961～2015年逐日降雨、最高/最低气温、太阳辐射、相对湿度、风速。将降水、最高/最低气温、相对湿度、风速的实测值以及计算得到的太阳辐射、潜在蒸发等分别按照模型要求的格式整理为相应的气象文件：*.pcp，*.tmp，*.hmd，*.wnd，*.slr，*.pet。在模型中每一个HRU的气象数据则是根据各气象站点的经纬度由最近的气象站点的气象资料所赋予。

根据已有的气象资料计算每月降水平均值（PCPMM，mm）、每月/日降雨标准差（PCPSTD，mm）、每月/日降雨偏斜系数（PCPSKW）、每月中无雨的第二天是雨天的概率（PR_W1，%）、每月中雨天的第二天仍是雨天的概率（PR_W2，%）、每月有雨的平均天数（PCPD，d）、每月日平均太阳辐射（SOLARAV，$MJ \cdot m^{-2} \cdot d^{-1}$）、每月/日平均露点温度（DEWPT，℃）、每月/日均风速（WNDAV，$m \cdot s^{-1}$）、每月/日最高气温（TMPMX，℃）、每月/日最低气温（TMPMN，℃）、每月/日最高气温的标准差（TMPSTDMX，℃）、每月/日最低气温的标准差（TMPSTDMN，℃），完成气象模拟器文件（*.wgn）的编写。各气象要素统计参数如表8-2、表8-3所示。

表8-2　1961～2015年气象要素1～6月均值及标准偏差统计参数

参数	1月	2月	3月	4月	5月	6月
TMPMX（℃）	4.08	7.45	13.79	21.07	26.77	31.65
TMPMN（℃）	-4.97	-2.28	2.73	9.21	14.73	19.63
TMPSTDMX（℃）	4.18	5.22	5.36	4.71	4.21	3.73
TMPSTDMN（℃）	3.14	3.46	3.60	3.73	3.19	2.66
PCPMM（mm）	3.45	7.55	13.22	25.35	38.78	51.16
PCPSTD（mm）	0.78	1.29	2.36	3.87	5.08	7.30
PCPSKW	9.37	6.58	10.65	7.34	6.14	9.40
PR_W1（%）	3	6	6	9	11	15
PR_W2（%）	26	34	32	25	28	27
PCPD（d）	1.04	2.16	2.60	3.29	4.20	5.05
SOLARAV（$MJ \cdot m^{-2}d^{-1}$）	4.96	5.32	5.93	6.62	7.19	6.99
DEWPT（℃）	-5.95	-3.54	1.06	7.72	13.10	16.89
WNDAV（$m \cdot s^{-1}$）	1.90	2.30	2.88	3.10	2.75	2.51

表 8-3　1961~2015 年气象要素 7~12 月均值及标准偏差统计参数

参数	7月	8月	9月	10月	11月	12月
TMPMX(℃)	31.35	29.96	26.16	20.94	12.51	5.77
TMPMN(℃)	22.28	21.13	15.74	9.42	2.09	-3.14
TMPSTDMX(℃)	3.30	3.03	3.71	4.43	5.24	4.47
TMPSTDMN(℃)	2.18	2.48	3.28	3.76	3.76	3.29
PCPMM(mm)	159.09	124.91	56.82	28.38	17.25	4.36
PCPSTD(mm)	16.00	14.00	6.96	4.22	2.51	0.98
PCPSKW	6.52	6.43	5.99	7.33	6.21	9.09
PR_W1(%)	24	19	14	8	7	3
PR_W2(%)	41	39	40	38	34	23
PCPD(d)	8.91	7.53	5.60	3.51	2.85	1.13
SOLARAV($MJ \cdot m^{-2} \cdot d^{-1}$)	6.04	6.13	5.86	5.70	5.29	5.01
DEWPT(℃)	22.03	21.61	16.54	10.44	3.09	-3.44
WNDAV($m \cdot s^{-1}$)	2.03	1.80	1.77	1.86	1.94	1.92

5)作物参数

SWAT 模型自带的植被参数库与中国的实际情况有较大出入,本书作物参数的确定是在模型自带作物生长参数数据库的基础上,根据研究区当地植被的实际生长情况,并查阅相关文献来确定作物的生长参数,主要包括:作物生长的基础温度、作物生长的最佳温度、辐射利用系数、最大叶面积指数、最优叶面积生长曲线上第一生长点所对应的生育期及其所占整个生育期的比例、最优叶面积生长曲线上第二生长点所对应的生育期及其所占整个生育期的比例、作物开始衰老的生育时间、作物最大冠层高度、作物最大根系深度、作物收获指数等,完成作物数据库文件(*.wgn)的编写。

6)农田管理数据

在实地调研、查阅相关文献的基础上,取得研究区作物种植方式及日期,收获方式及日期,耕作方式,灌溉量、灌溉次数、灌溉方式,施肥量、施肥次数、施肥方式等数据,建立研究区农田管理,包括种植、耕作、施肥、灌溉、收割等的数据库(.mgt)。

7)数据库的编辑输入

气象数据输入后,需要对各数据库里面的有关参数进行编辑,使其符合研究区域的实际情况。包括对土壤数据库(.sol)、农田管理数据库(.mgt)、河道水质数据库(.swq)、地下水数据库(.gw)等进行编辑。

8.3.2.2　参数的选取与率定

由于模型主要用于模拟不同水源灌溉下的灌水量情况,而作物是灌区最重要的一种土地覆盖类型,作物蒸散发也是农业流域水循环中的主要组成部分。因此,模型参数主要根据与灌水量有关的作物蒸散发量和作物产量来进行选取和率定。

1）耗水量

为了消除播种时间与收获时间对冬小麦耗水量的影响，受限于实测资料的缺乏，本研究将模拟的作物耗水量与已有研究中作物的耗水量做对比。研究区冬小麦以及夏玉米全生育期内的总耗水量模拟值见表8-4，冬小麦2009～2015年全生育期内的耗水量在448～524 mm，平均为485 mm；夏玉米2009～2015年全生育期内的耗水量在342～416 mm，平均为382 mm。模拟结果与已有的文献资料中冬小麦以及夏玉米全生育期总耗水量比较一致。

表8-4　2009～2015年冬小麦、夏玉米全生育期内总耗水量模拟值　　（单位：mm）

年份	2009	2010	2011	2012	2013	2014	2015
冬小麦	468	524	448	472	480	521	
夏玉米	384	366	342	392	416	393	382

2）产量

施用化学肥料是保证粮食高产、稳产的一种重要措施。为提高作物产量，农户们总是尽可能多地对作物施肥，20世纪90年代以后作物生长可假设为不受氮、磷的胁迫，并且年代越近，实际作物生长所受氮、磷胁迫的可能性越小。因此，本研究假设在SWAT模型模拟的过程中不考虑氮、磷对作物的生长胁迫。本研究将模型模拟所获得的2009～2015年冬小麦产量的模拟值与濮阳县统计年鉴中冬小麦的产量进行对比验证，以调整冬小麦的生长参数。2009～2015年模拟产量与实际产量的对比如图8-9所示。濮阳县2009～2015年冬小麦模拟产量平均为6 201 kg/hm^2，比平均实际产量（6 774 kg/hm^2）小8.5%。

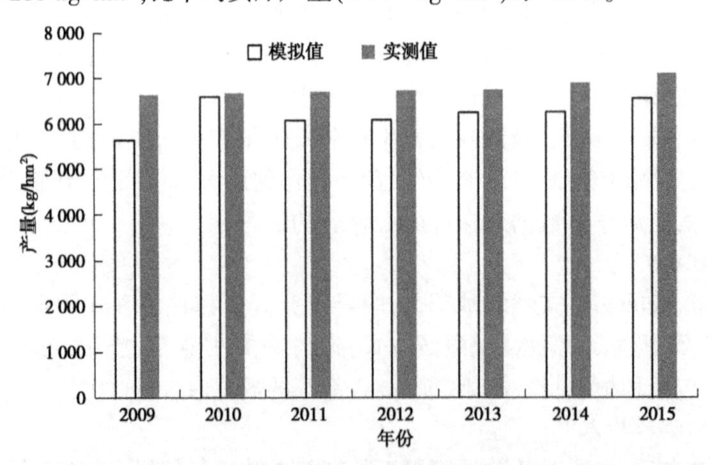

图8-9　2009～2015年濮阳县冬小麦模拟产量与实际产量对比

与冬小麦的处理一样，本研究假设在SWAT模型模拟的过程中，不考虑氮、磷对作物的生长胁迫，将模型模拟所获得的夏玉米产量的模拟值与濮阳地区夏玉米的产量进行对比验证，调整夏玉米的生长参数。为与冬小麦分析范围一致，本研究将2009～2015年夏玉米的模拟产量与对应年份的实际产量进行对比，结果如图8-10所示。其中研究区2009～2015年夏玉米模拟产量平均为6 418 kg/hm^2，比濮阳县平均实际产量（6 404 kg/hm^2）小0.2%。

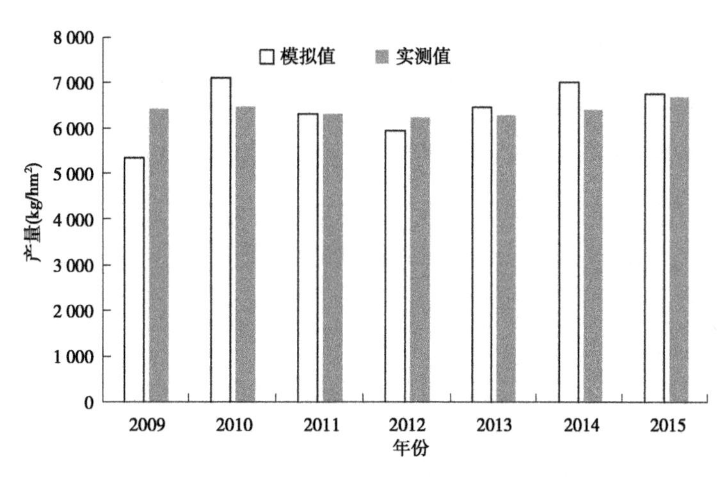

图 8-10 2009~2015 年濮阳县夏玉米模拟产量与实际产量对比

8.3.2.3 情景模拟设置

井渠结合灌溉对合理利用水资源、提高水资源利用效率、提高农田灌溉保证率以及防止土壤盐碱化都具有重要作用。不同井渠结合灌溉模式对以上作用发挥的效果不同。什么时间用井灌、什么时间用渠灌,用多少井水、多少渠水对灌区水循环的影响不同,所产生的用水效率和效益也不同。渠村灌区冬小麦、夏玉米播种面积约占耕地面积的 70%左右。因此,本研究以渠村灌区连种作物冬小麦—夏玉米灌区为研究对象,设置不同的井渠结合灌溉情景模式,采用修改后的 SWAT 模型,研究不同井渠结合灌溉模式下的渠系灌溉用水量和井灌用水量,为研究区多水源优化配置提供基础。

按井渠结合灌溉设定不同的灌溉模式,即同一灌溉地块既能用地表水(引黄水)渠灌,又能用地下水井灌,地表水、地下水联合运用。为实现不同生长阶段使用不同的灌溉方式,本研究将冬小麦整个生长阶段划分为 5 个生育期:播种—分蘖、分蘖—返青、返青—拔节、拔节—开花、开花—成熟,通过在不同的生育期设置不同的灌溉方式来实现地表水和地下水的联合运用。夏玉米整个生育期恰好位于雨季,设定整个玉米季均为渠灌。冬小麦不同生育期具体情景灌溉模式设定如下:

模式 1:在冬小麦的 5 个不同生育期内,设定其中 1 个生育期用地下水灌溉(井灌),其他 4 个生育期内用引黄水灌溉(渠灌)。具体情景设置如表 8-5 所示。

表 8-5 濮阳渠村灌区 1 井 4 渠结合灌溉情景

情景 \ 生育期	播种—分蘖	分蘖—返青	返青—拔节	拔节—开花	开花—成熟
S1	井灌	渠灌	渠灌	渠灌	渠灌
S2	渠灌	井灌	渠灌	渠灌	渠灌
S3	渠灌	渠灌	井灌	渠灌	渠灌
S4	渠灌	渠灌	渠灌	井灌	渠灌
S5	渠灌	渠灌	渠灌	渠灌	井灌

模式 2:在冬小麦的 5 个不同生育期内,设定其中 1 个生育期用渠灌,其他 4 个生育期

均用井灌。具体情景设置如表 8-6 所示。

表 8-6　濮阳渠村灌区 1 渠 4 井结合灌溉情景

情景＼生育期	播种—分蘖	分蘖—返青	返青—拔节	拔节—开花	开花—成熟
S6	渠灌	井灌	井灌	井灌	井灌
S7	井灌	渠灌	井灌	井灌	井灌
S8	井灌	井灌	渠灌	井灌	井灌
S9	井灌	井灌	井灌	渠灌	井灌
S10	井灌	井灌	井灌	井灌	渠灌

模式 3：在冬小麦的 5 个不同生育期内，设定其中 2 个生育期用井灌，其他 3 个生育期均使用渠灌。具体情景设置如表 8-7 所示。

表 8-7　濮阳渠村灌区 2 井 3 渠结合灌溉情景

情景＼生育期	播种—分蘖	分蘖—返青	返青—拔节	拔节—开花	开花—成熟
S11	井灌	井灌	渠灌	渠灌	渠灌
S12	井灌	渠灌	井灌	渠灌	渠灌
S13	井灌	渠灌	渠灌	井灌	渠灌
S14	井灌	渠灌	渠灌	渠灌	井灌
S15	渠灌	井灌	井灌	渠灌	渠灌
S16	渠灌	井灌	渠灌	井灌	渠灌
S17	渠灌	井灌	渠灌	渠灌	井灌
S18	渠灌	渠灌	井灌	井灌	渠灌
S19	渠灌	渠灌	井灌	渠灌	井灌
S20	渠灌	渠灌	渠灌	井灌	井灌

模式 4：在冬小麦的五个不同生育期内，设定其中 2 个生育期内用渠灌，其他 3 个生育期均用井灌。具体情景设置如表 8-8 所示。

表 8-8　濮阳渠村灌区 3 井 2 渠结合灌溉情景

情景＼生育期	播种—分蘖	分蘖—返青	返青—拔节	拔节—开花	开花—成熟
S21	渠灌	渠灌	井灌	井灌	井灌
S22	渠灌	井灌	渠灌	井灌	井灌
S23	渠灌	井灌	井灌	渠灌	井灌
S24	渠灌	井灌	井灌	井灌	渠灌
S25	井灌	渠灌	渠灌	井灌	井灌
S26	井灌	渠灌	井灌	渠灌	井灌
S27	井灌	渠灌	井灌	井灌	渠灌
S28	井灌	井灌	渠灌	渠灌	井灌
S29	井灌	井灌	渠灌	井灌	渠灌
S30	井灌	井灌	井灌	渠灌	渠灌

在以上设置的4种模式30个灌溉情景中均采用充分灌溉,亦即模型中所指的自动灌溉情景,指当作物生长受到水分胁迫时,就对作物进行灌溉。本书假设充分灌溉下60 cm土层土壤含水量始终保持在田间持水量的80%以上,如果低于80%,即对作物进行灌溉至田间持水量。

在以上4种地表水与地下水结合灌溉的模式中,若根据不同模式情景的规定需要引黄河水进行灌溉,如果引黄渠系内的水量在某次灌溉时不能满足作物的灌溉需求,则按实际的可引黄河水量进行灌溉,不会从别的水源地引水进行补充灌溉以满足此次作物灌溉需求的亏缺量。地下水灌溉包括浅层地下水灌溉和深层地下水灌溉,若根据模式情景的规定需要引地下水灌溉,当浅层地下水不能够满足作物的灌溉需求时,可从深层地下水引水灌溉以补充此次灌溉的亏缺量。

8.3.3 SWAT模型构建与水资源配置耦合模型的运用分析

8.3.3.1 不同模式下引黄水与地表水联合使用情况分析

现以研究区所辖范围内濮阳县为例,说明研究区4种模式不同情景下的引黄水和地下水联合使用的具体情况。

表8-9为濮阳县冬小麦—夏玉米连作期间生育期内引黄水与地下水的联合运用情况。模式1以渠灌为主(1井4渠),其中S1情景下的总灌水量最小,但S2情景下的地下水灌溉量最小,引黄水灌溉量最大,地下水灌溉量与引黄水灌溉量之比最小。S5情景下的总灌水量最大,地下水灌溉量最大,引黄水灌溉量最少,地下水灌溉量与引黄水灌溉量之比最大。

模式2以井灌为主(1渠4井),其中S10情景下的总灌水量最小,地下水灌水量最少,虽然引黄水灌溉量不是最多的,但地下水灌溉量与引黄水灌溉量之比最小。S7情景下的总灌水量最大,但此情景下的地下水灌溉量最大,引黄水灌溉量最少,地下水灌溉量与引黄水灌溉量之比最大。

模式3为2井3渠灌溉模式,共有10个情景。10个情景中最小灌溉水量为244.6 mm(S15),最大灌溉水量为274.8 mm(S19)。在模式3所有的情景中,S12情景所需地下水灌溉量最多,为187.1 mm,相应的引黄水灌溉量最少,为74.8 mm;但S11情景下地下水灌溉量最少,为13.2 mm,而引黄水灌溉量却最多,为213.3 mm,地下水灌溉量与引黄水灌溉量之比最小。

模式4为2渠3井灌溉模式,共分为10个情景。10个情景中最小灌溉水量为244.7 mm(S30),最大灌溉水量为280.8 mm(S21)。在模式4所有的情景中,S21情景所需地下水灌溉量最多,为196.4 mm,相应的引黄水灌溉量最少,为84.5 mm;但S30情景下地下水灌溉量最少,为42.1 mm,而引黄水灌溉量却最多,为202.6 mm,地下水灌溉量与引黄水灌溉量之比最小。

表 8-9 渠村灌区濮阳县冬小麦—夏玉米连作期间引黄水与地下水的联合运用情况

模式	情景	总灌水量（mm）	地下水灌溉量（mm）	引黄水灌溉量（mm）	地下水灌溉量与引黄水灌溉量之比	灌溉净效益（万元）
模式 1	S1	219.1	10.4	208.7	0.05	15 830.7
	S2	222.2	4.4	217.8	0.02	15 939.7
	S3	237.9	29.7	208.2	0.14	15 680.3
	S4	244.5	68.3	176.2	0.39	15 173.1
	S5	266.8	90.9	175.9	0.52	14 493.0
模式 2	S6	281.9	197.4	84.4	2.34	12 453.7
	S7	283.8	205.1	78.7	2.61	12 299.3
	S8	270.6	168.7	101.9	1.65	13 115.5
	S9	281.4	126.0	155.4	0.81	13 997.8
	S10	258.9	112.5	146.3	0.77	14 329.2
模式 3	S11	226.5	13.2	213.3	0.06	15 771.1
	S12	261.9	187.1	74.8	2.50	11 507.6
	S13	260.4	77.2	183.3	0.42	14 948.1
	S14	265.8	100.5	165.3	0.61	14 346.9
	S15	244.6	36.0	208.5	0.17	15 497.6
	S16	249.9	72.4	177.5	0.41	15 081.9
	S17	270.0	92.7	177.3	0.52	14 462.2
	S18	257.9	99.6	158.3	0.63	14 579.9
	S19	274.8	114.6	160.2	0.72	14 205.3
	S20	268.0	158.4	109.5	1.45	13 311.8
模式 4	S21	280.8	196.4	84.5	2.32	12 469.3
	S22	262.5	159.4	103.1	1.55	13 307.8
	S23	278.8	117.4	161.5	0.73	14 150.9
	S24	260.5	104.7	155.9	0.67	14 490.5
	S25	272.0	169.4	102.6	1.65	13 104.7
	S26	276.6	121.2	155.4	0.78	14 149.7
	S27	258.2	108.9	149.3	0.73	14 429.1
	S28	269.6	100.4	169.2	0.59	14 373.3
	S29	254.0	80.6	173.4	0.46	14 929.0
	S30	244.7	42.1	202.6	0.21	15 385.3

8.3.3.2 最优井渠联合灌溉模式选择

冬小麦和夏玉米为研究区的主要研究对象，其中小麦单价为 2.4 元/kg，玉米单价为 1.50 元/kg；根据文献及实际调查结果，研究区引黄水灌溉费用和地下水灌溉费用分别取 0.15 元/m^3 和 0.6 元/m^3。根据濮阳市统计年鉴可知，2016 年濮阳县总灌溉面积为 7.418 万 hm^2，冬小麦种植面积为 7.73 万 hm^2，夏玉米种植面积为 3.785 万 hm^2，因此研究中冬小麦—夏玉米连作种植面积取 3.785 万 hm^2。

不同的引黄水与地下水联合运用的灌溉净效益如表 8-9 所示。在不考虑地表水和地下水水资源量限制的时候，从表 8-9 中可以看出，模式 1（1 井 4 渠）中 S2 情景所产生的经济效益最高。但 S2 情景中地下水灌溉量太少，引黄水灌溉量太多，地下水灌溉量与引黄水灌溉量之比仅为 0.02，为 30 个情景中的地下水灌溉量与引黄水灌溉量之比的最低值。此种灌溉方式不合适，需要结合考虑引黄水灌溉量以及地下水灌溉量的限制来确定最优的灌溉方式。查濮阳县相关水资源资料可知，濮阳县地下水来源于降水和黄河侧漏水，濮阳县地下水可开采利用量为1.69亿m^3(117 mm);引黄水量平均为1.3亿m^3,年平均灌溉水深为175 mm。因此,不同情境模式下的地下水灌溉量不能超过117 mm,引黄水灌溉量不能超过175 mm。在年引黄水灌溉量以及地下水灌溉量的限制下,模式1中所有的情景都不符合,模式2中的S10、模式3中的S14、S18、S19以及模式4中的S23、S24、S27、S28、S29均符合灌溉水量的限制条件。

由于不同的模拟情景均为充分灌溉,不同情景下的作物产量相差不大。在符合灌溉水量限制条件的几种情景所模拟的小麦产量最大值为5 264 kg/hm^2,最小值为5 251 kg/hm^2;玉米产量最大值为5 631 kg/hm^2,最小值为5 575 kg/hm^2。因此,在确定最优的灌溉方式时不考虑作物产量的差别。由此可判定模式4(2渠3井)中的S29为最优的多水源灌溉方式,此情景下濮阳县的年地下水灌溉量与地表水灌溉量之比为0.46,灌溉净效益为1.49亿元。多年平均年内引黄水灌溉和地下水灌溉情况如图8-11所示。

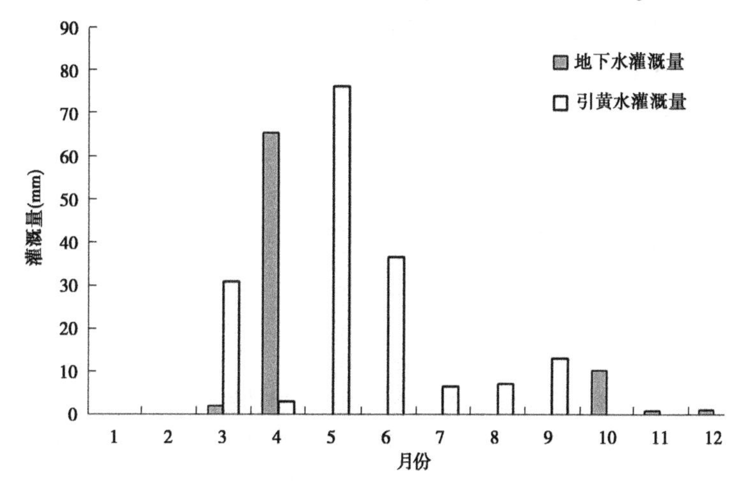

图8-11　情景S29(2渠3井)地下水与引黄水联合灌溉的月内分配情况

因此,在渠村灌区濮阳县进行引黄水与地下水的多水源配置时,可以根据图8-11中所示的每个月的引黄水灌溉量与地下水灌溉量对冬小麦—夏玉米连作种植进行灌溉。

8.4　小　结

本章将SWAT模型与水资源配置模型耦合,进行多水源水资源配置研究,将SWAT模型模拟的输出结果——地下水灌溉量、引黄水灌溉量、作物产量等作为水资源配置模型的输入,完成SWAT模型与水资源配置模型的耦合,并通过设置不同的地下水与引黄水灌溉联合灌溉方式,以灌溉净效益为主要目标,同时,以年引黄水灌溉总量、地下水灌溉总量和作物产量为约束条件,进行了最优多水源水资源配置方式的选择。

本研究是在充分灌溉的基础上进行的最优多水源水资源配置方式的选择,在实际运行过程中,尤其是在水资源缺乏的地区,应以亏缺灌溉的形式进行灌溉,以达到高效节水的效果。就本研究而言,进行亏缺灌溉时,可以对本研究所建立的耦合模型在不同的生长阶段设置不同的灌溉下限水平,以选择最优的多水源水资源配置方式。

第 9 章　水肥一体化灌溉施肥效应模拟研究

水肥一体化技术是将灌溉与施肥融为一体进行精准灌溉施肥的农业新技术，可以实现水分和养分的同时供给，具有灌溉用水效率和肥料利用率高、节省施肥用工、保护环境等特点。研究区灌溉水利用效率不高，污染比较严重，本书对水肥一体化作用下旱作农田的地表径流氮、磷迁移特点进行模拟分析，可以为研究区实施精准水肥一体化灌溉提供理论基础。

研究主要利用验证后的 SWAT 模型，对研究区不同的灌溉与施肥一体化模式下农田地表径流流失特征以及对作物水分生产力的影响进行模拟研究，评价不同的灌溉与施肥一体化模式对研究区水体污染的扰动程度以及作物水分生产力的影响，提出最优的农业灌溉与施肥一体化管理模式。由于冬小麦和夏玉米是研究区的主要旱作作物类型，同时也限于数据的获取，本书只针对冬小麦和夏玉米的土地利用类型进行模拟研究。

9.1　水肥一体化技术概述

9.1.1　基本概念及特点

水肥一体化技术是将灌溉与施肥融为一体进行精准灌溉施肥的一项农业新技术，有广义与狭义之分。广义的水肥一体化是指根据作物需求，对农田水分和养分进行综合调控和一体化管理，以水促肥、以肥调水，实现水肥耦合，全面提升农田水肥利用率。狭义的水肥一体化是指灌溉施肥，即将肥料溶解在水中，借助管道系统，灌溉与施肥同时进行，适时适量地满足作物对水分和养分的需求，实现水肥一体化管理和高效利用。它是利用灌溉设施（如滴灌）将作物所需的养分、水分最低浓度地供给，肥、水均匀地浸润地面 25 cm 左右，使作物根系发达。也可根据作物需要，使肥、水浸润更深、更广。形象地称这种技术为“匙喂”适宜水量和肥料。相对于普通灌溉，水肥一体化技术具有以下特点。

（1）提高水资源利用效率。

传统的灌溉方式主要有畦灌、漫灌等，灌水均匀性差，水量多消耗于棵间蒸发、土壤蒸发、深层渗漏等，浪费极大。水肥一体化所采用的灌水方式主要有滴灌、微喷灌、膜下滴灌等，可以将灌溉水均匀、准确地直接输送到作物根部附近的土壤表面或土层中。

滴灌期间地面基本不产生径流，直接浇灌作物，减少了作物的棵间蒸发，使水分的渗漏和损失大大降低。同时，从滴灌输水系统来看，灌溉水在一个全程封闭的输水系统内，可减少水分在输水过程中的下渗和蒸发，从而达到节水的效果。滴灌可以显著提高作物水分利用效率，减少深层渗漏量。滴灌一般可节水 30%～50%，节水效果最好。在玉米、小麦、马铃薯、棉花、洋葱等大田作物上应用滴灌施肥技术，可以比漫灌节约用水 40%以上。相对于大水漫灌施肥，滴灌条件下冬小麦全生育期可节约灌水量 63.2%，玉米全生育期可节水55.5%，冬棚大暖瓜滴灌可比漫灌节水705~910.5 m^3/hm^2，节水率达21.0%~27.1%，其节水效果更明显。根据全国农业技术推广服务中心2002年以来在河北、山东、北京、新疆、山西等省的示范推广点的调查结果，蔬菜和果树应用微灌施肥技术后水分生产效率可以提高6~10.5 $kg \cdot mm^{-1} \cdot ha^{-1}t$。

膜下滴灌技术是根据农作物生长动态需水需要，在作物根部需水区域提供合适的水量供应，不仅可以有效满足作物生产用水需求，同时可以大大减少水资源灌溉过程中的浪费。膜下滴灌技术，其水资源利用效率可以高达95%以上，大约比传统地面沟灌、畦灌、漫灌等方式节水50% ~70%，比喷灌灌溉方式要节水35%~60%，节水效果十分明显。实施棉花水肥一体化滴灌技术，可以比常规灌溉施肥节约用水40%以上，提高水分利用效率13.7%~20.4%。

微喷属于全管道输水和局部微量灌溉，可以使水分渗漏和损失降到最低，实现小范围局部控制，大大提高水分利用率。微喷水肥一体化节水效果明显。李月华等(2012)在河北石家庄的研究表明，相对于常规灌溉施肥来讲，微喷水肥一体化对不同土壤类型麦田的节水效果也不一样：壤质土麦田可节约用水450~750 m^3/hm^2，砂质土麦田节水量达3 000 m^3/hm^2。肖荣彬等(2011)对小麦玉米微灌水肥一体化技术进行了研究与示范，结果表明微喷水肥一体化技术具有明显的节水效果。相对于传统灌溉方式来讲，小麦全生育期可节水45%，玉米节水率达35%。

(2)提高肥料利用效率。

2003年农业部组织专家完成的《中国三大粮食作物肥料利用率研究报告》表明，目前我国水稻、玉米、小麦三大粮食作物氮肥、磷肥和钾肥当季平均利用率分别为33%、24%、42%。其中，小麦氮肥、磷肥、钾肥利用率分别为32%、19%、44%，水稻氮肥、磷肥、钾肥利用率分别为35%、25%、41%，玉米氮肥、磷肥、钾肥利用率分别为32%、25%、43%。虽然已经进入国际上公认的适宜范围，但仍然处于较低的水平，还有较大的提升空间。

水肥一体化技术定时、定量地向作物根部施肥，可以减少肥料挥发、流失，大幅度地提高肥料利用率。合理的滴灌施肥措施可提高肥料利用率。滴灌施肥下由于化肥与灌溉水融合，养分直接均匀地输送到作物根系层，湿润范围为根系集中区，水、肥被直接输送到作物根系最发达的部位，能够提高施肥区域的养分利用效率。在盆栽试验条件下，滴灌施氮肥可以获得较高的氮肥利用率，其中尿素、硝酸铵、硫酸铵处理的氮肥利用率分别达到67.3%、68.36%和64.20%。在一般条件下滴灌施肥可以获得相当或更高的作物产量，同时，也可以提高肥料利用效率50%以上。如冬棚大暖瓜，采用滴灌施肥可比漫灌冲肥节肥130.95~1 733.55 kg/hm^2，节肥率达3.7%~49.5%，氮肥、磷肥、钾肥利用率分别提高了11.1%~32.9%、3.0%~3.7%和8.8%~26.8%。易溶肥料随水滴到地膜覆盖下的作物根系生长范围，根系吸收更直接，减少了肥料的挥发损失，实施棉花膜下滴灌水肥一体化可比常规施肥省肥10%~20%。相比常规灌溉施肥，微喷水肥一体化技术也可使小麦生育期内肥料利用率提高20%左右。

(3)减少环境污染。

不合理施肥情况下大量肥料没有被作物吸收利用而进入环境，造成环境污染。采用水肥一体化技术可以通过控制灌溉深度，避免将化肥淋洗至深层土壤从而造成土壤和地下水的污染。同时,滴灌施肥技术把定量的溶解态肥料直接输送到作物根部,能够提高肥料利用效率,减少氮素流失量。相对于常规施肥,梨园和蔬菜滴灌施肥区全年总氮流失负荷分别削减44.8%~58%、20.5%~43.7%;2006年梨、大豆、玉米的单位产量总氮流失量分别为45.2%、14.5%、26.3%,2007年梨、西瓜和玉米单位产量总氮流失量分别削减56.4%、49.7%和51.8%。同时,滴灌施肥技术由于减少了氮肥施用量并改进了肥水分配方式,在保持农作物产量的基础上减少了 N_2O 的排放,与常规肥水管理方式相比,滴灌施肥区单位氮肥 N_2O 损失率明显降低,在蔬菜田上应用该技术单位产量、排放量分别削减53.2%和58.9%。

(4)提高作物品质和产量。

采用水肥一体化技术还可以促进作物产量和品质的提高。与常规水肥管理模式相比,水肥一体化技术可使香蕉产量提高15.6%,马铃薯产量增加35.6%,玉米产量增加22.8~53.1%,增产效果明显。方剑等的研究表明,滴灌施肥可使黄瓜增产13 215~23 475 kg/hm^2,增产率达9.9%~17.6%;VC含量提高10.8~12.8 g/kg,提高率达8.65%~10.2%。相比常规灌溉施肥,微喷水肥一体化技术可使小麦平均每亩增产75 kg左右,玉米平均每亩增产100 kg左右,土壤质地不同小麦的增产率也不一样,壤质土麦田增产率大于15%,而沙质土麦田增产率在20%以上。

另外,实施水肥一体化技术可节省劳动力和机力。实施棉花水肥一体化滴灌技术在棉花全生育期可节省劳力和耕作机力费600元/hm^2,利用微喷一体化可节约用工30%以上,节约灌溉时间73%。以广西南宁市一个5.33 hm^2的砂糖橘园为例,采用水肥一体化技术后,每亩每季平均节省约10个用工,比常规省工90%。水肥一体化技术也可提高土地利用率。实施微喷一体化技术可免去畦埂占地,提高土地利用率5%左右,水肥一体化技术对地形适应性强,河北省藁城市在滹沱河河滩地上利用水肥一体化技术种植马铃薯,由于田间全部采用管道输水,代替了地面灌溉时需要的农渠及田间灌水毛渠及田埂,可节省土地5%~7%。

(5)水肥一体化的局限性。

虽然实施水肥一体化具有节水、节肥、省时省工、保护环境等优点,但水肥一体化的实施还存在着一定的局限性。首先是认识不到位,人们只顾追求眼前利益和短期效益,水资源严重短缺对生态环境、国民经济和社会发展造成的影响,还远未引起社会各界的足够重视。其次,实施水肥一体化技术的设备前期一次性投资较大,农民收入水平不高,难以得到快速推广。另外,对管理人员的要求高,需要进行专业培训。

9.1.2 国内外发展概论

9.1.2.1 国外发展概论

水肥一体化技术的发展缘起于1699年英国博物学家John Woodward在实验室进行的水培研究。进入20世纪中期后,世界各国在田间种植中开始进行灌溉施肥。最初灌溉水分利用效率较低,肥料的利用率也很低,且易造成环境污染。随着精确控制水分供应设备的研发和使用,水肥一体化技术的节水、控污、增产效果大幅度增加。研究表明,滴灌施肥不仅可以明显增加作物产量,还可以比喷灌节约用水30%,显著提高作物水分利用效率,减少深层渗漏量,更重要的是可节省 25%～50%的肥料施用量,提高肥料利用效率 50%以上。不合理施肥易造成环境污染,滴灌施肥技术是小范围局部控制,微量灌溉,水肥渗漏较少,可以减少土壤养分淋失、减少地下水污染、提高灌溉施肥频率,可以提高作物对养分的吸收效率并减少养分淋失到根区以下。

以色列从“沙漠治国”变成“农业强国”的主要措施之一,就是将灌溉技术、水溶肥技术及节水灌溉设备相结合,并广泛应用于温室蔬菜、花卉、果园、大田作物等各个领域,节水率达 40%～60%,节肥 30%～50%。以色列农业的灌溉方式基本全部为微灌和喷灌,农业灌溉面积已有 90%区域实行水肥一体化灌溉施肥技术。

澳大利亚于 2007 年设立 100 亿澳元的国家节水计划,其中约一半用于发展灌溉设施和水肥一体化;美国的灌溉农业中 60%的马铃薯、25%的玉米、33%的果树均采用水肥一体化。2010 年美国微灌面积已发展到 153 万 hm^2,已达到全世界微灌面积的 1/4 左右,是世界上发展微灌最快的国家之一。一些发达国家如英国、瑞典、德国、丹麦、法国、奥地利、匈牙利等国家喷灌和微灌灌溉面积已达到总灌溉面积的 80%以上。近 10 多年来,亚洲印度微灌面积也得到了快速增长,较 10 年前增加了 4 倍左右。

9.1.2.2 国内发展概论

我国水肥一体化技术的研究始于 1974 年。当时引进了墨西哥的滴灌设备,试验点仅有 3 个,面积较小,但试验取得了显著的增产和节水效果。根据其发展过程,可以分为 3 个阶段。

第一阶段(1974～1980 年):引进滴灌设备、消化吸收、设备研制和应用试验与试点阶段。1980 年,我国自主研制生产了第 1 代成套滴灌设备。

第二阶段(1981～1986 年):设备产品改进和应用试验研究与扩大试点推广阶段。

第三阶段(1987 年至今):直接引进国外的先进工艺技术,高起点开发研制微灌设备产品。

20 世纪 90 年代中期,我国开始大量开展技术培训和研讨,水肥一体化理论及应用受到重视。当前,水肥一体化技术已经由过去的局部试验、示范,发展成为现在的大面积推广应用,辐射范围从华北地区扩大到西北旱区、东北寒温带和华南亚热带地区。覆盖设施栽培、无土栽培、果树栽培,以及蔬菜、花卉、苗木、大田经济作物等多种栽培模式和作物,特别是西北地区膜下滴灌施肥技术处于世界领先水平。

随着水肥一体化技术的推进,近年来我国节水灌溉工程面积逐年增加,其中喷灌、微灌面积和低压管灌面积也逐年扩大。2007 年,全国耕地灌溉面积为 $57\ 782\times10^3\ hm^2$,其中节水灌溉工程面积为 $23\ 489\times10^3\ hm^2$,约占全国耕地灌溉面积的 40.7%,节水灌溉工程中,喷、微灌面积为 $3\ 853\times10^3\ hm^2$,低压管灌面积为 $5\ 574\times10^3\ hm^2$,分别占节水灌溉工程面积的 16.4%、23.7%;2011 年,全国耕地灌溉面积为 $61\ 682\times10^3\ hm^2$,其中节水灌溉工程面积为 $29\ 179\times10^3\ hm^2$,约占全国耕地灌溉面积的 47.3%,节水灌溉工程中,喷、微灌面积为 $5\ 796\times10^3\ hm^2$,低压管灌面积为 $7\ 130\times10^3\ hm^2$,分别占节水灌溉工程面积的 19.8%、24.4%;2014 年,全国耕地灌溉面积为 $64\ 540\times10^3\ hm^2$,其中节水灌溉工程面积为 $29\ 019\times10^3\ hm^2$,约占全国耕地灌溉面积的 44.9%,节水灌溉工程中,喷、微灌面积为 $7\ 843\times10^3\ hm^2$,低压管灌面积为 $8\ 271\times10^3\ hm^2$,分别占节水灌溉工程面积的 27.0%、28.5%。

小麦和玉米为郑州市主要的旱作作物,由前文介绍可知,研究区域可利用农地宽阔肥沃,水资源时空分布极不均衡,人均水资源量严重短缺。再加上当地过度使用化肥,导致氮素和磷素等营养物质、农药以及其他有机或无机污染物质,通过农田的地表径流和农田渗漏引发环境污染。因此,有必要采用实施高效节水灌溉措施节约水资源和施肥量。

水肥一体化技术是将灌溉与施肥融为一体进行精准灌溉施肥的农业新技术,可以实现水分和养分的同时供给,具有灌溉用水效率和肥料利用率高,节省施肥用工,保护环境等特点。该区域适宜规模化连片种植粮棉油等大宗农作物,适宜各类农产机械的广泛使用,具有发展现代农业的良好基础和客观条件。因此,为实现旱作的精准灌溉以及农业面源污染的控制,本研究将对郑州市旱作作物冬小麦、夏玉米实施微喷灌水肥一体化技术研究。

9.2 水肥一体化技术研究方法

9.2.1 SWAT 模型应用

SWAT 模型是近年来在非点源污染研究中获得广泛应用的一个长时段分布式流域水文模型。SWAT 模型基于流域尺度,具有很强的物理基础,能够长期预测在具有多种土壤类型、土地利用方式和管理条件的大面积复杂流域中,土地管理措施对水、沉积物、农药、杀虫剂以及营养物的分布和迁移输送的影响。另外,该模型能够利用 GIS 和 RS 所提供的各类空间数据进行模拟计算,具有计算效率高、功能强大的优点。

SWAT 模型在国内外得到了广泛的应用,在面源污染模拟研究领域,SWAT 模型成功应用于流域氮、磷和杀虫剂的迁移转化研究。许多研究人员利用不同尺度流域的径流和污染物监测数据,检验了 SWAT 模型的适用性,结果表明 SWAT 模型能够较好地模拟不同尺度流域的氮素流失,其 NSE 值均在 0.6 以上,而对于磷的流失,虽然没有氮素的模拟效果好,但 NSE 也在 0.39~0.93 内。Luo 等应用 SWAT 模型模拟加利福尼亚州 Otestimba Creek 农业流域两种有机磷农药的迁移转化并取得了较好的模拟结果。Bulut 等使用 SWAT 模型评价了施肥量对磷的迁移和对 Uluabat 湖水磷含量的影响,研究结果表明,当施肥量增加 1 倍时,Uluabat 湖磷的负荷增加 32%;当施肥量减少 20%、30%和 50%时,Uluabat 湖磷的负荷下降约 6%、10%和 16%。Akhavan 等利用 SWAT 调查了伊朗 Hamadan-Bahar 农业灌溉流域硝态氮的淋失量,分析了流域硝态氮淋失的空间和时间分布,并探讨了硝态氮淋失量与地下水硝酸盐的相关关系,提出了减少硝态氮淋失量的最佳管理措施(BMPs)。

目前,SWAT 模型在国内广泛应用于对面源污染时空变化过程的模拟,以及影响因素的分析。秦耀民等将 SWAT 模型用于黑河流域面源污染研究,分析了黑河流域面源污染与土地利用的关系,研究了植被覆盖变化对面源污染过程的影响。王晓燕等利用 SWAT 模型分析了农业面源污染对水库的影响,结果表明该水库氮、磷等污染物的进入主要集中在雨季,农业面源污染受降雨和径流的影响较大。郝芳华等先后在库区、牧区和小流域开展了农业面源污染的研究工作,利用 SWAT 模型模拟了不同控制措施对面源污染的削减效果,并提出了大尺度面源污染分区分级体系和标准。李家科等应用 SWAT 模型对西北干旱区域大尺度流域—渭河华县断面以上流域—径流、泥沙及氮污染负荷的时空产生与输出特点进行了模拟,分析了不同水文年泥沙和氮污染物的产出,认为有机氮和硝态氮的产出与土地利用、土壤类型和降雨强度密切相关。张平等应用SWAT模型研究了密云水库沿湖区不同施肥情景的氮磷流失,并分析了氮磷污染控制的关键区域,提出了削减氮磷流失的施肥方案。

因此,本书也采用SWAT模型对研究区水肥一体化条件下的地表径流氮磷迁移特征进行模拟。结合当地实际水资源情况,利用SWAT模型模拟微喷灌水肥一体化条件下的地表径流氮磷迁移特征进行模拟。由于模型本身灌溉模块模拟的是传统的地表灌溉模式,微喷灌湿润的田地面积、灌水深度、蒸发损失以及渗漏损失都比传统的灌溉方式要少,灌水效率则比传统的灌溉方式要高。根据微喷灌特点,本书对SWAT模型中涉及灌水效率、灌水深度、湿润面积、蒸发损失以及渗漏损失等的代码都做了相应的改进,以便更准确地模拟微喷灌条件下的氮磷转移,并将结果与现状对比,分析微喷灌灌溉施肥一体化对农田地表径流氮磷迁移及旱作作物水分生产力的影响。

9.2.2 水肥一体化模拟情景设置

9.2.2.1 灌溉情景设置

针对冬小麦、夏玉米的灌溉现状,分析水肥一体化条件下不同灌溉方式对冬小麦、夏玉米季农田地表径流氮磷迁移及旱作作物水分生产力的影响,考虑到经济因素,同时也分析其对作物产量以及耗水量的影响。基于现状条件设定了6种实时灌溉情景(见表9-1),其他管理措施相同。

表9-1 不同实时灌溉情景组合

情景	灌溉方式
ZI1	现状
ZI2	50%FC
ZI3	60%FC
ZI4	70%FC
ZI5	80%FC
ZI6	90%FC
ZI7	100%FC

本研究所指的冬小麦现状条件下整个生长季施氮(N)量为170 kg/hm^2,施磷(P_2O_5)量为90.9 kg/hm^2,施钾(K_2O)量为89.9 kg/hm^2;夏玉米现状条件下整个生长季施氮(N)量为209.4 kg/hm^2,施磷(P_2O_5)量为77.9 kg/hm^2,施钾(K_2O)量为75.3 kg/hm^2。灌溉方式为大水漫灌。

不同实时灌溉情景表示田间土壤含水量所应维持的下限值,若低于此下限值,则需补充灌溉使田间土壤含水量达到田间持水量。如ZI2情景,50%FC表示使田间土壤含水量始终保持在田间持水量 FC 的 50%以上,低于 50%FC 即对作物进行补充灌溉至田间持水量。

利用校准后的 SWAT 模型,分别计算水肥一体化条件下不同实时灌溉条件下冬小麦、夏玉米污染负荷变化以及作物产量和耗水量,分析不同灌溉方式对农田地表径流氮磷迁移及旱作作物水分生产力的影响,并以产生污染负荷最小、作物产量最大为原则,确定最优的实时灌溉方式。

9.2.2.2 **施肥量情景设置**

针对冬小麦、夏玉米的施肥现状,分析水肥一体化条件下不同施肥量对冬小麦、夏玉米生长季农田地表径流氮磷迁移及旱作作物水分生产力的影响。在最优灌溉方式下,基于现状施肥条件设定了 6 种不同施肥情景(见表 9-2),其他管理措施相同。

表 9-2 不同施肥量情景

情景	施肥量
ZF1	最优灌溉情景
ZF2	减 30%
ZF3	减 40%
ZF4	减 50%
ZF5	减 60%
ZF6	减 70%
ZF7	减 75%

利用校准后的 SWAT 模型分别计算最优灌溉方式下,不同施肥量条件下冬小麦、夏玉米污染负荷变化以及作物的产量和耗水量,分析不同施肥量对农田地表径流氮磷迁移及旱作作物水分生产力的影响,并以产生污染负荷最小、作物产量最大为原则,确定最优施肥量。

9.2.2.3 **施肥方式情景设置**

研究区作物肥料运筹方式不合理,小麦生产中重底肥轻追肥,春季追肥较少甚至无追肥,易导致后期施肥量不足,肥料利用率偏低,也会对农田污染物负荷造成影响。本研究利用校准后的 SWAT 模型分别计算分析,在最优灌溉施肥方式下以及施肥量一定的情况下,不同施肥方式条件对农田地表径流氮磷迁移及旱作作物水分生产力的影响,并以产生污染负荷最小、作物产量最大为原则,确定最优施肥方式。

在最优灌溉施肥方式下以及氮肥施肥量一定的基础上,本研究设置了 6 种不同的氮肥施肥方式(见表 9-3),其他管理措施相同。其中现状施肥状况下,氮肥基肥与追肥比例为6∶4。

表 9-3 不同施肥方式情景

情景	施肥方式
ZFS1	现状
ZFS2	基肥 20%,追肥 80%
ZFS3	基肥 30%,追肥 70%
ZFS4	基肥 40%,追肥 60%

续表 9-3

情景	施肥方式
ZFS5	基肥 50%,追肥 50%
ZFS6	基肥 70%,追肥 30%
ZFS7	基肥 80%,追肥 20%

9.3 不同灌溉情景对农田氮磷流失及作物水分生产力的影响

本节利用校准后的 SWAT 模型分别计算不同实时灌溉条件下冬小麦、夏玉米污染负荷变化情况,分析不同灌溉条件下氮、磷流失特征和规律,以及不同灌溉量对氮磷流失特征和规律的影响,并以产生污染负荷最小、目标产量达 7 500 kg/hm^{2}为原则,确定最优的实时灌溉方式。

9.3.1 对冬小麦生长季的影响

在不同的灌水情况下,冬小麦生长季所产生的 TN 负荷以及 TP 负荷相对于现状情况的变化情况如图 9-1 所示。由图 9-1 可见,冬小麦 TN 负荷减少率以及 TP 负荷减少率均随着灌水量的增加而减少,即灌水量越少,所产生的 TN 负荷与 TP 负荷越少,相对于现状的 TN 负荷与 TP 负荷减少率越大。

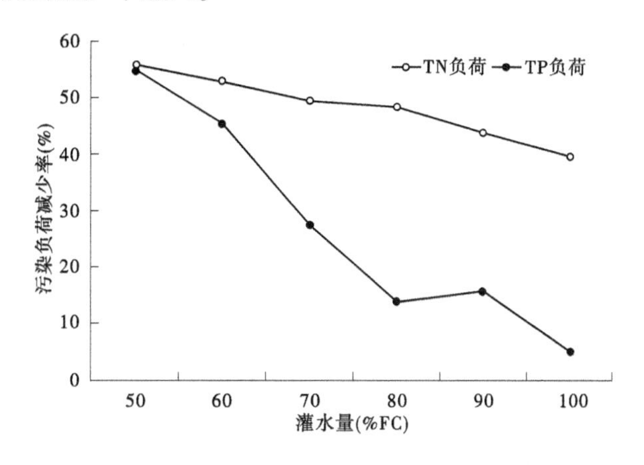

图 9-1 研究区冬小麦生长季 TN、TP 负荷与灌水量的关系曲线

而从表 9-4 中可以看出,随着灌水量的增加,节水量逐渐减少,但产量的增加量也越小。当灌水维持土壤含水量从 50%FC(ZI2 情景)增加到 100%FC(ZI7 情景)时,节水效果逐渐减小,但当灌水维持土壤含水量达到 80%FC(ZI5 情景)之后的节水效果、增产效果以及作物水分利用效率(WUE)的提高等效果均不明显。虽然当灌水维持土壤含水量为 50%FC 时(ZI2 情景)的 TN 负荷以及 TP 负荷相对于现状条件减少量最大,节水、节肥效果最好,但此时冬小麦的产量在 7 种情景中最小,且小于 7 500 kg/hm^2,WUE 也最小。而当土壤含水量从 80%FC(ZI5 情景)增加到 90%FC(ZI6 情景)时的过程中,TN 负荷急剧减小,节水量也在减小,虽然 WUE 有所增加,但产量变化不大。虽然在 ZI7 情景下的产

量及 WUE 最高,但节水、节肥效果最差。因此,在节水、节肥、保证作物产量、提高作物WUE 等条件的要求下,本研究认为在水肥一体化技术下维持土壤含水量在 80%FC 时的收益最大,此情景下 TN 负荷量相对于现状减少了 48%,TP 负荷量减少了 14%,产量增加了11.27%,且产量在 7 500 kg/hm^2以上,WUE 增加了 6.09%。

表 9-4　不同灌水情景下冬小麦生长季 TN 负荷、TP 负荷、灌水量、产量以及 WUE 的变化量

情景	TN 变化量(%)	TP 变化量(%)	灌水量(%)	产量(%)	WUE(%)
ZI1					
ZI2	−55.66	−54.70	−10.28	6.44	1.85
ZI3	−52.91	−45.30	−9.88	8.36	1.56
ZI4	−49.25	−27.44	−7.29	10.38	3.01
ZI5	−48.37	−13.89	−3.87	11.27	6.09
ZI6	−43.69	−15.68	−3.58	11.66	8.87
ZI7	−39.56	−4.96	−1.86	11.82	10.63

9.3.2　对夏玉米生长季的影响

不同的灌水量情况下,夏玉米生长季所产生的 TN 负荷以及 TP 负荷相对于现状情况的变化情况如图 9-2 所示。由图 9-2 可以看出,当土壤含水量达到 80%FC 后,TN 负荷相对于现状的减少率最小, 而 TP 负荷相对于现状的减少率则随着灌水量的增加而明显减小。

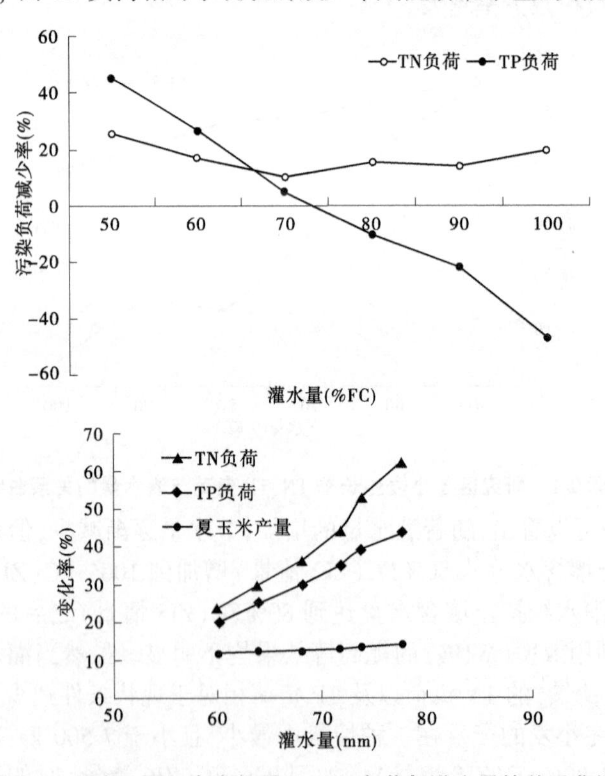

图 9-2　研究区夏玉米生长季 TN、TP 负荷与灌水量的关系曲线

而从表 9-5 中可以看出，当灌水量保持土壤含水量为 50%FC(ZI2 情景)以及 60%FC(ZI3 情景)时，TN 负荷以及 TP 负荷减少量比较大，节肥效果比较好，节水量也很大，WUE 也比现状条件下有所增加，但此时的产量并未达到 7 500 kg/hm^2，不能保证作物产量；当灌水量保持土壤含水量为 70%FC(ZI4 情景)时的节水、节肥效果不好；而当灌水量保持土壤含水量为 90%FC(ZI6 情景)以及 100%FC(ZI7 情景)时，虽然产量及 WUE 均比较高，但这两种情景下的节水效果并不好，并且 TP 负荷比现状条件下明显增加。因此，在节水、节肥、保证作物产量、提高作物 WUE 等条件的要求下，本研究认为在水肥一体化技术下控制夏玉米生长季灌水量保持在 80%FC 时(ZI5 情景)的收益最大，此情景下 TN 负荷量减少了 15%，TP 负荷量增加了 10%，产量增加了 11.68%，WUE 增加了 10.64%。

表 9-5　不同灌水情景下夏玉米生长季 TN 负荷、TP 负荷、灌水量、产量以及 WUE 的变化量

情景	TN 变化量(%)	TP 变化量(%)	灌水量(%)	产量(%)	WUE(%)
ZI1					
ZI2	−25.20	−45.25	−12.86	8.70	7.50
ZI3	−16.94	−26.65	−9.90	10.23	7.05
ZI4	−9.99	−4.89	−7.45	11.36	8.90
ZI5	−15.28	10.37	−8.62	11.68	10.64
ZI6	−14.01	21.80	−7.13	11.85	12.21
ZI7	−19.52	46.79	−6.61	11.91	13.57

9.4　不同施肥情景对农田氮磷流失及作物水分生产力的影响

9.4.1　施肥量的影响

本节利用校准后的 SWAT 模型分别计算分析相同灌溉条件下，不同施肥量对冬小麦、夏玉米农田地表径流氮磷流失及水分生产力的影响，并以产生污染负荷最小、作物产量最大为原则，确定最优施肥量。

9.4.1.1　冬小麦生长季

图 9-3、图 9-4 分别显示了当灌水量控制冬小麦生长季土壤含水量保持在 80%FC 时，不同施肥量条件下 TN 负荷量相比常规施肥量条件下 TN 负荷量的变化率，以及 TP 负荷量相比常规施肥量条件下 TP 负荷量的变化率。

随着施肥量的减少，TN、TP 负荷量的产生也随之减少，施肥量减少的比例越大，所产生的 TN、TP 负荷减少的比例也越大。当施肥量分别减少 30%、40%、50%、60%、70%、75%时，相应的 TN 负荷量多年平均分别减少 41%、55%、69%、81%、64%、85%，相应的 TP 负荷量多年平均分别减少 28%、36%、43%、51%、53%、54%。

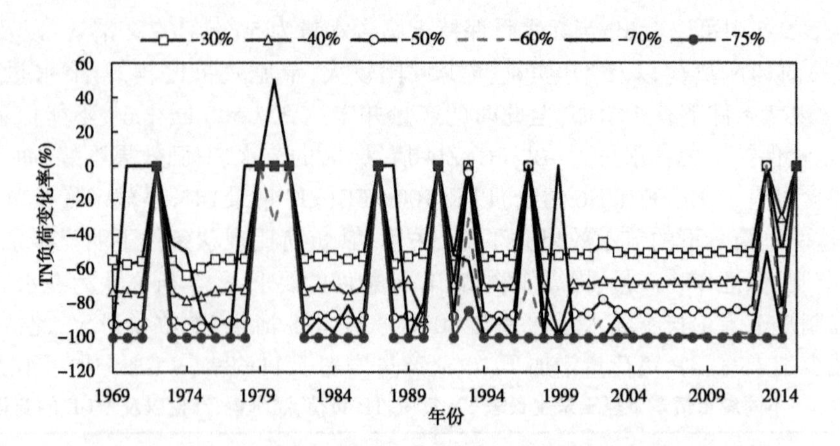

图 9-3　冬小麦生长季不同施肥量情况下 TN 负荷变化年际变化率

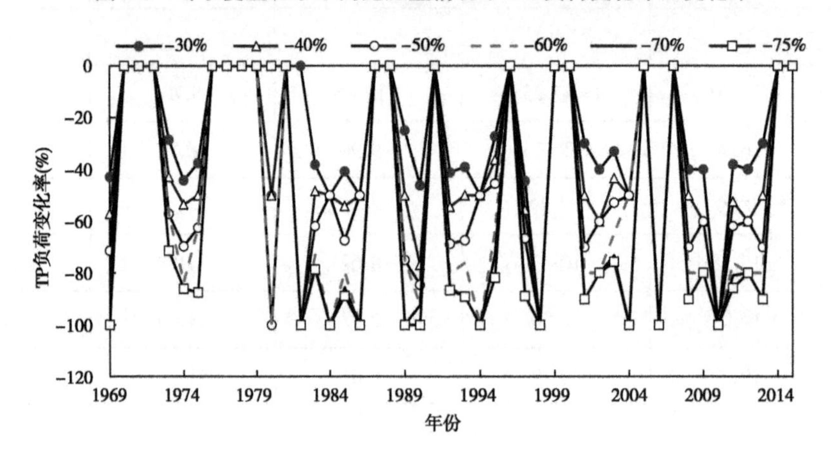

图 9-4　冬小麦生长季不同施肥量情况下 TP 负荷变化年际变化率

在模拟的过程中,施肥、灌溉、作物种植等农业活动都一致,但各年份 TN、TP 负荷的变化量却并不一致,这也说明了 TN、TP 负荷的产生受到的影响因素比较多,温度、降雨量等气候因素也会对冬小麦生长季 TN、TP 负荷的产生造成一定的影响。

经上述分析可知,随着施肥量的减少,冬小麦生长季 TN、TP 负荷总量也随之减少,并且减少的比例也越来越大。但当施肥量分别减少 30%、40%、50%、60%时,相应的多年平均产量无明显变化,多年平均 WUE 也略有增加;当施肥量减少 70%时,冬小麦产量及 WUE 明显减少,其中冬小麦产量减少比例为 15.20%,WUE 减少比例为 15.21%;而当施肥量减少 75%时,冬小麦产量及 WUE 更是大幅度减少,冬小麦产量减少幅度增加到 25.06%,WUE 减少幅度也增加到 25.16%。由此可见,适当的减少施肥量,TN、TP 负荷量会明显降低,但冬小麦产量及 WUE 不会明显减低(见表 9-6),在实际的农业活动中,可适当地减少施肥量,以减少农田污染负荷的产生。

因此,在节水、节肥、保证作物产量、提高作物 WUE 等条件的要求下,当保证冬小麦生长季的土壤含水量维持在 80%FC 且施氮量比现状减少 60%时的收益最大,此情景下 TN 负荷量减少了 81%,TP 负荷量减少了 51%,产量减少了 1.02%,WUE 减少了0.92%。

表 9-6　不同施肥量情况下冬小麦产量以及 WUE 的变化量

情景	产量(%)	WUE(%)
ZF1		
ZF2	-0.009	0.035
ZF3	0	0.085
ZF4	-0.016	0.055
ZF5	-1.023	-0.919
ZF6	-15.20	-15.214
ZF7	-25.06	-25.155

9.4.1.2　夏玉米生长季

图 9-5、图 9-6 分别显示了当灌水控制夏玉米生长季土壤含水量保持在 80%FC 时，不同施肥量条件下 TN 负荷量相比常规施肥量条件下 TN 负荷量的变化率以及 TP 负荷量相比常规施肥量条件下 TP 负荷量的变化率。

随着施肥量的减少，TN、TP 负荷量的产生也随之减少，施肥量减少的比例越大，所产生的 TN、TP 负荷减少的比例也越大。当施肥量分别减少 30%、40%、50%、60%、70%、75%时，夏玉米生长季相应的 TN 负荷量多年平均分别减少 37%、50%、64%、79%、88%、78%，相应的 TP 负荷量多年平均分别减少 39%、47%、55%、64%、73%、43%。

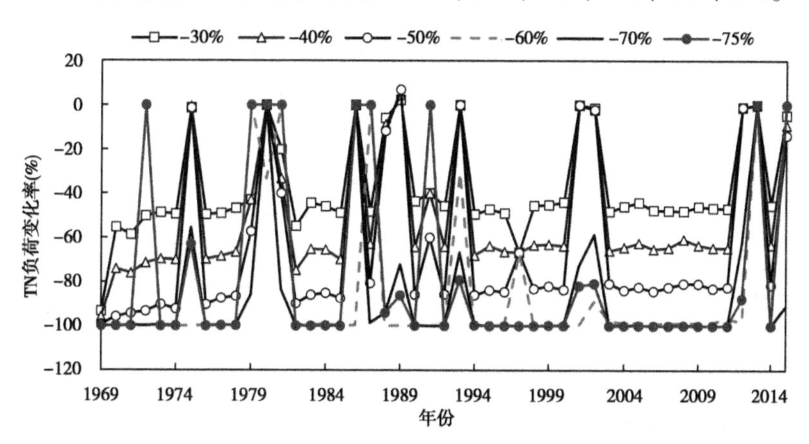

图 9-5　研究区夏玉米生长季不同施肥量情况下 TN 负荷变化年际变化率

在模拟的过程中，施肥、灌溉、作物种植等农业活动都一致，但各年份 TN、TP 负荷的变化量却并不一致，这也说明了 TN、TP 负荷的产生受到的影响因素比较多，温度、降雨量等气候因素也会对夏玉米生长季 TN 负荷的产生造成一定的影响。

经上述分析可知，随着施肥量的减少，夏玉米生长季 TN、TP 负荷总量也随之减少，并且减少的比例也越来越大。但当施肥量分别减少 30%、40%、50%、60%时，相应的夏玉米多年平均产量无明显变化，多年平均 WUE 略有增加；当施肥量减少 70%时，夏玉米产量及 WUE 明显减少，其中夏玉米产量减少比例为 13.85%，WUE 减少比例为 14.32%；而当

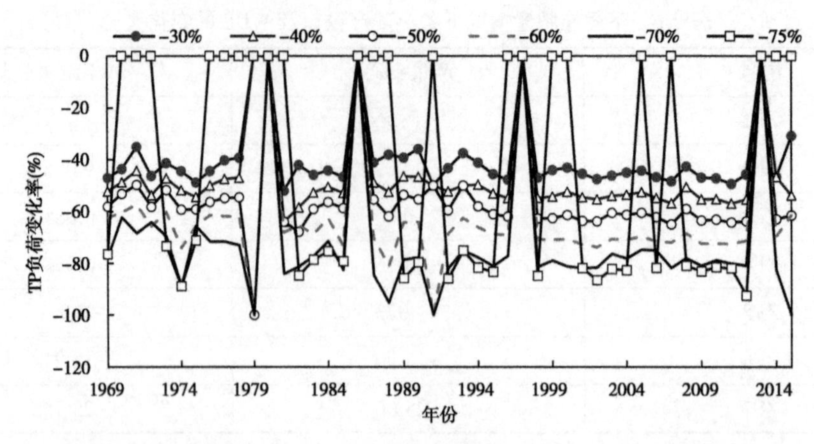

图 9-6 研究区夏玉米生长季不同施肥量情况下 TP 负荷变化年际变化率

施肥量减少 75%时,夏玉米产量及 WUE 更是大幅度减少,夏玉米产量减少幅度增加到了 31.41%,WUE 减少幅度也增加到了 31.99%。由此可见,适当的减少施肥量,TN、TP 负荷量会明显降低,但夏玉米产量及 WUE 不会明显减低(见表 9-7),在实际的农业活动中,可适当地减少施肥量,以减少农田污染负荷的产生。

表 9-7 不同施肥量情况下夏玉米产量以及 WUE 的变化量

情景	产量(%)	WUE(%)
ZF1		
ZF2	0	0.06
ZF3	0.005	0.23
ZF4	-0.005	0.209
ZF5	-0.231	0.021
ZF6	-13.85	-14.316
ZF7	-31.41	-31.995

因此,在节水、节肥、保证作物产量、提高作物 WUE 等条件的要求下,当保证夏玉米生长季的土壤含水量维持在 80%FC 且施氮量比现状减少 60%时的收益最大,此情景下 TN 负荷量减少了 79%,TP 负荷量减少了 64%,产量减少了 0.23%,WUE 增加了 0.02%。

9.4.2 不同施肥方式的影响

研究区作物肥料运筹方式不合理,氮肥使用量偏大,底肥和前期施肥量过大,后期施肥量不足,肥料利用率偏低,也会对农田污染物负荷造成影响。本小节利用校准后的 SWAT 模型分别计算分析在保证冬小麦以及夏玉米生长季的土壤含水量为 80%FC 以及施肥量比现状施肥量减少 60%的情况下,不同施肥方式(如表 9-3 所示)对农田地表径流氮磷迁移及旱作作物水分生产力的影响,以确定最优施肥方式。

9.4.2.1 冬小麦生长季

从模型模拟结果表 9-8 中可以看出,冬小麦生长季施肥方式对 TN 负荷的影响较大。在基肥比例逐渐增加、追肥比例逐渐减小的情况下,情景 ZFS2~ZFS4 施肥方式下的 TN 负荷量分别比现状施肥方式(ZFS1,情景 1)下的 TN 负荷多年平均减小了 2.55%、4.37%、0.42%,而情景 ZFS5~ZFS7 施肥方式下的 TN 负荷量则分别比现状施肥方式(ZFS1,情景 1)下的 TN 负荷多年平均增加了 6.22%、6.18%、20.96%,因此,当氮肥的基肥量与追肥量的比例为 3∶7 时,TN 负荷量减小的最多,节肥效果最好。

表 9-8 不同施肥方式下冬小麦单位面积 TN 负荷以及 TP 负荷变化量

情景	基肥追肥比	TN 负荷变化量(%)	TP 负荷变化量(%)
ZFS1	6∶4		
ZFS2	2∶8	-2.55	-10.44
ZFS3	3∶7	-4.37	0.014
ZFS4	4∶6	-0.42	0
ZFS5	5∶5	6.22	0.013
ZFS6	7∶3	6.18	-0.014
ZFS7	8∶2	20.96	0

不同的施肥方式主要考虑的是施氮量在基肥追肥中的比例,因此除了情景 ZSF2 即基肥追肥比为 2∶8 时对 TP 的负荷影响较大外,其他几种情景对 TP 的负荷变化几乎没有影响。

从多年平均看,情景 ZFS2~ZFS7 与情景 ZFS1 相比,随着基肥比例的减少、追肥比例的增加,不同情景下 TN 负荷量的年际间变化率却并不一致(见图 9-7)。与现状条件相比,在基肥与追肥比小于 1∶1 的情景 ZFS2~ZFS4 条件下,TN 负荷量总体比现状条件要小;而在基肥与追肥比大于等于 1∶1 的情景 ZFS5~ZFS7 条件下,TN 负荷量总体比现状条件要大。其主要原因为前期基肥过多,作物来不及吸收,所造成的地表径流中的 TN 负荷量也就越大。因此,与现状条件比,在水肥一体化灌溉技术条件下,基肥增加量越多,地表径流中 TN 负荷量增加的也就比较多。

从施肥方式的 7 种情景中可以看出,在相同的施肥量条件下,在一定范围内,施肥方式对冬小麦产量及其 WUE 几乎没有什么影响(表 9-9)。不同情景 ZFS2~ZFS5 相比,虽然基肥量降低了,但追肥量却增加了,施肥总量能够满足作物生长发育的需要,因而对冬小麦产量的影响较低,对冬小麦 WUE 也几乎没有影响。因此,以产生污染负荷最小、作物产量最大为原则,本研究中在冬小麦季选择基肥追肥比 3∶7 为最优的施肥方式。

因此,在节水、节肥、保证作物产量、提高作物 WUE 等条件的要求下,当保证冬小麦生长季的土壤含水量维持在 80%FC、施氮量比现状减少 60%时、施氮量基肥追肥比为 3∶7的收益最大,此情景下 TN 负荷量减少了 4.37%,TP 负荷量、作物产量及 WUE 均无明显变化。

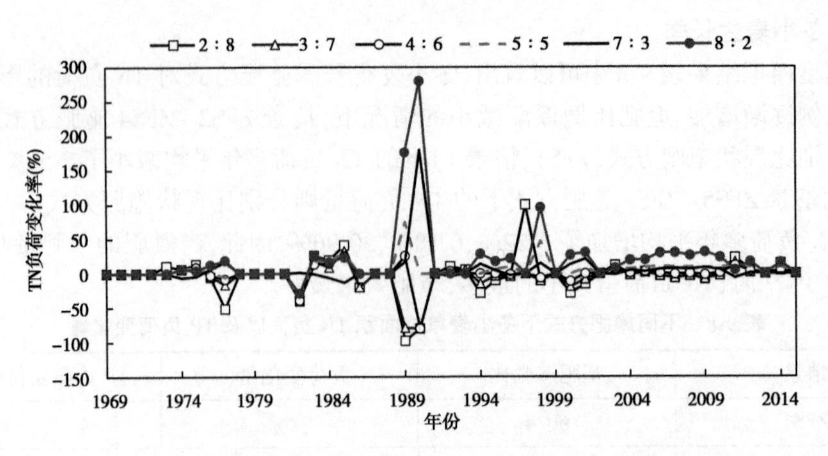

图 9-7 不同施肥方式下冬小麦生长季 TN 负荷变化年际变化率

表 9-9 不同施肥方式情景下冬小麦产量以及 WUE 的变化量

情景	基肥追肥比	产量(%)	WUE(%)
ZFS1	6:4		
ZFS2	2:8	0.033	0.100
ZFS3	3:7	-0.002	-0.014
ZFS4	4:6	0.032	0.043
ZFS5	5:5	0.082	0.076
ZFS6	7:3	0.065	0.062
ZFS7	8:2	0.127	0.121

9.4.2.2 夏玉米生长季

从模型模拟结果表 9-10、表 9-11 中可以看出,夏玉米季施肥方式对 TN 负荷的影响较大。在基肥比例逐渐增加、追肥比例逐渐减小的情况下,情景 ZFS2~ZFS4 施肥方式下的 TN 负荷量分别比现状施肥方式(ZFS1,情景 1)下的 TN 负荷多年平均减小了 1.49%、1.60%、1.04%,而情景 ZFS5~ZFS7 施肥方式下的 TN 负荷量则分别比现状施肥方式(ZFS1,情景 1)下的 TN 负荷多年平均增加了 2.47%、6.44%、13.43%,因此,当氮肥的基肥量与追肥量的比例为 3:7 时,TN 负荷量减小的最多,节肥效果最好。

不同的施肥方式主要考虑的为施氮量在基肥追肥中的比例,因此除了情景 ZSF2 即基肥追肥比为 2:8 时对 TP 的负荷影响较大外,其他几种情景下的 TP 负荷相比现状条件下均表现为减小,但减小不明显。

表 9-10 不同施肥方式下夏玉米单位面积 TN 负荷以及 TP 负荷变化量

情景	基肥追肥比	TN 负荷变化量(%)	TP 负荷变化量(%)
ZFS1	6：4		
ZFS2	2：8	-1.49	-11.97
ZFS3	3：7	-1.60	-1.08
ZFS4	4：6	-1.04	-1.15
ZFS5	5：5	2.47	-0.70
ZFS6	7：3	6.44	-1.12
ZFS7	8：2	13.43	-0.28

表 9-11 不同施肥方式下夏玉米单位面积 TN 负荷以及 TP 负荷变化量以及产量变化量

情景	基肥追肥比	TN 负荷变化量(%)	产量变化量(%)
XFS1	7：3		
XFS2	3：7	-6.65	0.39
XFS3	4：6	-7.13	0.39
XFS4	5：5	-7.5	0.39
XFS5	6：4	-7.57	0.39

从多年平均看，情景 ZFS2～ZFS7 与情景 ZFS1 相比，随着基肥比例的减少、追肥比例的增加，不同情景下夏玉米生长季 TN 负荷量的年际间变化率却并不一致(见图 9-8)。与现状条件相比，在基肥与追肥比小于 1：1 的情景 ZFS2～ZFS4 条件下，TN 负荷量总体比现状条件要小；而在基肥与追肥比大于等于 1：1 的情景 ZFS5～ZFS7 条件下，TN 负荷量总体比现状条件要大。这主要是因为采用的水肥一体化施肥管理技术，在前期基肥过多的情况下，作物来不及吸收，夏玉米生长季降水量又比较大。因此，与现状条件相比，基肥增加量越多，地表径流中 TN 负荷量增加的也就比较多。

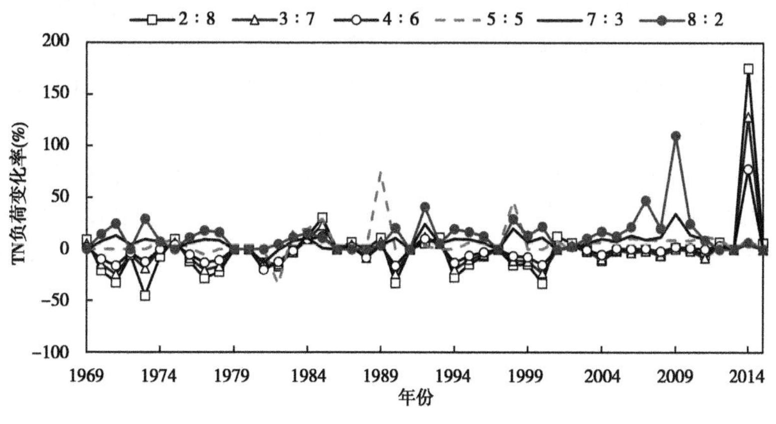

图 9-8 不同施肥方式下夏玉米生长季 TN 负荷变化年际变化率

从施肥方式的7种情景中可以看出,在相同的施肥量条件下,在一定范围内,施肥方式对夏玉米产量及其WUE几乎没有什么影响(见表9-12)。不同情景ZFS2~ZFS5相比,虽然基肥量降低了,但追肥量却增加了,施肥总量能够满足作物生长发育的需要,因而对夏玉米产量的影响较低,对夏玉米的WUE也几乎没有影响。因此,以产生污染负荷最小、作物产量最大为原则,本研究中在夏玉米生长季选择基肥追肥比3∶7为最优的施肥方式。

因此,在节水、节肥、保证作物产量、提高作物WUE等条件的要求下,当保证夏玉米生长季的土壤含水量维持在80%FC、施氮量比现状减少60%、施氮量基肥追肥比为3∶7时的收益最大,此情景下TN负荷量减少了1.60%,TP负荷量、作物产量及WUE均无明显变化。

表9-12 不同施肥方式情景下夏玉米产量以及WUE的变化量

情景	基肥追肥比	产量(%)	WUE(%)
ZFS1	6∶4		
ZFS2	2∶8	0.071	0.081
ZFS3	3∶7	0.059	0.063
ZFS4	4∶6	0.046	0.051
ZFS5	5∶5	0.046	0.052
ZFS6	7∶3	0.020	0.028
ZFS7	8∶2	0.029	0.040

9.5 小 结

基于研究区灌溉水利用效率不高、水肥运筹方式不合理等问题,本研究利用验证后的SWAT模型计算分析了研究区不同的灌溉与施肥一体化模式对研究区水体污染的扰动程度以及作物水分生产力的影响,提出最优的农业灌溉与施肥一体化管理模式。

研究结果表明:本研究所提出的微喷灌水肥一体化技术节水、节肥效果显著,并能明显地提高作物的产量以及水分利用效率。在水肥一体化技术条件下,不同的灌溉量、施肥量以及施肥方式对旱作农田地表径流氮磷流失及作物水分生产力的影响也不一样。通过评价分析水肥一体化灌溉以及施肥对冬小麦、夏玉米TN负荷、TP负荷、作物产量以及水分利用效率的影响,确定本研究区最优的农业灌溉与施肥一体化管理模式为:在冬小麦和夏玉米生长季均保持土壤含水量维持在80%FC、施肥量比现状施肥量减少60%、基肥追肥比为3∶7。

第 10 章　农业水资源智能管理系统框架

本章以实时在线灌溉技术为基础，结合目前我国农业水资源智能管理系统建设，以河南省中牟县某灌区为研究对象，提出研究区的农业水资源智能管理系统框架。

10.1　农业水资源灌溉管理系统研究现状

随着计算机技术的不断推进，新型的农田水循环技术的复杂计算工作可以由计算机加以处理，这在一定程度上提高了作物需水预报的时效性、准确性，进而提高了灌溉水的利用效率。现代灌区水资源管理已经发展成为多门学科、多种技术相融合的综合性技术，是在原有的农田水循环技术基础上，将生物学、计算机技术等一系列新成果、新技术融为一体，加以合理运用。

10.1.1　发达国家农业水资源管理系统研究

发达国家在灌溉管理软件标准化和通用程度方面起步较早，技术也较为先进。早在 20 世纪 80 年代初期，发达国家便开始研究以信息技术和智能技术为主的现代化农业技术，以此为基础，自 20 世纪 90 年代开始进行计算机软件包的研究，如联合国粮农组织(FAO)推荐由 Martin Smith 于 1991 年 10 月发表的灌溉规划及管理工具 CROPWAT 软件包，它采用 FAO 专家咨询会议最新推荐的 Penman - Montieth 方程计算参考作物腾发量及作物需水量，拟定灌溉制度和农业供水计划，利用全生育期的作物水分生产函数估算有限供水条件下的作物减产损失。但整个程序采用 BASIC 语言编写，只能在 DOS 环境下运行，人机界面较差，且操作方式太死板，不易操作和运行。此后的系统对操作环境进行了改善，其中 MIKEII&MIKESHE 系统包含了渠道水力学模拟及灌区水文、作物冠层截留和腾发、地面径流、地下饱和、非饱和区水流、灌溉制度、作物生长等模型，该系统自 1991 年起应用于印度中部的 Mahanadi 水库灌区，但存在所需参数太多太细而难以收集等问题，2000 年，Singh 等针对上述问题优化了参数输入，使其使用起来更加方便。1996 年 Hess 提出的农田实时灌溉计划计算机软件包，该软件包由参考作物蒸腾蒸发模型、实际蒸腾蒸发模型、土壤水分平衡模型和灌溉预报模型四个模型组成；该模型能准确地预测土壤含水量的变化情况，其预测结果和实测值有很好的一致性。Cabelguenne 等在 Toulouse Auzeville INRA 农场对原来的管理工具 EPIC 作改进性的研究，考虑了作物不同生育阶段缺水的产量效应，根据设定的目标把可利用水量在全生育期作最优分配，建立了新的实时灌溉管理及气象预测工具 EPIC - PHASE，以天为步长，辅助管理者回答何时灌水、灌多少水的问题。同时期的还有 CADSM 模型，通过模拟作物需水量过程和作物的产量，预测水分胁迫及土壤盐分对产量的影响，向用户提供不同类型渠系的配水计划。1998 年，美国在 Texas 州开发了基于 GIS 的灌区管理系统 DMS，是早期把地理信息系统应用到灌溉管理中的典范。Fipps 等在 2000 年结合实例说明了如何基于 GIS 平台，结合 DMS 来编制灌区的供水计划，并指出在进行灌区管理时可能会遇到的困难。

目前，国际上已开发了一批用于灌区灌溉管理的通用软件。国际粮农组织（FAO）为了推进灌溉计划的管理开发了灌溉计划管理信息系统——SIMIS，该系统是一个通用的、模块化的系统，具有适用性好、多语言（英、法、西等）和简单易用的特点。澳大利亚农业产量研究机构 APSRU 研究开发了 APSIM 系统，通过一系列互相独立的模块，如生物模块、环境模块、管理模块等模拟灌溉过程，这些模块之间通过一个通信框架（也称为引擎）进行连接。澳大利亚联邦科学与工业研究组织（CSIRO）应用现代 3S 技术进行灌溉水管理，研制开发了卫星与短信灌溉水管理系统，将遥感、作物耗水和现代通信方式结合起来，通过使用最新的遥感技术和 SMS 传输技术，来测定作物的需水量、泵站的运行时间及滴灌系统的灌溉持续时间，并将信息通过 SMS 的方式发送给用户。美国佛罗里达大学针对佛罗里达州的农业特点开发了 AFSIRS 系统，用户可以根据作物类型、土壤情况、灌溉系统、生长季节、气候条件和管理方式等诸多变量，使用该系统估算出研究区域的灌溉需水量。系统收集了佛罗里达州 9 个气象观测站的长期观测资料，比较全面地反映了佛罗里达州的气象条件，在佛罗里达州得到了广泛的应用。

网络作为一个新兴技术，凭借其强大的兼容性、扩展性和延续性，获得了飞速的发展和进步，其新颖的设计思路和迅捷的传输方式，正在逐步影响着众多与其相关的学科。由于农业水资源的管理与灌区气候、土地信息、作物信息等密切相关，而以上因素又具有地域性强、时变性大、可控性低、稳定性差的特点；随着网络和现代通信等高科技手段的快速发展，网络以其友好的用户方式、方便快捷的上网方式、用户无须安装客户端、时效性强等优越性应用于农田水利行业。

国际上的现代灌区水资源管理技术就是利用网络技术中数据传输便利、便于远程操作、易于实时监控等一系列特点，将网络技术应用到灌溉技术中，提高了灌溉技术的智能化和现代化水平。近年来，随着计算机技术的飞速发展，国外在在线灌溉管理软件及调度工具方面也取得较大进展。Inman - Bamber 等（2005）基于已有的单机版优化灌溉管理软件 Caneoptimiser，采用甘蔗生长模拟模型 APSIM，以及气象、土壤水分在线监测系统的实时数据，提出基于 Web 的甘蔗在线灌溉制度管理软件，并在昆士兰州的 5 个甘蔗种植区进行了应用。Car 等（2007）研究了卫星遥感红外设备传输的红外波长变化规律，建立了归一化植被指数 NDVI 与多种作物系数间的线性关系，开发了实时提供灌溉决策的灌溉管理软件 Irrigateway。Oswald 和 Werner（2009）通过计算不同土壤类型的水分平衡，并在根区安装两层的土壤传感器跟踪相对土壤水分变化，通过程序的自纠正与修正，研发了在线灌溉制度管理软件，在美国 Belle Fourche 流域灌区进行了应用。Attard 和 Inman - Bamber（2011）又对不同土壤情况的作物在线灌溉制度进行了对比研究。国外先进发达国家的农业水土资源利用管理系统基本实现了对农田进行自动监测、远程网络浏览、降雨合理利用、实时灌溉决策等综合管理功能，有效地提高了水分生产率。

在线的农业水资源管理技术能够充分考虑来水的不确定性，克服传统农业灌溉技术经验性强、定量化程度差、技术集成度低的缺点，因此基于网络的灌溉在线管理技术研究首先在发达国家得以提出，并得到了快速发展和推广应用，在节约农业用水、提高用水效率方面取得了巨大的成效。

10.1.2 国内农业水资源管理系统研究

近年来,随着水资源短缺问题的凸显,特别是农业水资源紧缺状况的加剧,我国在农业节水领域实施了一系列重大研究与开发项目。

在“九五”期间,科技部会同水利部、农业部等行业主管部门组织全国百余家科研院所、大专院校和生产企业的近千人队伍,联合开展科技攻关,实施了“节水农业技术研究与示范”“黄土高原水土流失区农业综合发展技术研究”“北方旱区农业综合研究开发与示范工程”等一系列国家重大科技项目,组建了3个与节水农业相关的国家级工程技术研究中心,以加强农业节水科技成果向生产力转化的中间环节,促进科技产业化发展。经过5年的连续攻关,研发出一批节水农业技术与产品,并在生产实际中得到推广应用,取得了明显的节水增产、增效和环境生态效益。“十五”期间,科技部、水利部、农业部于2002年联合启动实施了“现代节水农业技术体系及新产品研究与开发”重大科技专项,并将其列入“863”高新技术研究发展计划,来重点突破制约我国节水农业技术发展的“瓶颈”问题。上述项目的开展和完成,对于提高我国节水农业应用基础理论研究水平、开发节水农业新产品与新材料并实现农业产业化起到了重要作用,推动了节水农业领域的科技进步,促进了国家节水目标与农民增收的有机融合,为创建具有自主知识产权的现代节水农业技术体系和解决我国水资源短缺问题做出了巨大贡献。

随着计算机技术的飞速发展,我国也开始并日益重视新的计算机技术与传统节水技术的结合,并积极进行实践和推广,取得了不菲的成果和经验积累。

2007年3月,辽宁省西部地区墒情自动监测系统招投标工作的完成,标志着辽宁省西部地区墒情自动监测系统建设及旱情基础理论研究工作即将开展;该系统在辽宁西部地区建立了33个土壤墒情自动监测站,监测系统于2008年4月建完。辽宁省开原市投入了40余万元建立了土壤墒情监测系统,该系统有6个分站,已经于2007年10月投入使用。西藏土壤墒情监测系统也于2007年10月投入使用,该系统的使用实现了西藏典型地区旱情信息采集的自动化、规范化和标准化,为西藏自治区的抗旱减灾提供了有力的决策支撑。

2005年,河南省建立了全省土壤墒情预报业务服务系统,该系统是结合中长期预报结果,在农田土壤水分平衡方程的基础上建立的,主要包含气象资料、土壤墒情资料等数据库,土壤墒情数据库中有116个土壤墒情监测点,系统可以在实测土壤墒情的基础上生成周、旬或月的预报结果。目前该系统功能包含市县级预报和省级预报两个层面,主要针对冬小麦和夏玉米两种作物的土壤墒情预报。虽然该系统得到了一定的应用,但也存在着一定的不足。

国内对灌溉管理系统方面的研究开展较晚,目前的技术水平还远落后于国外。1999年,顾世祥等在原来基础上研究了灌区管理应用软件的现状和前景,指出把决策支持系统等人工智能应用于灌溉管理,以提高调度的实时性和可靠性,是实施节水灌溉,发展高产优质高效现代农业的一个重要技术手段;后续研制出了霍泉灌区灌溉用水决策支持系统,该系统根据实时灌溉预报原理和逐日参考作物腾发量预测方法建立预报模型,通过输入运行所需的水文、气象、作物、土壤、农业生产等数据信息,能够对冬小麦、夏玉米等作物的灌水日期和灌水量进行预报,实现渠系动态配水计划。2000 年,周明耀等在 Windows 环境下开发了农田水分管理决策支持系统,该系统为使用者提供了良好的帮助,使普通用户(即使不是灌溉管理专家)都可以进行复杂的灌溉用水管理工作。2001 年汪志农等采用人工智能的专家系统技术,开发了灌溉预报与节水灌溉决策系统,该系统可指导农民进行节水灌溉的实时预报与灌水决策。2002 年,尚虎君通过节水灌溉预报与决策专家管理数据库系统研究和开发过程的实例研究,提出了数据库系统和计算机模拟相结合的发展模式,对与农业密切相关的气象数据模拟模型进行了详细的讨论,为计算机在农业中的应用提供了新的思路。2003 年,徐建新等针对北方水资源短缺的特点,以典型年降雨量和 Jensen 模型为基础制定了单一作物灌溉制度,并以控制作物不同生育期土壤最低含水率为方法,以模拟技术为手段,研制了灌区水资源实时优化调配决策软件,进行灌区优化配水过程设计和自修正。2004 年,何新林等开发了内陆干旱灌区灌溉实时优化调度决策支持系统,该系统将雨水自动化测报系统和灌区可视化管理信息系统融为一体,根据灌区当日实测水情资料和灌区面积、作物类型等特征资料和作物需水预测,来通报灌溉进度和进行灌区灌水预测,进而拟定灌溉制度。2007 年,张巍巍等结合北方灌区管理的具体情况,研制了灌区实时灌溉决策支持系统,该系统通过输入灌区的基础资料,如土壤、作物、灌溉评价指标等资料,通过专家打分二元对比分析,为用户提供节水灌溉模式咨询与方案优选,指导灌区优化灌溉。2008 年,刘兵等在以往的基础上,利用 GIS 组件技术,建立了基于 WebGIS 的灌溉决策支持系统,该系统能够实现灌区土壤墒情的测报、实时监控与自动控制、灌区基本信息查询等功能,充分发挥了 GIS 技术的信息查询和空间信息存储方面的优势。2010 年,丁富平等以 VB 为开发平台,基于水量平衡原理和生物学理论,建立了水田灌溉自动化管理系统,该系统包括水田数据库管理系统、灌溉管理决策支持系统和水田水分动态显示 3 个子系统,能够实现对水田灌排水的时间和强度,以及经济排水量的计算,并把计算结果以报表形式显示,为水田灌溉自动化管理提供了技术支持和软件服务。

近年来,虽然国内的节水灌溉自动控制系统研发迅速,在农业水资源管理方面也进行了不少研究和有益的尝试,并积累了一定的管理经验,但由于灌区的信息化和管理水平较低,存在灌区信息采集点少、采集手段落后;灌区信息传输手段比较单一、落后;灌区信息化建设缺乏统一的规划和标准,灌区信息的共享性比较差;灌区信息化系统的综合集成能力差等问题,因此总体上我国在开发灌溉自动控制系统方面与发达国家差距较大。国内尚缺乏基于 Web 的在线实时灌溉调度工具及可用于生产实践的干旱半干旱灌区综合管理系统配套设备和技术,已有的系统普遍具有系统性差、自动化程度低、兼容性差等不足,且整体上处于研制和试用阶段。

要实现自动精准灌溉,需要获得及时、准确的作物水分状况信息,而先进、可靠的控制、采集技术与设备则是快速、准确获得及时、准确的作物水分状况信息的重要保障。国外的灌溉控制技术与设备虽已逐步趋于成熟化和系列化,但国外研发的灌溉控制系统未考虑到我国特殊的自然气候、土壤条件、水利管理制度和农民经济状况等因素,在硬件连接和软件编程控制方面不适合我国国情,在生产中不能充分发挥优势。如何考虑降水的不确定性,进行作物在线灌溉配水决策技术及实时在线灌溉系统的研发仍是国内的一个难点问题。

本章以中牟县灌区为研究对象，基于适应性智能灌溉技术和现代网络技术，构建了灌区农田灌溉水管理系统平台框架。

10.2 研究区概况

10.2.1 基本概况

灌区位于中牟县官渡镇，为豫西低山丘岭向豫东平原过渡地段。地面高程从78 m到75 m不等，地面坡降为1/5 000、1/4 000。地势变化平缓，地形平坦。项目区土壤种类以壤土和部分沙土为主，土壤耕作层深厚，50 m以上浅水层地质均为黄河冲积层，属于层沙，较稳定的含水砂层一般厚度约10 m，顶板埋深15～25 m，底板埋深35～50 m，含水层厚度25～35 m。最大冻土层深度25 cm。

研究区的地质构造环境属新华夏系第二沉降带，开封—华北坳陷的南缘地带，自地质历史时期的新生代以来，一直处于缓慢的沉降过程中，堆积了巨厚的第四系松散沉积物。基底构造为新华夏北东向构造与秦岭东西向构造的复合部位。

研究区地质含水层组属第四系松散岩类孔隙含水层组。浅层水（潜水）底板埋深40～60 m；第一承压水层埋深100～210 m；第二承压含水层底板埋深500 m。由于受地质构造及沉积物来源的影响，浅层地下水埋深2～8 m，浅层地下水是研究区目前主要的生产、生活和农业灌溉用水开采水层，降深10 m，单井出水量20～50 t/h。中牟县境内地层上部为距今200万年的新生代第四纪松散沉积物发育而成，沉积岩为黄河冲积物和洪积物，土壤有亚砂土和粉砂土两大类，杂有亚砂土和黑色淤泥夹层。受沉积初期基面不平及地质构造差异的影响，总厚度变化很大，其规律是北厚南薄，黄河大堤至县城的厚度为350～250 m，县城以南厚度剧减，至八岗、三官庙一带，厚度仅有30～40 m。受新华夏系构造体系的影响，城北隐伏有一条南北走向的大断层破碎带，构造体系对县境的地层厚度也有影响，地层厚度变化呈西升东降趋势。

10.2.2 水文气象

研究区属典型的中纬度暖温带大陆性季风气候，气候温和、四季分明、雨热同期。年平均日照2 366 h，年平均气温15.2 ℃。全年农耕期为309 d，作物活跃生长期为217 d，无霜期为240 d，有利于多种植物生长和农作物复种。中牟县水资源比较丰富，全县年均降水量616 mm，年均可利用总量5.5亿 m^3。中牟县地处黄河中下游北岸，境内有贾鲁河、小清河等大小河流40余条，有2个引黄闸，年均引黄水量3.01亿 m^3。

中牟县多年平均地表水资源量3.59亿 m^3，地表水资源量具有季节变化特征，主要集中在7～10月。多年平均7～10月地表水资源量占全年径流量的50%～60%，1～6月和11～12月的地表水资源量占全年径流量的40%～50%。地表径流具有年际变化较大的特点。

研究区全部采用地下水灌溉，地下水可开采量采用河南省平原区多年平均地下水可开采模数分布图进行查算，开采模数取 25 万 m^3/km^2。

10.2.3 经济社会状况

中牟县位于河南省北部，全县辖 11 个乡镇、3 个街道办事处，273 个行政村，全县总人口 46.69 万，农业人口 28.76 万。县域内土地资源较好，自然条件优越，适合各种农作物种植，该县农作物一般是一年两熟制，主要作物有小麦、玉米、蔬菜、水果等经济作物，各作物规划种植比例为小麦 80%、玉米 50%、经济作物 60%，复种指数 1.9，小麦亩产 400 kg，玉米亩产 450 kg，经济作物平均产量 450 kg。人均收入达到 12 545 元。中牟县现状年耕地面积 65.35 万亩，其中高产田 17.99 万亩，年均粮食单产 500 kg，中低产田 46.36 万亩，年均粮食单产 380 kg，发展高效节水灌溉的潜力巨大。

研究区耕地面积 6 045.06 亩。主要种植作物有蔬菜、瓜果、苗木、花卉等，复种指数为 1.3，作物种植比例为蔬菜 50%、瓜果 40%、苗木 20%、花卉 20%。

10.3 水肥一体化现代农田智能灌溉管理系统框架

结合研究区现状，从种植结构、水源及自然条件等多方面考虑，实施水肥一体化现代农田智能管理系统平台搭建。主要建设任务有：田间节水工程、田间施肥系统、土壤墒情监测系统、气象监测系统、高效节水灌溉实时智能预报与发布系统、信息中心软硬件系统。主要实现作物需水实时监测、灌溉水量在线控制、水肥一体化灌溉、作物参数动态修正、作物灌溉实时预报以及灌水信息实时发布等多种功能，同时能够实现在研究区、县级及市级灌溉预报管理平台之间数据的传输、交会、决策协商与远程操作等，水肥一体化现代农田智能灌溉管理系统整体架构详见图 10-1。

10.3.1 系统建设主要内容

10.3.1.1 田间节水工程

研究区目前田间主要灌溉方式是大水漫灌或农民自己购买的小白龙灌溉，耗水、费时、劳动强度大、灌溉成本高。研究区主要为井灌区，现有机井 2 ~ 3 眼，井深 30 m，含沙量较大，存在不同程度的淤积、损毁现象，需要重打新井恢复灌溉面积。亟待完善田间灌溉管网，提高灌溉水利用系数和田间灌溉水保证率。

节水工程规划发展固定式喷灌、半自动伸缩式喷灌、微喷灌、滴灌等灌溉模式。节水工程规划建设 1 076.3 亩，其中发展固定式喷灌 572.8 亩，半自动伸缩式喷灌 593.29 亩，微喷灌 81.97 亩，滴灌 149.29 亩，莲藕种植区 215 亩。灌溉水利用系数为 0.65；项目实施后，喷灌区灌溉水利用系数达到 0.85，微喷灌区达到 0.85，滴灌区达到 0.9。

微喷灌工程是一种最为节水的精细灌溉技术，灌水流量小，一次灌溉延续时间较长，灌水周期短，能够准确地控制水量，能把水和养分直接输送到作物根部附近的土壤中去，且投资较小，应用效益十分突出，很适合一家使用或一户小面积使用。该项技术可节水 50%，不但可以解决节水的问题，还可通过喷灌施肥装置进行施肥，以解决水肥共施的问题，符合当前农村的节水增粮经济的要求。

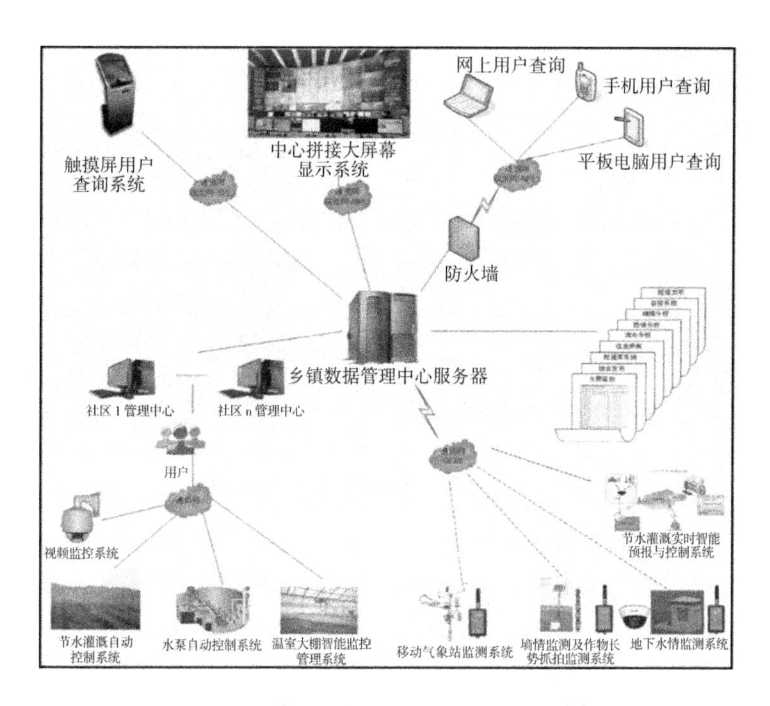

图 10-1　水肥一体化现代农田架构示意图

项目实施后,喷灌区灌溉水利用系数达到0.85,微喷灌区达到0.85,滴灌区达到0.9。

10.3.1.2　土壤墒情实时监测系统

土壤水分监测系统(见图 10-2)由土壤墒情传感器(见图 10-3)、GPRS 采集传输模块和太阳能供电设备组成。根据干渠长度在干渠上布设若干个土壤墒情传感器,对土壤墒情进行监测,在每个监测点按预设位置埋设一组探测器来测量在 0 ~ 1 m 土层内不同深度的土壤水分数值。

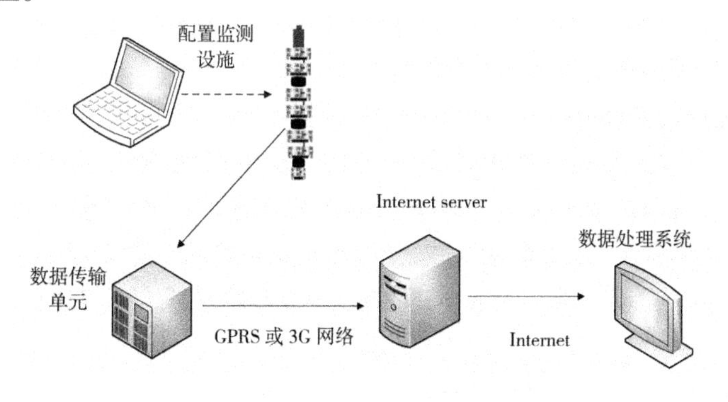

图 10-2　土壤水分监测系统组成示意图

利用 GPRS 数据采集模块对土壤墒情进行采集,然后传送到测控系统上。在数据采集系统上,以数据库的形式分别建立系统运行参数库和实时要素库。人工输入系统运行参数,保存在系统运行参数库中,用以控制自动观测设备的数据采集和数据上传。

通过定时采集各监测站测得的不同深度土壤水分数据,形成监测区域内土壤水分数据库,对监测数据做加工处理和分析,为农户和管理部门提供实时的土壤墒情监测、实时

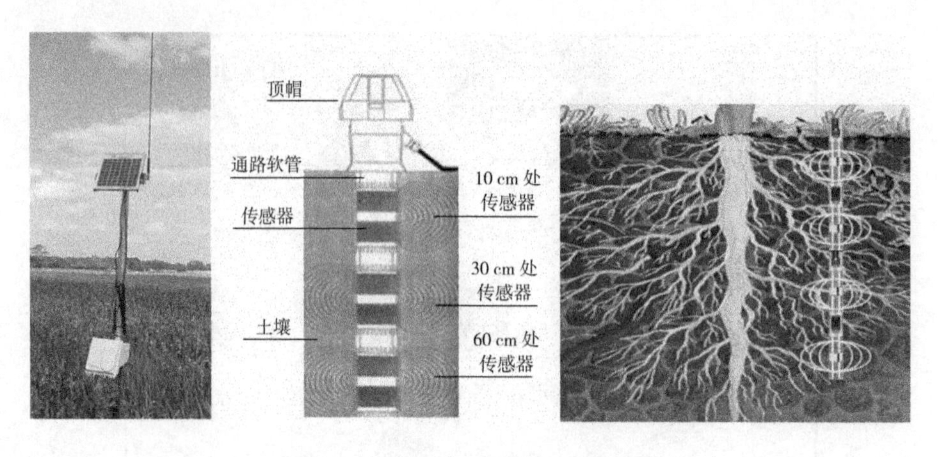

图 10-3　土壤墒情监测系统及传感器

灌溉制度预报等即时有效的服务。

土壤墒情监测设备的供电方式有两种,可采用太阳能供电方式来为现场传感器和通信设备提供不间断的电源,同时确保在阴雨天正常的供电;也可以采用干电池供电。

太阳能电源分为三部分:太阳能光电池板、太阳能充电控制器、铅酸蓄电池。根据现场用电设备(包含微功耗测控终端与现场采集设备)的功率来选择光电池板的大小与蓄电池的容量。

太阳能电池板是太阳能发电系统中的核心部分,也是太阳能发电系统中价值最高的部分。其作用是将太阳的辐射能转换为电能,或送往蓄电池中存储起来,或推动负载工作。

太阳能控制器的作用是控制整个系统的工作状态,并对蓄电池起到过充电保护、过放电保护的作用。在温差较大的地方,合格的控制器还应具备温度补偿的功能。

蓄电池一般为阀控免维护铅酸蓄电池。其作用是在有光照时将太阳能电池板所发出的电能储存起来,到需要的时候再释放出来。

10.3.1.3　气象监测系统

移动式自动气象站采用一体化设计,是专门为小气候观测、流动气象观测哨、短期科学考察、季节性生态监测等开发生产的多要素自动气象站。可测量风向、风速、温度、湿度、气压、雨量、太阳辐射量、太阳紫外线、土壤温湿度等常规气象要素,同时根据微气象学中空气动力学方法,自动计算并存储风寒指数、ET 蒸腾蒸发量及温度/湿度/光照/风指数。

10.3.1.4　实时在线水肥灌溉智能预报与发布管理系统

为提高水资源利用效率,实现精细灌溉、适时灌溉、实时灌溉,发展高效农业,充分、有效地利用降雨,切实提高灌溉水的生产力,对研究区规划实施节水灌溉实时智能预报与发布系统,指导农民进行节水灌溉与灌溉管理。布设总图见图 10-4。

系统的主要功能包括:

(1)灌溉决策服务:实现农田微环境系统实时灌溉信息的监测、采集、查询和存储管理,然后根据模型库对数据采集系统实时采集的数据进行分析、归纳、处理等二次加工,根

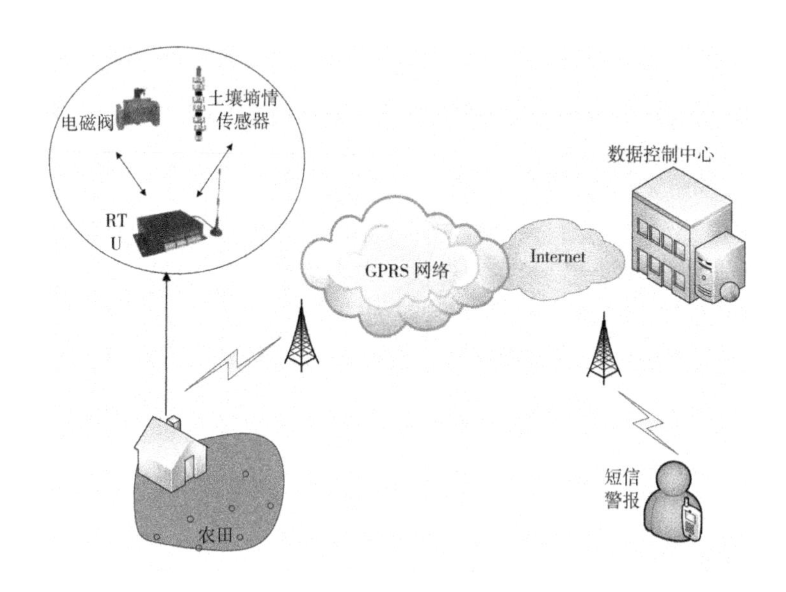

图 10-4　实时在线水肥灌溉智能预报和发布管理系统

据现有资料和未来天气变化的预报结果,通过模型模拟、参数仿真等系统内部处理,为用户提供灌溉决策的实时咨询和建议。

(2)灌水信息与决策展示:由监测系统采集、整理的数据经过系统处理后,对当前的农田水分状况进行直观展示,并提供协助用水户确定不同的灌溉方案等服务功能。

系统应用遥感、遥测、无线传输、实时模拟等新技术,对土壤墒情和作物生长状况进行实时监测,利用作物生长模型库实时计算作物需水情况,对灌区灌溉用水进行实时灌溉预报和信息发布,科学指导农田灌溉,实现田间用水和灌溉的自动发布,帮助农民基本实现作物的精准、高效节水灌溉,最终实现水、肥、土、气、生一体化管理,达到水肥资源的高效利用。

10.3.2　田间实时在线水肥灌溉预报与控制管理系统

10.3.2.1　**系统概况**

精准灌溉和施肥集成的水肥一体化,能够在灌溉和施肥的方式上真正做到对作物所需水分与养分进行均匀、适量、准确的控制和供应。

实时在线水肥灌溉预报与控制管理系统是以灌溉规划项目区监测数据为数据支撑,结合地区主要作物,构建基于 Zigbee 无线传感器网络和 GPRS 无线远程通信的土壤墒情监测系统,在此硬件基础上,开发适合于地区农情水情的实时在线水肥灌溉智能预报与决策系统。

农田实时在线水肥灌溉智能预报与控制管理系统是以实现农田水肥自动化管理为目标,以基于 ZigBee 和 GPRS 的无线土壤墒情监测系统、农田小型自动气象站 AWS 为硬件依托,以实时气象资料和农田基本信息为基础,以归纳形成的数学模型为依据,利用所建立的作物非充分在线实时灌溉制度模型和灌溉预报模型,对土壤水分进行在线预测和分析,用以实现农田灌溉的自动化、网络化、智能化管理,并在灌溉实验区进行软件的调试及应用。

系统以期通过大量的信息和相关数据的整理、分析,进行土壤墒情预报,制定相应的、适宜的实时在线灌溉制度,对科学、精准灌溉决策提供技术支持,并使土壤墒情、降雨、灌溉等信息以图表等形式实现可视化,用户只需通过网络便可查看,实现对农田水分灌溉的远程、自动化的智能管理。这一系统的应用与发展将实现作物水分管理的精准、高效定量决策,为节水农业发展和农业高效用水提供一条新的解决方法和思路。

农田实时在线水肥灌溉智能预报与控制管理系统的主要功能包括:

(1)灌溉信息服务:实现农田微环境系统实时灌溉信息的采集、查询和存储管理,利用模型对实时采集的数据进行分析、归纳、处理等二次加工,根据现有资料和未来天气变化的预报结果,通过模型模拟、参数仿真等系统内部处理,为用户提供灌溉和施肥决策的实时咨询。

(2)水分现状展示:由监测系统采集、整理的数据经过系统处理后,对当前的农田水分状况进行直观展示。

(3)水肥配比服务:对当前农田土壤营养状况进行直观展示,并提供水肥配比方案。

10.3.2.2 系统功能模块设计

实时灌溉在线管理系统包含 12 个主要功能模块,具体模块设计如图 10-5 所示。

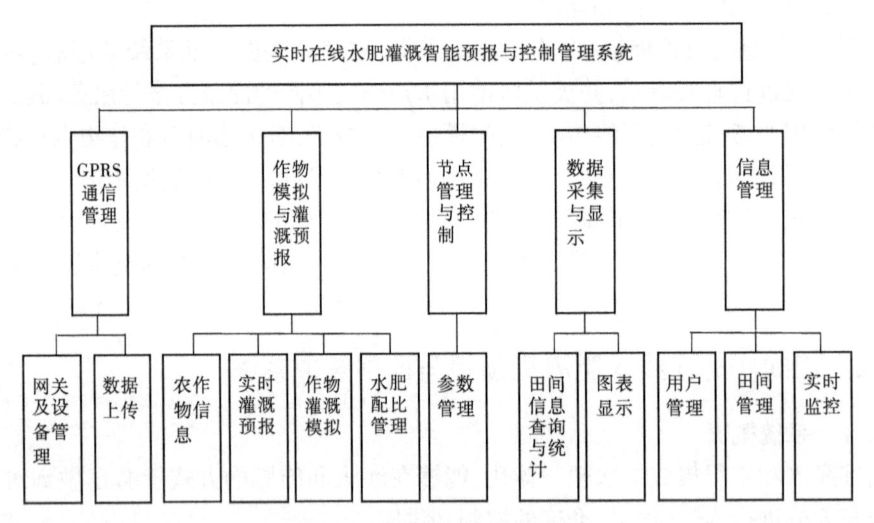

图 10-5 系统主要功能模块

其中气象数据采集模块以及土壤墒情监测模块主要用于实时监测数据,完成系统数据的导入。因此,实时灌溉在线管理系统的主界面上包含 12 个功能模块,各模块主要功能介绍如下:

(1)用户管理模块。

用户管理模块主要对系统用户进行管理,对系统用户可以进行查询、添加、修改和删除操作。用户通过用户名和密码可登录系统,用户管理模块存储了用户的真实姓名、联系方式等信息,用户可查看、更改和添加自己的信息。

由于系统可通过网络进行远程访问,为了保证系统的安全稳定,除用户信息和联系方式外，模块还设置了用户的双权限管理模式，即用户根据权限分为普通权限用户身份和管理员身份。普通权限用户仅可以对系统内的显示数据和图像进行浏览访问，无法对系统数据进行添加、修改和删除等操作；而高级权限用户，即管理员用户，不仅可以浏览访问系统数据和图表，而且有权对系统的各种信息和数据进行管理和操作。

（2）田间管理模块。

田间管理模块中主要包含的信息为土壤特征值。在田间管理模块，可以实现对田块信息、土壤信息、土壤水适宜含水率上下限值的查询、添加、修改和删除功能，方便用户对多个田块土壤状况进行管理与监控。

（3）农作物信息模块。

农作物信息模块可以呈现出所监控的农作物信息，包括农作物的种类、雨量站、种植日期、收获日期等信息。用户可按照需求对以上信息进行查询、添加、修改和删除，并通过 Java 语言中先进的 Ajax 技术对土壤墒情信息、降雨信息以及相应的监测数据等进行同步更新和异步调取，为作物模拟和灌溉预报做充分准备。

（4）GPRS 通信管理模块。

主要是对 GPRS 通信发送端和接收端参数的设置和管理。

（5）节点管理与控制模块。

对土壤墒情监测与控制系统中的监测节点与阀门控制节点的相关参数进行设置和管理。

（6）实时监控。

系统对监控对象进行远程监控，利用有效数据对监控对象进行分析和管理，并利用曲线图的直观性对监控对象进行动态实时仿真，展示实时监控结果。

（7）作物灌溉模拟模块。

作物灌溉模拟模块功能可以根据数据库中的数据，在理论研究的基础上对作物生长和根区土壤含水率、作物系数等参数实现逐日递推，制定作物的实时灌溉预报，并采用实测结果对模拟结果进行实时修正，从而对模拟模型中的参数进行校验和修正。经过 2 ~ 3 个生育周期的模拟，可基本确定作物系数、根深等参数与作物生长时数的依变关系。

（8）实时灌溉预报模块。

实时灌溉预报模块是在理论基础上，基于短期的气象预报和田间土壤水分监测数据，充分考虑降水利用，采用冬小麦实时灌溉预报理论、进行灌溉制度的 1 日、3 日和 7 日不同时段的预报。预报过程中，若面临阶段的土壤含水量达到或接近灌水下限则进行灌溉，通过系统模型运转，可以确定作物的灌溉时间、灌溉定额；并可与次日土壤含水量实测值对比，实现对作物系数 K_c 的实时修正，完善灌溉制度模型。

（9）水肥配比管理模块。

对土壤养分测试仪的测试结果进行分析和显示，结合灌溉预报，计算水肥成分配比，结合灌溉预报结果指导并控制肥料罐和阀门实施灌溉和施肥。

（10）图表显示。

为方便用户和水政管理人员方便查看统计信息及实现办公自动化，系统设计了图表显示模块。图表显示模块可实现对降雨、蒸发、土壤湿润层、土壤时段含水率、土壤平均含水率以及灌溉数据的查询、添加、修改和删除功能，对作物系数经验值以及作物系数模拟值进行比较，并可对统计的数据以图表的形式进行直观的展示。

(11)田间信息查询与统计模块。

田间信息查询功能可实现对田间信息的单一或组合查询。用户根据土壤名称、信息时间、数据值进行单一或组合查询，为用户提供了多种查询方式，更加方便用户对田间信息进行查询。

信息统计模块功能为土壤含水量相关的信息统计。当选定了某一田块后，即可直观地查询总灌溉次数、总灌水量、次灌溉量以及灌溉时间等。

(12)数据上传模块。

数据上传模块主要是导入或导出数据库中的数据，对系统进行维护。

模块化设计使系统结构模块内部强内聚，以及不同功能模块之间弱耦合，实现了模块的独立，在系统开发、测试与维护过程中可以独立研究、测试或维护任何一个模块，使系统易于开发、测试和维护。

本研究所建立的实时在线水肥灌溉智能预报与控制管理系统(见图10-6)能够充分利用降水，实时指导灌溉，有效提高水资源的利用率；快速准确地实现大量信息的存储、查询、处理和及时更新；能将复杂的模型和分析方法集成到模型库中随时调用，快速有效地处理各种数据和信息，掌握目前系统的状态，并可对未来的发展变化趋势进行预测；该系统可应用于限水灌溉和充分灌溉两种情况，帮助用户利用各种灌溉策略进行限量和充分供水决策。

10.3.3 实时在线水肥灌溉智能预报与发布系统

实时在线水肥灌溉智能预报与发布系统包括信息采集、信息传输、信息管理、决策支持和信息发布五部分(见图10-7)，系统能够实现作物需水实时监测、灌溉水量在线控制、灌水信息实时发布、灌溉预报决策和管理等多种功能，同时能够在项目区、县级及市级灌溉预报管理平台之间实现数据的传输、交会及管理与决策协商等。

(1)数据采集和管理。

在研究区建立信息监测站点，负责灌区数据的实时采集、存储和自动网络传输。利用气象自动监测和土壤水环境测定设备及采集系统，对研究区作物实时灌溉系统所需基础数据进行实时监测，建立数据库，实施数据的实时存储和在线管理，并通过GPRS/Internet方式将各监测点信息并行远程传输到县级、市级灌溉管理系统中心，实现灌溉数据的多级管理。

(2)田间实时水肥灌溉预报与控制管理系统。

利用灌溉监测实验数据与作物的需水规律，确定作物的适宜灌溉时间和灌水量，采用作物根区土壤水量平衡、田间作物日水量平衡等计算分析方法，构建作物的在线生长模拟模型，组建作物节水灌溉模型库，科学实时地确定作物的灌水时间、灌水次数、灌水定额和灌溉定额。

(3)灌溉信息发布。

建立灌溉预报网站，发布灌溉信息，包括节水灌溉动态、土壤墒情、动态作物需水ET、

图 10-6 灌溉在线实时管理系统主页面

灌溉预报成果等；实时灌溉预报窗口，包括远程登录入口、自主预报显示，并采用 LED 大屏幕实现监测，预报信息的远程发布。

(4)灌溉预报决策会商平台。

将灌溉预报和灌溉决策信息在网络上、大屏幕上展示，并且通过决策预案比选模型对决策进行效果模拟，将这一过程实时展现给决策者群体决策，辅助选择出满意的灌水方案付诸实施，构建面向 Web 的作物灌溉在线实时管理决策系统，实现当前决策发布、作物灌溉预报、配水预测等适应性管理决策。

(5)乡镇级和市级灌溉管理平台。

研究区监测数据以及灌溉预报信息实时传输至县级、市级灌溉管理平台，乡镇级和市

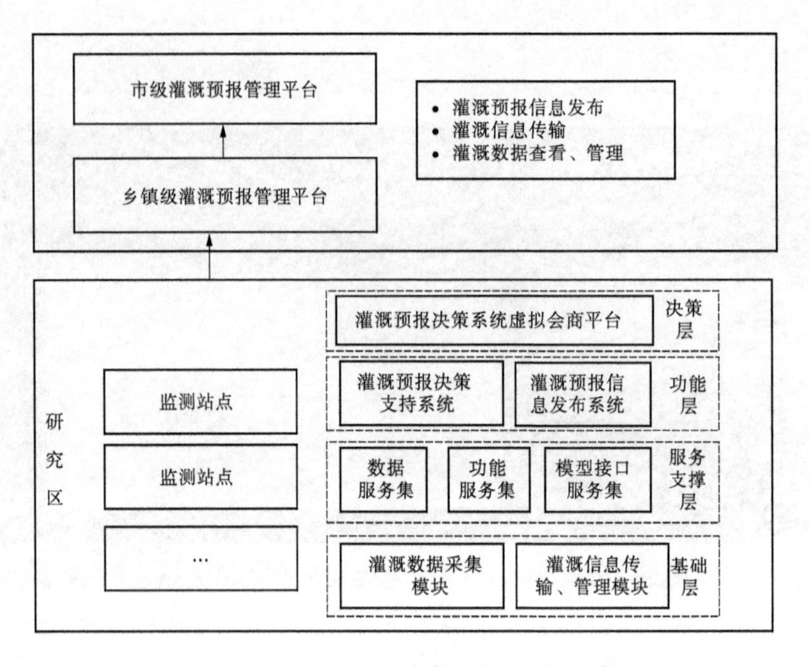

图 10-7　实时在线水肥灌溉智能预报与发布系统

级管理平台可在线监测、查看、管理灌溉数据，根据实时信息和基础资料完成信息处理和业务应用，并通过网站和 LED 大屏幕进行发布。

(6)系统功能应用和实现。

灌溉预报决策系统通过灌溉技术和网络技术的耦合，实现了对作物需水、农田灌溉进行自动监测、远程网络浏览、实时灌溉决策等综合管理功能。

10.4　小　结

灌溉管理软件的发展方向是智能化、人性化，并以用户为中心，在本章系统框架的搭建和开发过程中，充分注意到了这一点，以用户界面友好为重要标准，在将来的系统升级中，仍然要保持这个特点，为用户提供方便的操作和更多的功能选择。本章首先介绍了系统实现的主要目标，建设的主要内容，其次对系统整体思路进行了描述，最后对系统各模块功能的实现给予了详细的叙述和截图展示，完成了整个系统框架的搭建和初步开发实现。

第 11 章　总结与建议

11.1　研究的主要成果

当前我国水资源严重短缺，水资源供需矛盾日益突出，农业用水尤其紧张。因此，科学合理地进行灌溉，提高灌溉的精准化、自动化和智能化水平，实施农业水资源的高效利用技术、提高水资源综合管理水平、进行农业水资源的科学合理配置、维持水资源的可持续发展、提高水资源利用效率已成为当务之急。

本书以北方灌区水资源节水高效智能管理关键技术为研究对象，结合田间灌溉试验，针对北方灌区农业干旱评估、水资源的高效利用和水生产力提升等一系列问题开展研究，以充分利用降雨，实时、适量的分配农业可用水量为出发点，在阐述国内外灌区管理现状与实时灌溉预报发展的基础上，提出了基于作物动态需水的实时节水灌溉预报技术，建立了作物实时在线灌溉模型，探讨了模型关键参数的率定方法；并以冬小麦—夏玉米连种实时灌溉管理为研究对象，进行试验设计和布置，以冬小麦为例进行了实时节水灌溉模拟分析与实时预报；基于干旱预报和预估，提出了适应性实时节水灌溉预报；结合北方灌区，开展灌区水资源的高效利用和优化配置研究，提出了灌区多水源实时配置技术；基于已有研究成果，结合北方灌区提出了现代农田智能灌溉管理系统框架，为现代农田建设及智能化管理提供技术支撑，对节约水肥资源，促进我国农业的现代化管理具有重要意义。主要研究成果有：

（1）基于目前农业干旱、农业水资源高效利用、节水农业技术发展等方面的研究现状及研究中存在的问题，提出了本书的研究内容、技术路线与研究意义。

（2）以典型区为例，介绍了气象要素分析的研究方法，从年、季和月等不同时间尺度对研究区的降水变化特征、潜在蒸散发变化特征分别进行了计算分析。

（3）论述了农业干旱评估与预报方法，对常用的农业干旱指标进行了介绍。通过查阅已有国内外文献，综述了目前农业干旱评估和预报常用的方法，并介绍了常用的多种农业干旱指标，对比分析了各种方法和指标的优缺点，提出了基于 SWAT 模型的土壤含水量动态模拟方法，用于北方农业干旱动态评估与预报。

（4）介绍了作物实时在线灌溉试验方案与数据获取方法。为对理论研究、模型构建和参数率定提供基础实测数据，研究设计了实时灌溉试验方案，选取了所需测定指标，介绍了灌溉试验所需的设备和仪器、各指标数据的测取方法以及网络环境下监测数据的传输和获取技术。

（5）在灌溉预报研究现状综述的基础上，对作物需水量研究的理论与方法进行了论述，对作物的非充分灌溉理论与非充分灌溉研究中的问题进行了论述与剖析，针对现有研究中的不足，以充分利用降雨，实时、适量的分配水量为出发点，提出了作物的非充分灌溉在线实时预报理论和方法。基于实时土壤水分监测数据及降雨信息,利用田间水量平衡原理,提出了充分利用降雨的作物非充分在线实时灌溉制度模型,探讨了模型关键参数的率定方法;包括作物非充分在线实时灌溉模型以及模型各要素的确定和修正。以冬小麦为例进行研究,把冬小麦按生长特点进行了生育期的划分,结合作物的非充分在线实时灌溉制度模型和试验测取数据,对本研究中非充分灌溉不同水分处理的冬小麦灌溉制度和生育期需水规律进行了逐日模拟分析,实现了冬小麦的非充分实时灌溉制度的制定和作物系数的逐日修正,对作物系数的修正情况进行了分析。

(6)以郑州市为北方灌区典型区域,利用 SWAT 模型动态模拟了研究区域多年来的逐日土壤含水量,基于土壤相对湿度干旱指数计算方法,应用水文模型输出结果,结合北方灌区的典型作物——冬小麦和夏玉米,对不同作物生长季内农业干旱进行了评价。通过对两种作物不同生长阶段、不同干旱等级发生频率变化特征进行分析,为适应性灌溉中土壤含水率上下限的厘定提供科学的理论依据。

(7)为提高灌溉预报对干旱的适应性和水资源的有效利用性,考虑面临阶段的动态干旱等级,提出适应性灌溉的概念、预报原理和步骤,建立基于不同干旱等级的作物实时适应性智能节水灌溉预报模型,提出模型的模拟与校验技术,并选择河南省典型代表作物作为研究对象,对适应性灌溉预报条件下冬小麦产量进行分析,为灌区水资源实时高效配置与管理决策提供核心技术支持。结果表明,适应性节水灌溉预报模型能够适应干旱动态变化,在不影响作物产量的基础上,有效节约灌水量,可为农业水资源高效利用、实时合理优化配置提供理论和技术支撑。

(8)为实现灌区水资源的多水源、多用户、多目标优化配置,研究将 SWAT 模型和水资源配置模型进行耦合,建立灌区多水源实时优化配水模型,开展灌区实时用水配置模式研究。本研究对 SWAT 模型进行了二次开发,将 SWAT 模型的灌溉模块内的单水源灌溉改写为多水源灌溉,并增加了渠系模块,用于模拟渠系的输水和蓄水功能。通过多情景模拟,提出灌区多水源优化配置方案,对灌溉水资源从空间配置、时间配置等多个方面进行多水源配置模式研究。

(9)在现有水肥一体化模拟技术基础上,研究主要利用验证后的 SWAT 模型对研究区不同的灌溉与施肥一体化模式下农田氮磷流失特征以及对作物水分生产力的影响进行模拟研究,评价不同的灌溉与施肥一体化模式对研究区水体污染的扰动程度以及作物水分生产力的影响,提出了最优的农业灌溉与施肥一体化管理模式。

(10)基于已有研究成果,选取研究灌区,研制了适用于研究区的农田实时灌溉在线管理系统框架,提出了农田实时灌溉在线管理系统的设计原则、模块功能等,包括田间节水工程、田间施肥系统、土壤墒情监测系统、气象监测系统、高效节水灌溉实时智能预报与发布系统、信息中心软硬件系统等。主要实现作物需水实时监测、灌溉水量在线控制、水肥一体化灌溉、作物参数动态修正、作物灌溉实时预报以及灌水信息实时发布等多种功能,同时能够实现在研究区、县级及市级灌溉预报管理平台之间数据的传输、交会、决策协商与远程操作等,可为现代农田建设及智能化管理提出技术支撑。

研究内容和结果对提高农业用水效率,缓解农业用水矛盾,解决北方地区农业粮食安全生产问题具有重要的现实意义和巨大的社会、经济效益,能够为全面建设节水型社会、缓解水资源短缺、高效配置农业水资源提供重要的技术支撑。

11.2 展 望

科学合理的实时灌溉制度与在线灌溉预报系统，对于促进农业水资源的高效利用和加强灌区管理，以及促进我国农业生产和国民经济的发展、节约用水、缓解我国的水资源危机都有重要意义。但是，合理的灌溉时间与灌水量的确定，与计算机网络技术相结合实现灌溉的在线远程管理都是非常复杂的问题。本书虽然在这方面取得了一些成果和进展，但还有大量工作需要今后不断地去改进和完善，本书还存在的一些不足和需要进一步加强的地方：

(1)本书提出了作物的非充分在线实时灌溉制度模型，并充分考虑了降雨，对于节约农业用水，提高水的利用效率具有重要的现实意义。但是，鉴于试验条件限制，模型在判断灌水时间时只考虑了水分因素，没有对生物累积量等因素进行分析判断，后期需加以完善。

(2)本书对四组非充分灌溉不同水分处理下的冬小麦需水量情况进行了模拟分析，结果与试验区气候和冬小麦自身生长规律相吻合，为冬小麦非充分灌溉适宜土壤水分上、下限指标和灌水量的确定提供了参考依据，但由于试验时间限制，本书没有结合冬小麦叶面积指数、产量等生物特征的分析来确定非充分灌溉条件下最适宜的、对产量影响最小的水分上、下限和灌水量。后续应结合多种因子加以分析，以使结果更加准确。

(3)实时在线的灌溉时间与灌水量的确定、灌溉预报与计算机网络技术相结合、实现灌溉的在线远程管理都是非常复杂的问题，与短期来水情况、农田下垫面情况、作物的生长状况等关系密切，所建立的作物在线实时灌溉综合管理系统中的模型参数还需要更为长期的模拟和校验。

(4)所提出的灌溉预报技术与系统拓展应进一步拓展应用到更多的作物品种中，以使其应用更具广泛性和适用性。

参考文献

[1] Alizadeh, A. Optimum cropping area under deficit irrigation[C]// In: proceedings of the 15th Congress ICID. 1993 ,La Haya.

[2] Benli B, Kodal S. A non – linear model for farm optimization with adequate and limited water supplies: Application to the South-east Anatolian Project (GAP) Region[J]. Agricultural water management,2003,62(3):187-203.

[3] Boman B J, Higgins C. Using Neutron Probes to Aid Irrigation Scheduling[C]//Irrigation and Drainage (1990). ASCE, 1990: 85-92.

[4] Dan Y. ,Dinar A. Optimal allocation of water on a farm during peak seasons[J]. The American Journal of Agricultural Economics. 1982,64(4): 681-689.

[5] Flinn J C, Musgrave W F. Development and Analysis of Input - Output Relations for Irrigation Water [J]. Australian Journal of Agricultural and Resource Economics, 2012, 11(1): 1-19.

[6] Gear, R D, Campbell M D, et al. Irrigation scheduling with neutron probe[J]. Journal of the Irrigation and Drainage Division, 1977,103(3):291-298.

[7] Ghossen R Masharrafieh, Richard C Peralta. Optimizing irrigation management for pollution control and sustainable crop yield[J]. Water Resources Research, 1995,31(4):760-767.

[8] Haimes Y Y. Hierarchical analysis of water resources systems: modeling and optimization of large-scale systems[M]. New York: McGrawHill, 1977.

[9] Hall W A, Butcher W S, Esogbue A. Optimization of the Operation of a Multiple - Purpose Reservoir by Dynamic Programming[J]. Water Resources Research,1968, 4(3): 471-477.

[10] Haynes R J. Principles of fertilizer use for trickle irrigated crops. Fertilizer Research[J]. 1985,6(3): 235-255.

[11] Jeong H, Kim H, Jong T, et al. Assessing the effects of indirect wastewater reuse on paddy irrigation in the Osan River watershed in Korea using the SWAT model[J]. Agricultural Water Management,2016,163: 393-402.

[12] Ajdarg K, Singh D K, Singh, et al. Modelling of nitrogen leaching from experimental onion field under drip fertigation[J]. Agricultural Water Management,2007, 89(1):15-28.

[13] Maidment D R, Hutchinson P D. Modeling water demands of irrigation projects[J]. Journal of Irrigation and Drainage Engineering, 1983, 109(4): 405-418.

[14] Martin J U, David H N, Michael K V Carr. An heuristic algorithm for short term irrigation scheduling using hosereel-raingun systems[J]. Irrigation Science,1996,16:141-147.

[15] Oppong D E, Abenney M S, Sabi E B, et al. Effect of different fertilization and irrigation methods on nitrogen uptake, intercepted radiation and yield of okra (Abelmoschus esculentum L.) grown in the Keta Sand Spit of Southeast Ghana[J]. Agricultural Water Management,2015,147:34-42.

[16] Patwardhan A S, Nieber J L, Johns E L. 有效降雨量的估算方法[J]. 东北水利水电, 1991,(5):39-45.

[17] Romijn E, Tamiga M. Multi-objective optimal allocation of water resources[J]. Water resources Planning and management, ASCE. 1982,108(2):217-229.

[18] Rosegrant M W, Ringler C, Mckinney D C, et al. Integrated economic-hydrologic water modeling at the

basin scale: The Maipo river basin[J]. Agricultural Economics,2000,24(1):33-46.

[19] Vicente-Serrano S M,Schrier G V D,Begueria S,et al. Contribution of precipitation and reference evapotranspiration to drought indices under different climates[J]. Journal of Hydrology,2015,526:42-54.

[20] Shyam R, Chauhan H S, Shayma J S. Optimal Operation schedualing model for a canal syslem[J]. Agricultural Water Management,1994,26(4):213-225.

[21] Silber G,Xu G,Levkovitchl I,et al. High fertigation frequency: the effects on uptake of nutrients, water and plant growth[J]. Plant and Soil,2003,253(2):467-477.

[22] Smith R C G, Steiner J L, et al. Influence of season to season variability in weather on irrigation scheduling of wheat: a simulation study[J]. Irrigation Science,1985, 6(4): 241-251.

[23] Sundara B. Agrotechnologies to Enhance Sugarcane Productivity in India. Sugar Tech[J]. 2011,13(4): 281-298.

[24] Wardlaw R. Bhaktikul K. Application of a genetic algorithm for water allocation in an irrigation system [J]. Irrigation and Drainage,2001,50(2):159-170.

[25] Welch D G, Granahan D A. Irrigation Scheduling with the Neutron Probe[C]//Development and Management Aspects of Irrigation and Drainage Systems. ASCE, 1985: 146-153.

[26] Yamout G, Elfadel M. An optimization approach for multi-sector water supply management in the greater Beirut area[J]. Water Resource Management, 2005, 19(6):791-812.

[27] 曹永强, 路璐, 张兰霞,等. 基于Z指数的辽宁省气象干旱时空特性分析[J]. 资源科学, 2012, 34(08): 1518-1525.

[28] 曾赛星,李寿声. 灌溉水量分配大系统分解协调模型[J]. 河海大学学报,1990,(1):67-75.

[29] 陈少勇,郭俊瑞,吴超. 基于降水量距平百分率的中国西南和华南地区的冬旱特征[J]. 自然灾害学报,2015,24(01):23-31.

[30] 陈守煜,马建琴,邱林. 多维多目标模糊优选动态规划及其在农业灌溉中的应用[J]. 水利学报,2002,(04):33-38.

[31] 陈守煜,马建琴,张振伟. 作物种植结构多目标模糊化模型与方法[J]. 大连理工大学学报,2003,43(1):13-16.

[32] 陈小凤,王振龙,李瑞. 安徽省淮北地区干旱评价指标体系研究[J]. 中国农村水利水电,2013,(1):94-97.

[33] 陈晓楠,段春青,邱林,等. 基于粒子群的大系统优化模型在灌区水资源优化配置中的应用[J]. 农业工程学报,2008,24(3):103-106.

[34] 荘伟伟,刘钰,刘玉龙,等. 基于SWAT模型的区域蒸散发模拟及遥感验证[J]. 中国水利水电科学研究院学报,2013,11(03):167-175.

[35] 单长卷. 冬小麦节水灌溉研究进展[J]. 安徽农业科学,2006,34(2):224-226.

[36] 邓兰生,张承林. 滴灌施氮肥对盆栽玉米生长的影响[J]. 植物营养与肥料学报, 2007,13(1):81-85.

[37] 董朝阳,杨晓光,杨婕,等. 中国北方地区春玉米干旱的时间演变特征和空间分布规律[J]. 中国农业科学,2013,46(20):4234-4245.

[38] 董楠. 膜下滴灌棉田水肥一体化高效管理决策系统研究[D]. 石河子:石河子大学,2012.

[39] 董婷,孟令奎,张文. MODIS短波红外水分胁迫指数及其在农业干旱监测中的适用性分析[J]. 遥感学报,2015,19(02):319-327.

[40] 杜军,沈振荣,张达林. 宁夏引黄灌区滴灌水肥一体化冬小麦灌溉施肥技术研究[J]. 节水灌溉,2011,(11):44-49.

[41] 杜灵通. 基于多源空间信息的干旱监测模型构建及其应用研究[D]. 南京:南京大学,2013.
[42] 范德新,成励民,仲炳凤,等. 南通市夏季旱情预报服务[J]. 中国农业气象,1998,19(01):53-55,52.
[43] 方剑,王春青,徐建东,等. 水肥一体化技术对冬暖大棚黄瓜生产的影响[J]. 河北农业科学, 2010,14(5):43-45,47.
[44] 冯定原,邱新法. 农业干旱的成因、指标、时空分布和防旱抗旱对策[J]. 中国减灾,1995,(01):22-27.
[45] 冯平,李绍飞,王仲珏. 干旱识别与分析指标综述[J]. 中国农村水利水电,2002,(7):13-15.
[46] 冯绍元,马英,霍再林,等. 非充分灌溉条件下农田水分转化 SWAP 模拟[J]. 农业工程学报,2012,28(4):60-68.
[47] 富可荣. 灌区典型年水资源优化配置研究[D]. 郑州:华北水利水电大学,2008.
[48] 高鹏, 简红忠, 魏样, 等. 水肥一体化技术的应用现状与发展前景[J]. 现代农业科技, 2012,(8):250, 257.
[49] 高祥照,杜森,钟永红,等. 水肥一体化发展现状与展望[J]. 中国农业信息,2015,(04): 14-19,63.
[50] 高雪梅. 中国农业节水灌溉现状、发展趋势及存在问题[J]. 天津农业科学,2012,18(01):54-56.
[51] 古书鸿,胡家敏,古堃,等. 基于土壤含水量模拟的贵州山区旱地农业干旱监测方法[J]. 干旱气象,2017,35(01):29-35.
[52] 顾世祥, 傅骅, 李靖. 灌溉实时调度研究进展[J]. 水科学进展, 2003, 14(5): 660-666.
[53] 顾世祥,李远华. 霍泉灌区作物需水量实时预报[J]. 武汉水利电力大学学报,1998,31(1):37-41.
[54] 顾颖,刘培. 应用模拟技术进行区域干旱分析[J]. 水科学进展,1998,9(03):269-274.
[55] 关明皓. 基于水文模型的土壤相对湿润度干旱指数构建及运用研究[J]. 水利规划与设计,2016(01):37-38,42.
[56] 郭晶,景元书,王春林,等. 基于土壤水分平衡模型的广东干旱时空分布特征[J]. 中国农业气象,2008,29(03):353-357,374.
[57] 国家气候中心等. 气象干旱等级:GB/T 20481—2006[S]. 北京:中国标准出版社,2006.
[58] 韩露,岳春芳,张胜江,等. 基于总量控制的军塘湖流域农业水资源配置[J]. 节水灌溉,2015,(10):71-73,77.
[59] 韩明政,杨帆,王忠波. 农业旱情常用指标评述[J]. 水利科技与经济,2010,16(06):681-682.
[60] 郝振纯,苏振宽. 土地利用变化对海河流域典型区域的径流影响[J]. 水科学进展,2015,26(04):491-499.
[61] 何新林,郭生练,盛东,等. 土壤墒情自动测报系统在绿洲农业区的应用[J]. 农业工程学报,2007,23(8):170-175.
[62] 黄丽华,沈根祥,顾海蓉,等. 肥水管理方式对蔬菜田 N_2O 释放影响的模拟研究[J]. 农业环境科学学报,2009, 28(6):1319-1324.
[63] 黄丽华,沈根祥,钱晓雍,等. 滴灌施肥对农田土壤氮素利用和流失的影响[J]. 农业工程学报,2008, 24(7):49-53.
[64] 黄晚华,杨晓光,曲辉辉,等. 基于作物水分亏缺指数的春玉米季节性干旱时空特征分析[J]. 农业工程学报,2009,25(08):28-34.
[65] 姜文来. 水资源价值论[M]. 北京:科学出版社,1998.
[66] 金君良,申瑜,王国庆,等. 基于土壤含水量模拟的干旱监测指数研究[J]. 水资源与水工程学报,2014,25(03):14-18,23.
[67] 鞠笑生,杨贤为,陈丽娟,等. 我国单站旱涝指标确定和区域旱涝级别划分的研究[J]. 应用气象学

报,1997,8(01):27-34.
[68] 康绍忠,胡笑涛,蔡焕杰,等.现代农业与生态节水的理论创新及研究重点[J].水利学报,2004(12):1-7.
[69] 康绍忠.土壤水分动态的随机模拟研究[J].土壤学报,1990,27(1):17-24.
[70] 康玉珍,邝美玲,刘朝东,等.马铃薯水肥一体化种植技术应用研究[J].广东农业科学, 2011,38(15):49-50.
[71] 赖格英,吴敦银,钟业喜,等.SWAT 模型的开发与应用进展[J].河海大学学报(自然科学版),2012,40(03):243-251.
[72] 李传哲,许仙菊,马洪波,等.水肥一体化技术提高水肥利用效率研究进展[J].江苏农业学报,2017,33(2):469-475.
[73] 李恩宽.属性识别模型在水资源承载能力评价中的应用[J].人民黄河,2008,30(3):45-47.
[74] 李华朋,张树清,高自强,等.MODIS 植被指数监测农业干旱的适宜性评价[J].光谱学与光谱分析,2013,33(03):756-761.
[75] 李建平,李德恒,李晓亮,等.松原市土壤墒情监测及干旱预报模型方法研究[J].吉林气象,2014(01):17-20.
[76] 李建新,朱新军,于磊.SWAT 模型在海河流域水资源管理中的应用[J].海河水利, 2010,(05):46-49,54.
[77] 李伟光,陈汇林,朱乃海,等.标准化降水指标在海南岛干旱监测中的应用分析[J].中国生态农业学报,2009,17(1):178-182.
[78] 李伟光,易雪,侯美亭,等.基于标准化降水蒸散指数的中国干旱趋势研究[J].中国生态农业学报,2012,20(05):643-649.
[79] 李晓春,樊福来.地下水深埋区降雨入渗补给问题的探讨[J].河北水利科技,1995, 16(2):0027-0031.
[80] 李新尧,杨联安,聂红梅,等.基于植被状态指数的陕西省农业干旱时空动态[J].生态学杂志,2018,37(4):1172-1180
[81] 李星敏,杨文峰,杨小丽.干旱指标在山西省应用的敏感性分析[J].中国沙漠,2009,29(2):342-347.
[82] 李兴,任杰,王勇.国内外农业节水研究进展[J].内蒙古水利,2013, (1):113-114.
[83] 李雪萍.国内外水资源配置研究概述[J].海河水利,2002,(5):13-15.
[84] 李雅善,李华,王华,等.基于作物水分亏缺指数的宁夏酿酒葡萄干旱时空差异分析[J].自然灾害学报,2014,23(04):203-211.
[85] 李燕,梁忠民,赵卫民,等.基于 SWAT 模型的农业干旱评价方法与应用[J].南水北调与水利科技,2014,12(01):7-11.
[86] 李英.作物在线非充分实时灌溉制度及管理系统研究[D].郑州:华北水利水电大学,2013.
[87] 李永波,林建芳.横山水库水资源优化配置方案探讨[C]//地方水利技术的应用与实践,2005.
[88] 李远华,赵金河,张思菊,等.水分生产率计算方法及其应用[J].中国水利,2001,(8):65-66.
[89] 李月,白晓永,周运超,等.基于 SPEI 的贵州省近 60 年干旱时空特征分析[J].中国水土保持,2015(07):57-60.
[90] 李月华,李琴,王树生,等.小麦微喷水肥一体化技术试验示范初报[J].河北农业科学,2012,16(7):28-31.
[91] 李志全.河南遭 63 年来最严重干旱近 35% 小型水库基本干枯[EB/OL].中国新闻网: http://www.chinanews.com/sh/2014/07-28/6433941.shtml.

[92] 栗圆圆,邱熠晨. 章江干流的水文模拟与干旱预测评价[J]. 水利科技与经济,2014,20(11):75-77.
[93] 梁海玲,吴祥颖,农梦玲,等. 根区局部灌溉水肥一体化对糯玉米产量和水分利用效率的影响[J]. 干旱地区农业研究,2012,30(5):109-115,122.
[94] 梁犁丽,龚家国,冶运涛,等. 基于分布式水文模型SWAT的缺资料地区水资源评价方法[[J]. 中国水利水电科学研究院学报,2014,12(01):54-59.
[95] 梁钊雄,王兮之,王军. SWAT模型在粤北连江流域的应用研究[J]. 水土保持研究,2013,20(06):140-144,2.
[96] 林盛吉,许月萍,田烨,等. 基于Z指数和SPI指数的钱塘江流域干旱时空分析[J]. 水力发电学报,2012,31(02):20-26.
[97] 刘大有,卢奕南,王飞,等. 遗传程序设计方法综述[J]. 计算机研究与发展,2001, 38(2):213-222.
[98] 刘丰明. 高产小麦粒重形成的灌浆特性分析[J]. 麦类作物学报,1997,17(6):38-41.
[99] 刘付荣. 区域水资源配置中供水预测计算方法研究[J]. 气象与环境科学,2012,35(01):78-82.
[100] 刘建栋,王馥棠,于强,等. 华北地区农业干旱预测模型及其应用研究[J]. 应用气象学报,2003,14(05):593-604.
[101] 刘建英,张建玲,赵宏儒. 水肥一体化技术应用现状、存在问题与对策及发展前景[J]. 内蒙古农业科技,2006,(6):32-33.
[102] 刘琳,徐宗学. 西南地区旱涝特征及其趋势预测[J]. 自然资源学报,2014,29(10):1792-1801.
[103] 刘敏,秦鹏程,刘可群,等. 洪湖水位对不同时间尺度SPEI/SP干旱指数的响应研究[J]. 气象,2013,39(09):1163-1170.
[104] 刘荣花, 朱自玺, 方文松, 等. 冬小麦根系分布规律[J]. 生态学杂志,2008, 27(11): 2024-2027.
[105] 刘巍巍,安顺清,刘庚山,等. 帕默尔旱度模式的进一步修正[J]. 应用气象学报,2004,15(2):207-216.
[106] 刘文. 我国农业水资源问题分析[J]. 生态经济,2007,(01):63-66.
[107] 刘晓英, 罗远培, 石元春. 水分胁迫后复水对冬小麦叶面积的激发作用[J]. 中国农业科学,2001,34(04): 422-428.
[108] 刘晓英, 罗远培. 干旱胁迫对作物生长后效影响的研究现状[J]. 干旱地区农业研究, 2002,20(04): 6-10.
[109] 刘旭,付强,崔海燕. 灌区水资源优化调度研究进展[J]. 水利科技与经济,2007,13(02):101-103.
[110] 刘彦平,蔡焕杰. 基于标准化降水指数SPI的泾惠渠灌区干旱演变对冬小麦气候产量的影响[J]. 干旱地区农业研究,2015,33(03):267-272.
[111] 刘彦平,蔡焕杰. 三种干旱指标在泾惠渠灌区的适用性分析[J]. 干旱地区农业研究,2014,32(04):236-241.
[112] 刘永忠,李齐霞,孙万荣,等. 气候干旱与作物干旱指标体系[J]. 山西农业科学,2005,33(3):50-53.
[113] 刘占明,陈子燊,黄强,等. 7种干旱评估指标在广东北江流域应用中的对比分析[J]. 资源科学,2013,35(05):1007-1015.
[114] 刘战东, 段爱旺, 肖俊夫. 旱作物生育期有效降雨量计算模式研究进展[J]. 灌溉排水学报,2007,26(3):27-30.
[115] 刘招,吴新,乔长录. 三种干旱指数在渭北旱塬应用的对比分析[J]. 人民黄河,2010,32(07):71-72,75.
[116] 刘志武,胡和平,欧阳竹,等. 山东禹城引黄灌区非充分灌溉配水模型[J]. 中国农村水利水电,2001,(9):21-23.

[117] 柳长顺,刘昌明,杨红. 流域水资源合理配置与管理研究[M]. 北京:中国水利水电出版社,2007.
[118] 马海娇,严登华,翁白莎,等. 典型干旱指数在滦河流域的适用性评价[J]. 干旱区研究,2013,30(04):728-734.
[119] 马建琴, 陈守煜, 邱林. 作物种植结构与水量优化分配的多目标模糊模型与方法[J]. 湖南农业科技通信(英文版), 2004, 5(1): 5-10.
[120] 马建琴, 李明. 作物在线实时灌溉制度研究及其管理软件研制[J]. 节水灌溉, 2011,(08): 55-57.
[121] 马建琴, 刘蕾, 张振伟, 等. 农业水资源实时灌溉理论与综合管理系统[M]. 北京:中国水利水电出版社, 2013.
[122] 马健. 郑州遭遇 50 年不遇旱情,167 万亩农田 13 万人受灾[EB/OL]. 凤凰网: http://finance.ifeng.com/a/20090205/352190_0.shtml.
[123] 马忠明. 有限灌溉条件下作物——水分关系的研究[J]. 干旱地区农业研究,1998,16(02):75-79.
[124] 茆智,李远华. 实时灌溉预报[J]. 中国工程科学,2002,4(5):24-33.
[125] 孟现勇, 吉晓楠, 刘志辉, 等. SWAT 模型融雪模块的改进与应用研究[J]. 自然资源学报,2014,29(03):528-539.
[126] 穆佳,邱美娟,郭春明,等. 基于作物水分亏缺指数的吉林省玉米不同生育时段干旱特征分析[J]. 灾害学,2018,33(02):89-98.
[127] 欧阳威,黄浩波,张漩,等. 基于 SWAT 模型的平原灌区水量平衡模拟研究[J]. 灌溉排水学报,2015,34(01):17-22.
[128] 逢焕成. 我国节水灌溉技术现状与发展趋势分析[J]. 中国土壤与肥料,2006,(05):1-6.
[129] 彭伟春,张研,李书东. 武思江水库水资源配置[J]. 企业科技与发展,2010,(18): 108-110,116.
[130] 彭祥,胡和平. 水资源配置博弈论[M]. 北京:中国水利水电出版社,2007.
[131] 祁宦,朱延文,王德育,等. 淮北地区农业干旱预警模型与灌溉决策服务系统[J]. 中国农业气象,2009,30(04):596-600
[132] 屈玉玲,胡朝霞,李武. 棉花应用水肥一体化技术的试验研究[J]. 山西农业科学, 2007,35(9):41-43.
[133] 荣丰涛. 节水型农田灌溉制度的初步研究[J]. 水利水电技术,1986,(07):17-21.
[134] 沈良芳. 江苏省干旱特征及其影响因子的研究[D]. 南京:南京信息工程大学,2007.
[135] 史晓亮, 杨志勇, 吕杰, 等. 滦河流域气候变化的水文响应研究[J]. 水土保持研究, 2016,23(02):123-127.
[136] 史晓亮. 基于 SWAT 模型的滦河流域分布式水文模拟与干旱评价方法研究[D]. 北京:中国科学院研究生院(东北地理与农业生态研究所),2013.
[137] 宋智睿. 基于实时作物灌溉预报的灌区水资源优化配置[D]. 郑州: 华北水利水电大学, 2014.
[138] 孙夫建. 灌区滴灌节水技术措施研究[J]. 科技创新导报,2012,(12):121.
[139] 孙景生, 康绍忠. 我国水资源利用现状与节水灌溉发展对策[J]. 农业工程学报, 2000, 16(2): 1-5.
[140] 孙景生,刘祖贵,肖俊夫,等. 冬小麦节水灌溉的适宜土壤水分上、下限指标研究[J]. 中国农村水利水电,1998,(9):10-12
[141] 孙丽,王飞,李保国,等. 基于多源数据的武陵山区干旱监测研究[J]. 农业机械学报,2014,45(01):246-252.
[142] 孙晓东,刘桂香,包玉海,等. 基于降水距平百分率的苏尼特草原干旱特征分析[J]. 内蒙古农业大学学报(自然科学版),2016,37(02):47-54.

[143] 汤瑞凉,郭存芝. 灌溉水资源优化调配的熵权系数模型研究[J]. 河海大学学报: 自然科学版,2000,28(1):18-21.
[144] 唐侥,孙睿. 基于气象和遥感数据的河南省干旱特征分析[J]. 自然资源学报,2013,28(04):646-655.
[145] 万能涵,杨晓光,刘志娟,等. 气候变化背景下中国主要作物农业气象灾害时空分布特征(Ⅲ):华北地区夏玉米干旱[J]. 中国农业气象,2018,39(04):209-219.
[146] 汪志农. 灌溉排水工程学[M]. 北京:中国农业出版社,2013.
[147] 王春林,郭晶,陈慧华,等. 基于土壤水分模拟的干旱动态监测指标及其适用性[J]. 生态学杂志,2011,30(02):401-407.
[148] 王春林,吴举开,黄珍珠,等. 广东干旱逐日动态监测模型及其应用[J]. 自然灾害学报,2007(04):36-42.
[149] 王春林,邹菊香,麦北坚,等. 近 50 年华南气象干旱时空特征及其变化趋势[J]. 生态学报,2015,35(03):595-602.
[150] 王富强,王雷. 基于降水距平百分率的河南省干旱特征分析[J]. 中国农村水利水电,2014,(12):84-88.
[151] 王宏,余锦华,李宗涛, 等. 基于 Z 指数的河北省旱涝多尺度变化特征[J]. 气象与环境学报,2012,28(01):43-47.
[152] 王建勋,庞新安,刘彬. 农业节水灌溉经济效益的分析和计算[J]. 中国农学通报, 2006,22 (1):372-375.
[153] 王婧. 中国北方地区节水农作制度研究[D]. 沈阳:沈阳农业大学,2009.
[154] 王克全,付强,季飞,等. 黑龙江省西部半干旱区水稻水分生产函数及优化灌溉制度研究[J]. 节水灌溉,2007,(8):48-51.
[155] 王林,陈文. 标准化降水蒸散指数在中国干旱监测的适用性分析[J]. 高原气象,2014,33(02):423-431.
[156] 王留运,叶清平,岳兵. 我国微灌技术发展的回顾与预测[J]. 节水灌溉,2000,(3):3-7.
[157] 王密侠,马成军,蔡焕杰. 农业干旱指标研究与进展[J]. 干旱地区农业研究,1998,16(3):119 -124.
[158] 王顺久,张欣莉,倪长健,等. 水资源优化配置原理及方法[M]. 北京:中国水利水电出版社,2007.
[159] 王素萍,张存杰,李耀辉,等. 基于标准化降水指数的 1960 ~ 2011 年中国不同时间尺度干旱特征[J]. 中国沙漠,2014,34(03):827-834.
[160] 王学,张祖陆,宁吉才. 基于 SWAT 模型的白马河流域土地利用变化的径流响应[J]. 生态学杂志,2013,32(01):186-194.
[161] 王亚许,孙洪泉,吕娟,等. 典型气象干旱指标在东北地区的适用性分析[J]. 中国水利水电科学研究院学报,2016,14(06):425-430.
[162] 王艺璇. 基于 SWAT 模型的不同类型干旱指标关系分析及预测[D]. 郑州:郑州大学,2014.
[163] 王瑗,盛连喜,李科,等. 中国水资源现状分析与可持续发展对策研究[J]. 水资源与水工程学报,2008(03):10-14.
[164] 王志良,邱林. 非充分灌溉下作物优化灌溉制度仿真[J]. 农机化研究,2001,(04):82-85.
[165] 韦开,王全九,周蓓蓓,等. 基于降水距平百分率的陕西省干旱时空分布特征[J]. 水土保持学报,2017,31(01):318-322.
[166] 吴东丽,王春乙,张雪芬,等. 华北冬小麦作物气候干旱指数研究[J]. 科技导报,2009,27(07):32-36.

[167] 吴勇,高祥照,杜森,等. 大力发展水肥一体化,加快建设现代农业[J]. 中国农业信息, 2011,(12):19-22.
[168] 吴泽宁,蒋水冰. 层次分析法在多目标决策中应用初探[J]. 郑州工学院学报, 1989,10(04):51-58.
[169] 吴泽宁,索丽生. 水资源优化配置研究进展[J]. 灌溉排水学报,2004,23(02):1-4.
[170] 吴志勇,徐征光,肖恒,等. 基于模拟土壤含水量的长江上游干旱事件时空特征分析[J]. 长江流域资源与环境,2018,27(01):176-184.
[171] 夏敬源,彭士琪. 国内外灌溉施肥技术研究与进展[M]. 北京:中国农业出版社,2007.
[172] 肖荣彬,刘素花,钱建农,等. 小麦、玉米水肥一体化节水技术研究与示范[J]. 中国农业信息, 2011,(11):31-32.
[173] 徐青鹤,刘士荣,吕强. 一种改进的粒子群算法[J]. 杭州电子科技大学学报,2008,28(06):103-106.
[174] 徐文静,王翔翔,施六林,等. 中国节水灌溉技术现状与发展趋势研究[J]. 中国农学通报,2016,32(11):184-187.
[175] 许迪,程先军,谢崇宝,等. 田间节水灌溉新技术应用研究[J]. 节水灌溉,2001,(04):7-11,20-43.
[176] 许继军,杨大文. 基于分布式水文模拟的干旱评估预报模型研究[J]. 水利学报,2010,41(06):739-747.
[177] 许凯. 我国干旱变化规律及典型引黄灌区干旱预报方法研究[D]. 北京:清华大学,2015.
[178] 许玲燕,王慧敏,段琪彩,等. 基于SPEI的云南省夏玉米生长季干旱时空特征分析[J]. 资源科学, 2013,35(05):1024-1034.
[179] 薛昌颖,刘荣花,马志红. 黄淮海地区夏玉米干旱等级划分[J]. 农业工程学报,2014,30(16):147-156.
[180] 闫大鹏,冯久成,王玉明. 黄河水量统一调度水资源配置效果评估[J]. 人民黄河, 2007,29(05):11-12,15.
[181] 杨杰,黄鹏,魏邦龙. 河西绿洲灌区小麦灌溉预报模型的研究[J]. 甘肃农业大学学报,2007,42(04):118-122.
[182] 杨玲,文俊,李靖,等. 蜻蛉河大型灌区水资源优化配置模型[J]. 云南农业大学学报(自然科学版),2012,27(04):566-573.
[183] 杨太明,陈金华,李龙澍. 安徽省干旱灾害监测及预警服务系统研究[J]. 气象,2006,32(03):113-117.
[184] 杨晓华,杨小利. 基于Z指数的陇东黄土高原干旱特征分析[J]. 干旱地区农业研究,2010,28(03):248-253.
[185] 杨燕山, 陈渠昌, 郭中小, 等. 内蒙古西部风沙区耕地有效降雨量适宜计算方法[J]. 内蒙古水利,2004,(1): 67-70.
[186] 杨志远. 气候变化和LUCC对黑土区典型流域干旱影响的定量评价[D]. 哈尔滨:哈尔滨师范大学,2017.
[187] 姚玉璧,张存杰,邓振镛,等. 气象、农业干旱指标综述[J]. 干旱地区农业研究,2007,25(01):185-189,211.
[188] 叶建刚,申双和,吕厚荃. 修正帕默尔干旱指数在农业干旱监测中的应用[J]. 中国农业气象, 2009,30(02):257-261.
[189] 尹海霞,张勃,张建香,等. 近50年来甘肃省河东地区春玉米干旱时空特征分析[J]. 资源科学, 2012,34(12):2347-2355.

[190] 尹正杰,黄薇,陈进.基于土壤墒情模拟的农业干旱动态评估[J].灌溉排水学报,2009,28(03):5-8.
[191] 尤祥瑜,谢新民,孙仕军,等.我国水资源配置模型研究现状与展望[J].中国水利水电科学研究院学报,2004,2(02):131-140.
[192] 袁文平,周广胜.干旱指标的理论分析与研究展望[J].地球科学进展,2004,19(06):892-991.
[193] 臧小平,邓兰生,郑良永,等.不同灌溉施肥方式对香蕉生长和产量的影响[J].植物营养与肥料学报,2009,15(2):484-487.
[194] 翟禄新,冯起.基于SPI的西北地区气候干湿变化[J].自然资源学报,2011,26(05):847-857.
[195] 张波,陈润,张宇.干旱评价综合指标研究[J].水资源保护,2009,25(01):21-24.
[196] 张建平,赵艳霞,王春乙,等.基于WOFOST作物生长模型的冬小麦干旱影响评估技术[J].生态学报,2013,33(06):1762-1769.
[197] 张劲松,郭江勇,周跃武,等.干旱指标研究的进展与展望[J].干旱区地理,2007,30(01):60-65.
[198] 张淑杰,张玉书,纪瑞鹏,等.东北地区玉米干旱时空特征分析[J].干旱地区农业研究,2011,29(01):231-236.
[199] 张调风,李林,刘宝康,等.基于SPEI指数的近52年青海省农(牧)作物生长季干旱动态格局分析[J].生态学杂志,2014,33(08):2221-2227.
[200] 张艳红,吕厚荃,李森.作物水分亏缺指数在农业干旱监测中的适用性[J].气象科技,2008,36(05):596-600.
[201] 张叶,罗怀良.农业气象干旱指标研究综述[J].资源开发与市场,2006,22(1):52-54.
[202] 张玉静,王春乙,张继权.基于SPEI指数的华北冬麦区干旱时空分布特征分析[J].生态学报,2015,35(21):7097-7107.
[203] 张岳军,郝智文,王雁,等.基于SPEI和SPI指数的太原多尺度干旱特征与气候指数的关系[J].生态环境学报,2014,23(09):1418-1424.
[204] 赵安周,刘宪锋,朱秀芳,等.基于SWAT模型的渭河流域干旱时空分布[J].地理科学进展,2015,34(09):1156-1166.
[205] 赵海燕,张强,高歌,等.中国1951~2007年农业干旱的特征分析[J].自然灾害学报,2010,19(04):201-206.
[206] 赵家良,钞群,毕韬书.农田土壤墒情监测预报抗旱减灾效益好[J].地下水,1999,21(03):118-120.
[207] 赵杰,徐长春,高沈瞳,等.基于SWAT模型的乌鲁木齐河流域径流模拟[[J].干旱区地理,2015,38(04):666-674
[208] 赵明汉,邵东国,尹希,等.灌区干旱指标适用性比较及干旱特征分析[J].中国农村水利水电,2016,(08):167-170.
[209] 郑州市气候特征[DB/OL]. http://www.hudong.com/wiki/%E6%B2%B3%E5%8D%97%E7%9C%81%E9%83%91%E5%B7%9E%E5%B8%82.
[210] 中华人民共和国水利部.旱情等级标准:SL 424—2008[S].北京:中国水利水电出版社,2009.
[211] 周丹,张勃,沈彦俊.潜在蒸散量估算方法对干旱侦测指数计算的影响[J].中国农业气象,2014,35(03):258-267.
[212] 周明,孙树栋.遗传算法原理与应用[M].北京:国防工业出版社,1999.
[213] 周元顺.水资源合理配置的思考[J].黑龙江水利,2016,2(01):91-94.
[214] 周祖昊,袁宏源.有限供水条件下灌区优化配水[J].中国农村水利水电,2002,(05):5-7.
[215] 朱乔,梁睿,晋华,等.基于SWAT模型的岚河流域径流模拟[[J].水电能源科学,2013,31(03):

25-27.
[216] 朱自玺,刘荣花,方文松,等.华北地区冬小麦干旱评估指标研究[J].自然灾害学报,2003,12(01):145 -150.
[217] 庄少伟,左洪超,任鹏程,等.标准化降水蒸发指数在中国区域的应用[J].气候与环境研究,2013,18(05):617-625.